U0165101

珍 藏 版

Philosopher's Stone Series

哲人石丛书

立足当代科学前沿

彰显当代科技名家

绍介当代科学思潮

激扬科技创新精神

珍藏版策划

王世平　姚建国　匡志强

出版统筹

殷晓岚　王怡昀

再探大爆炸

宇宙的生与死

In Search of the Big Bang

The Life and Death of the Universe

John Gribbin

[英] 约翰·格里宾 —— 著

卢炬甫 —— 译

 上海科技教育出版社

出版前言

二十五年矢志不渝炼就"哲人石"

1998年,上海科技教育出版社策划推出了融合科学与人文的开放式科普丛书"哲人石丛书"。"哲人石丛书"秉持"立足当代科学前沿,彰显当代科技名家,绍介当代科学思潮,激扬科技创新精神"的宗旨,致力于遴选著名科学家、科普作家和科学史家的上乘佳作,推出时代感强、感染力深、凸显科学人文特色的科普精品。25年来,"哲人石丛书"选题不断更新,装帧不断迭代,迄今已累计出版150余种,创下了国内科普丛书中连续出版时间最长、出版规模最大、选题范围最广的纪录。

"哲人石"架起科学与人文之间的桥梁,形成了自己鲜明的品牌特色,成为国内科学文化图书的响亮品牌,受到学界的高度认可和媒体的广泛关注,在爱好科学的读者心中也留下了良好的口碑,产生了巨大的品牌影响力。

2018年,在"哲人石丛书"问世20周年之际,为了让新一代读者更好地了解"哲人石丛书"的整体风貌,我们推出了"哲人石丛书珍藏版",遴选20种早期出版的优秀品种,精心打磨,以全新的形式与读者见面。珍藏版出版后反响热烈,所有品种均在较短时间内实现重印,部分品种还重印了四五次之多。读者对"哲人石"的厚爱,让我们感动不已,也为我们继续擦亮"哲人石"品牌确立了信心,提供了动力。

值此"哲人石"诞生25周年之际,我们决定对"哲人石丛书珍藏版"进行扩容，增补8个品种，并同时推出合集装箱的“哲人石丛书珍藏版”（25周年特辑），希望能得到广大读者一如既往的支持。

上海科技教育出版社

2023年12月10日

学者对谈

从“哲人石丛书”看科学文化与科普之关系

◇ 江晓原(上海交通大学科学史与科学文化研究院教授)
◆ 刘兵(清华大学人文学院教授)

◇ 这么多年来,我们确实一直在用实际行动支持“哲人石丛书”。我在《中华读书报》上特约主持的科学文化版面,到这次已经是第200期了,这个版面每次都有我们的“南腔北调”对谈,已经持续21年了,所以在书业也算薄有浮名。因为我们每次都找一本书来谈,在对谈中对所选的书进行评论,并讨论与此书有关的其他问题。在我们的对谈里,“哲人石丛书”的品种,相比其他丛书来说,肯定是最多的,我印象里应该超过10次,因为我们觉得这套丛书非常好。

另一个问题就是我个人的看法了,我觉得叫它“科普丛书”是不妥的,这我很早就说过了,那会儿10周年、15周年时我就说过,我觉得这样是把它矮化了,完全应该说得更大一些,因为它事实上不是简单的科普丛书。我的建议是叫“科学文化丛书”。刚才潘涛对“哲人石丛书”的介绍里,我注意到两种说法都采用,有时说科普丛书,有时说科学文化丛书,但是从PPT上的介绍文字来看,强调了它的科学文化性质,指出它有思想性、启发性,甚至有反思科学的色彩,这也是“哲人石丛书”和国内其他同类丛书明显的差别。

其他类似丛书，我觉得多数仍然保持了传统科普理念，它们被称为科普丛书当然没有问题。现在很多出版社开始介入这个领域，它们也想做自己的科普丛书。这一点上，“哲人石丛书”是非常领先的。

◆ 类似的丛书还有很多，比较突出的像“第一推动丛书”等，其中个别的品种比如说霍金的《时间简史》，和“哲人石丛书”中的品种比起来，知名度还更高。

但是“哲人石丛书”在同类或者类似的丛书里确实规模最大，而且覆盖面特别广。按照过去狭义的科普概念，大部分也可以分成不同的档次，有的关注少儿，有的关注成人，也有的是所谓高端科普。“哲人石丛书”的定位基本上是中高端，但是涵盖的学科领域包括其他的丛书通常不列入的科学哲学、科学史主题的书，但这些书我们恰恰又有迫切的需求。延伸一下来说，据我所知，“哲人石丛书”里有一些选题，有一些版本，涉及科学史，包括人物传记，其实对于国内相关的学术研究也是很有参考价值的。

“哲人石丛书”涉及的面非常之广，这样影响、口碑就非常好。而且它还有一个突出的特色，即关注科学和人文的交叉，我觉得这样一些选题在这套书里也有特别突出的表现。

刚才你提到，我们谈话里经常发生争论，我觉得今天我们这个对谈，其实也有一点像我们“南腔北调”的直播——不是从笔头上来谈，而是现场口头上来谈。我也借着你刚才的话说一点，你反对把这套丛书称为“科普”，其实不只是这套书，在你的写作和言论里，对科普是充满了一种——怎么说呢——不能说是鄙视，至少是不屑或者评价很低？

我觉得这个事也可以争议。如果你把对象限定在传统科普，这个可以接受。传统科普确实有些缺点，比如只讲科学知识。但是今天科普的概念也在变化，也在强调知识、方法、思想的内容。在这里面就不可能不涉及相关的科学和人文。当然不把这些称为科普，叫科学文化也是可以的。但是拒绝了科普的说法，会丧失一些推广的机会。

说科普大家都知道这个概念，而且大家看到科普还可以这么来做。如果你上来就说是科学文化，可能有些人就感到陌生了，这也需要普及。读者碰巧看科普看到了"哲人石丛书"，他知道这里面还有这些东西，我觉得也是很好的事。我们何必画地为牢，自绝于广大的科普受众呢。

◇ 这些年来，我对科普这个事，态度确实暧昧，刚才你说我鄙视科普，但是我科普大奖没少拿，我获得过三次吴大猷奖，那都不是我自己去报的，都是别人申报的。我一面老说自己不做科普，但一面也没拒绝领科普奖，人家给我了，我也很感谢地接受了。

我之所以对科普这个事情态度暧昧，原因是我以前在科学院工作过15年，在那个氛围里，通常认为是一个人科研正业搞不好了才去搞科普的。如果有一个人只做正业不做科普，另一个人做了同样的正业但还做科普，人们就会鄙视做科普的人。这也是为什么我老说自己不做科普的原因。

刘慈欣当年不敢让别人知道他在搞科幻，他曾对我说：如果被周围的人知道你跟科幻有关，你的领导和同事就会认为你是一个很幼稚的人，"一旦被大家认为幼稚，那不是很惨了吗？"在中国科学院的氛围也是类似的，你要是做科普，人家就会认为你正业搞不好。我的正业还不错，好歹两次破格晋升，在中国科学院40岁前就当上正教授和博导了，这和我经常躲着科普可能有一点关系，我如果老是公开拥抱科普，就不好了嘛。

我1999年调到交大后，对科普的态度就比较宽容了，我甚至参加了一个科技部组织的科普代表团出去访问，后来我还把那次访问的会议发言发表在《人民日报》上了，说科普需要新理念。

科普和科幻在这里是一个类似的事情。但咱还是说回"哲人石丛书"。刚才你说选题非常好，有特色，这里让我们看一个实际的例子。我们“南腔北调”对谈谈过一本《如果有外星人，他们在哪——费米悖论的75种解答》，书中对于我们为什么至今没有找到外星人给出了75种解答。这本书初版时是50种解答，过了一些年又修订再版，变成了75种解答。这本书是不是科普书呢？也可以说是科普书，但我仍然觉得把这样的书叫科普，就是矮化了。这本书有非常大的人文含量，我们也能够想象，我们找外星人这件事情本身就不是纯粹的科学技术活动。要解释为什么找不到，那肯定有强烈的人文色彩，这样的书我觉得很能说明“哲人石丛书”的选题广泛，内容有思想性。

◆ 我还是“中国科协·清华大学科学技术传播与普及研究中心主任”，在这样一种机构，做科普是可以得到学术承认的，本身就属于学术工作和学术研究，可见科普这个概念确实发生了一些变化。

当然，严格地界定只普及科学知识，这个确实是狭义的。如果说以传统的科普概念看待“哲人石丛书”是矮化了它，那我们也可以通过“哲人石丛书”来提升对科普的理解。今天科普也可以广义地用“科学传播”来表达，不只是在对社会的科普，在整个正规的中小学教育、基础教育、大学教育也在发生这样的变化。

◇ 有一次在科幻界的一个年会上，我报告的题目是《远离科普，告别低端》，我认为如果将科幻自认为科普的一部分，那就矮化了。我这种观点科幻界也不是人人都赞成，有的人说如果我们把自己弄成科普了，我们能获得一些资源，你这么清高，这些资源不争取也不好吧？科普这一块，确实每个人都有自己的看法和想法。

总的来说，传统科普到今天已经过时了，我在《人民日报》上的那篇文章标题是《科学文化——一个富有生命力的新纲领》(2010.12.21)，我陈述的新理念，是指科普要包括全面的内容，不是只讲科学中我们听起来是正面的内容。

比如说外星人，我们国内做科普的人就喜欢寻找外星人的那部分，人类怎么造大望远镜接收信息，看有没有外星人发信号等。但是他们不科普国际上的另一面。在国际上围绕要不要寻找外星人有两个阵营，两个阵营都有知名科学家。一个阵营认为不要主动寻找，主动寻找就是引鬼上门，是危险的；另一个阵营认为应该寻找，寻找会有好处。霍金晚年明确表态，主动寻找是危险的，但是我们的科普，对于反对寻找外星人的观点就不介绍，你们读到过这样的文章吗？我们更多读到的是主张、赞美寻找外星人的。这个例子就是说明传统科普的内容是被刻意过滤的，我们只讲正面的。

又比如说核电，我们的科普总是讲核电清洁、高效、安全，但是不讲核电厂的核废料处理难题怎么解决。全世界到现在都还没有解决，核废料还在积累。

我认为新理念就是两个方面都讲，一方面讲发展核电的必要性，但是一方面也要讲核废料处理没有找到解决的方法。在"哲人石丛书"里有好多品种符合我这个标准，它两面的东西都会有，而不是过滤型的，只知道歌颂科学，或者只是搞知识性的普及。对知识我们也选择，只有我们认为正面的知识才普及，这样的科普显然是不理想的。

◆ 确实如此。我自己也参与基础教育的工作，比如说中小学课标的制定等。现在的理念是小学从一年级开始学科学，但有一个调查说，全国绝大部分小学的科学教师都不是理工科背景，这是历史造成的。而另一方面，我们现在的标准定得很高，我们又要求除了教好知识还要有素养，比如说理解科学的本质。科学的本质是什么呢？"哲人石丛书"恰恰如你说的，有助于全面理解科学和技术。比如说咱们讲科学，用"正确"这个词在哲学上来讲就是有问题的。

◇ 我想到一个问题，最初策划“哲人石丛书”的时候，有没有把中小学教师列为目标读者群？潘涛曾表示：当时可能没有太明确地这么想。当时的传统科普概念划分里，流行一个说法叫“高级科普”。但确实想过，中小学老师里如果是有点追求的人，他应该读，而且应该会有一点心得，哪怕不一定全读懂。潘涛还发现，喜欢爱因斯坦的读者，初中、高中的读者比大学还要多。

◆ 我讲另外一个故事，大概20年前我曾经主编过关于科学与艺术的丛书，这些书现在基本上买不到了，但是前些时候，清华校方给我转来一封邮件，有关搞基础教育的人给清华领导写信，他说现在小学和中学教育强调人文，那么过去有一套讲艺术与科学的书，这套书特别合适，建议再版。学校既然把邮件转给我，我也在努力处理，当然也有版权的相关困难。我们的图书产品，很多都没有机会推广到它应有的受众手里，但实际需要是存在的。我觉得有些书值得重版，重新包装，面向市场重新推广。

◇ 出版“哲人石丛书”的是“上海科技教育出版社”，这样的社名在全国是很少见的，常见的是科学技术出版社，上海也有科学技术出版社。我们应该更好地利用这一点，把“哲人石丛书”推广到中小学教师那里去，可能对他们真的有帮助。

也许对于有些中小学教师来说，如果他没有理工科背景，“哲人石丛书”能不能选择一个系列，专门供中小学现在科学课程教师阅读？选择那些不太需要理工科前置知识的品种，弄成一个专供中小学教师的子系列，那肯定挺有用。

◆ 不光是没有理工科背景知识的,有理工科背景知识的也同样需要,因为这里面还有大量科学人文、科学本质等内容,他们恰恰是最需要理解的。但是总的来说,有一个这样特选的子系列,肯定是值得考虑的事情,因为现在这个需求特别迫切。

(本文系2023年8月13日上海书展“哲人石——科学人文的点金石”活动对谈内容节选)

对本书的评价

◇

这是一本清晰解读宇宙创生奥秘的指南。

——自然(*Nature*)

◇

本书奇妙无穷,引人入胜又饱含学识,真是一位讲故事高手的作品。

——《经济学家》(*The Economist*)

◇

这是高度抽象和数学化的现代宇宙学领域的一本最好的入门读物。

——罗恩-鲁滨逊(Michael Rowan-Robinson),
前英国皇家天文学会主席

内容提要

茫茫宇宙始终是人类赞叹和歌咏的对象。可是,宇宙从何而来?它是否永远如此?千百年来,人们总是把这些问题留给宗教和哲学,不是归功于上帝的"第一推动",就是将其当作形而上学者苦思冥想的话题。然而今天,科学家们正在努力构建一幅宇宙诞生与演化的生动图像:宇宙起源于100多亿年前的一个"原始火球",或曰"大爆炸",在经过极其猛烈的暴胀之后,不断膨胀和演化,直到形成现在这个丰富多彩的大千世界。20世纪90年代,COBE卫星测定了宇宙微波能量的微小变化,从而进一步支持了大爆炸理论。

广受赞誉的科普作家和宇宙学家约翰·格里宾在本书中综合了最新科学发现,探索了宇宙的起源及其最终的命运。从托勒玫、哥白尼、赫歇尔到哈勃,无数天文学家的不懈努力使我们的目光从地球扩展到太阳系、银河系、河外星系,乃至我们生存于其中的整个宇宙。本书不仅将带您领略这一激动人心的科学历程,其笔触更深入到现代物理学的最前沿，生动地描述了20世纪物理学的两大奇葩——由爱因斯坦创立的广义相对论和由普朗克、玻尔、海森伯等人奠基的量子物理学，如何在20世纪后半叶汇聚于宇宙学研究之中，并最终为我们初步揭开了宇宙的创世之谜。

本书追踪了大爆炸理论的来龙去脉，不但向您展示了现代宇宙学的巨大成就，更让您身临其境地接触那些伟大的科学先驱者们，正是站在他们肩上，我们才有可能看得如此真切、如此深远。

作者简介

约翰·格里宾(John Gribbin),英国著名科学读物专业作家,英国科学作家协会“终身成就奖”得主,毕业于剑桥大学,获天体物理学博士学位,曾先后任职于《自然》(*Nature*)杂志和《新科学家》(*New Scientist*)周刊。他著有百余部科普和科幻作品,内容涉及物理学、宇宙起源、人类起源、气候变化、科学家传记,并获得诸多奖项。《旁观者》(*Spectator*)杂志称他为“最优秀、最多产的科普作家之一”。他的科学三部曲《薛定谔猫探秘——量子物理学与实在》(*In Search of Schrödinger's Cat: Quantum Physics and Reality*)、《双螺旋探秘——量子物理学与生命》(*In Search of the Double Helix: Quantum Physics and Life*)和《大爆炸探秘——量子物理学与宇宙学》(*In Search of the Big Bang: Quantum Physics and Cosmology*)尤为脍炙人口,其余作品如《大众科学指南——宇宙、生命与万物》(*Almost Everyone's Guide to Science: The Universe, Life and Everything*)、《科学简史——从文艺复兴到星际探索》(*Science:

A History)、《创世138亿年——宇宙的年龄与万物之理》(*13.8: The Quest to Find the True Age of the Universe and the Theory of Everything*)、《迷人的科学风采——费恩曼传》(*Richard Feynman: A Life in Science*)、《量子、猫与罗曼史——薛定谔传》(*Erwin Schrödinger and the Quantum Revolution*)也广受好评。

宇宙如何开始？又将如何终结？

每当一个年轻人告诉我他想搞宇宙学时，我总是很惊讶，因为我认为宇宙学是可遇而不可求的。

——威廉·麦克雷爵士（Sir William McCrea）

目录

CONTENTS

目　录

译者序

约翰·格里宾是当今的科普写作大家。他笔耕不辍,涉猎甚广。如果说他能将本书这样关于天文学和物理学的作品写得厚重、准确、清楚且又深入浅出,是与他作为剑桥大学天体物理学博士的功底有关,那么他在"隔行如隔山"的生命科学领域的名著《双螺旋探秘》,据该领域的专家说也堪称精品,这就更称得上难能可贵了。

本书是他的《大爆炸探秘》的第二版,中文书名定为《再探大爆炸》。两版都还各有一个副标题,第一版是"量子物理与宇宙学",第二版是"宇宙的生与死",反映出前后内容的变动。与第一版相比,第二版删去了许多关于哲学和量子物理学的讲述,那些篇章也很精彩,但删去之后的确使全书的主线更鲜明、结构更紧凑。第二版共计11章,其中有5章是新增的,第一章讲热力学第二定律的宇宙学意义,第八、九、十、十一章讲暴胀理论、暗物质,以及宇宙的未来命运。

关于宇宙膨胀,本书的基调仍是,由于引力的拖曳,膨胀必定是减速的。有趣的是,就在本书英文版出版的那一年(1998年),美国的两个各自独立的研究小组几乎同时公布了通过观测Ia型超新星而作出的惊人发现:宇宙的膨胀是在加速。这两个小组的3位代表人物珀尔马特(S. Perlmutter)、施密特(B. Schmidt)和里斯(A. Riess)因此获得了2011年的诺贝尔物理学奖。

目前学术界对宇宙加速膨胀的主流解释是引入所谓"暗能量",其作用相当于"斥力"。结合其他途径的研究后,现在对宇宙成分的普遍认识是:将近73%是暗能量,将近23%是暗物质,而组成行星、恒星、星系以及星际、星系际介质的普通物质(即重子物质)仅略多于4%。(但是,欧洲空间局普朗克卫星的最新观测结果与这个分配方案之间有着似乎不算很小的出入。)

我所倾向于赞成的观点是,暗物质的存在确凿无疑,尽管现在对其物理实质(是什么粒子)尚不得而知;而暗能量的立足基础则远没有暗物质那样实在,我宁可暂且把它看作"未知物"的代名词。2011年诺贝尔物理学奖奖励的成果是对宇宙加速膨胀的发现,而不是暗能量。暗能量在许多方面会使人联想起19世纪末、20世纪初的"以太",那朵曾使当时的整个物理学界困惑,而最终导致了物理学革命和相对论诞生的"乌云"。物理学作为一门成体系的基础学科,迄今还只有两个时代,分别以牛顿和爱因斯坦为代表,现在依然是爱因斯坦时代。暗物质和暗能量会是带来物理学第三个时代的"乌云"吗?爱因斯坦那样的划时代天才何时出现呢?

我曾经觉得,本书没有写入宇宙加速膨胀和暗能量,是一个欠缺;但现在我已不那么认为了。本书很好地讲述了截至发现加速膨胀前的宇宙学故事,读者最好先了解这个故事,才能有准备地去听新故事。新故事的完成,也许还需等待若干年,等到认识了暗物质的实质、解开了暗能量之谜的时候。我希望本书的作者,但也可能是别人,那时候就可以写"三探大爆炸"了。

卢炬甫

2013年6月于厦门

第二版序

本书初版于1986年问世，其中我对大爆炸宇宙学中由宇宙暴胀的思想引发的研究热潮作出了回应。实现暴胀的要求之一是宇宙包含足够多的物质以使自己“闭合”，亦即宇宙是诞生于一个超热、超密的状态（大爆炸本身），并且在膨胀了许多亿年之后，终将重新坍缩为大爆炸的镜像，也就是大挤压。这就意味着宇宙中必定还有比我们所能看到的多上百倍的物质，这些不能直接看到的暗物质就分布在明亮的恒星和星系周围。

从20世纪80年代末至90年代初，暴胀理论获得了愈加可信的地位，对这种暗物质的寻找工作也在加强。COBE（Cosmic Background Explorer，宇宙背景探测器）卫星发现了充斥于宇宙并被解释为大爆炸遗迹的背景辐射发生的微小起伏，这些起伏的图案（现在已由地面观测证实和延展）与标准大爆炸模型结合暴胀所预期的图案精确相符，而暴胀是以宇宙包含足以闭合的物质为前提。《再探大爆炸》这一新版本反映了最新的进展，结合了我的另一本书《奥米伽点》（*The Omega Point*）中的材料和新的材料来讲述宇宙从大爆炸到大挤压的整整一生的故事。为了加入新材料，我删去了大部分关于粒子物理学的技术性讨论，那些讨论有点偏离主题，而且也已写在我的其他书中。

尽管最新的宇宙学思想尚未能如构成本书主体的大爆炸基础理论那样完整，事实上这些思想也不能用来说明一切，但这并不意味着大爆炸理论最终留有缺陷。每当对暴胀和暗物质认识的进展中某个特别细节必须按照对宇宙的新观测结果来修正时，总有人出来一定要为大爆炸理论写讣告,但这些讣告都像传说的马克·吐温(Mark Twain)的假讣告* 那样夸大其词。大爆炸理论安然无恙,而且活力四射,这正是我希望这本书要说明的。的确,现在大爆炸理论比以往进步了。1986年时,我只能对你讲宇宙如何开始;而现在,我还能告诉你关于它如何终结的精彩观点。我希望你能欣赏这个故事。

约翰·格里宾

1998年

* 据说有一年愚人节,纽约一家报纸上刊登了美国作家马克·吐温的讣告,而事实上他当时安然无恙。——译者

致　谢

本书的根源要回溯到很久以前，回到20世纪50年代初我开始对科学产生兴趣的时候。我已记不清是哪位作者最早引领我认识宇宙的奥秘和奇迹，但我知道此人如果不是阿西莫夫（Isaac Asimov），就一定是伽莫夫（George Gamow），因为我很早就开始读他们的书，我简直不能想象会没有他们。而且不仅是科学吸引了我，宇宙的起源之谜更是从一开始就令我沉醉。由于伽莫夫和他杜撰的"汤普金斯先生"，我开始知道了宇宙起源的大爆炸模型。虽然后来我接触了稳恒态假说，但大爆炸的思想——存在一个宇宙诞生的确定时刻的思想，始终占据着我的心灵。我从未想过将来会不去研究这些深奥的难题，或者写些关于它们的书。实际上，直到1966年，我都一直没有认识到，要做一名天文学家，更不用说一名宇宙学家，并不是件谁都能做的工作，更别说是我了。此后，正当我在萨塞克斯大学参加最后的大学考试时，我发现麦克雷（Bill McCrea，现在的威廉·麦克雷爵士）将在校园里建一个天文学研究中心。

这一发现改变了我的生活。首先使我立即将读粒子物理学研究生的计划改变为在麦克雷的团组读天文学硕士学位。后来我到了剑桥，成为另一个新的天文学团组——霍伊尔（Fred Hoyle，现在的弗雷德·霍伊尔爵士）那时的理论天文学研究所——非常低级的最初成员。由于某些原因，我并没有非常明确自己要做什么，却转而把对极致密恒星（白矮星、中子星、脉冲星和X射线源）的研究作为我的学位论文，而基本上没有做过什么宇宙学方面真正的工作。但在剑桥我见到了霍伊尔本人、纳里卡(Jayant Narlikar)、里斯(Martin Rees)、伯比奇夫妇(Geoffrey & Margaret Burbidge)、霍金(Stephen Hawking)、福勒(William Fowler)和其他著名天文学家,他们都专注于实实在在的宇宙学重要问题的研究。从他们那儿我知道了这个层次的研究是什么样的,还知道我本人根本没有指望取得什么令他人望其项背的成就。于是我成了一名作家,不单是报道宇宙学和天文学方面的最新进展,而是关于整个科学领域,不断保持与最新进展的接触,即使我本人并未置身其中。

天文学在20世纪80年代产生了巨大飞跃,这是来自同粒子物理学的联姻,而在1966年我曾轻率地放弃了这方面的工作。在最初竭力应付那些看起来出现得如此之快,以至于我都来不及写下它们的新进展之后,我很幸运地抓住了一次机会,以旁观者的身份参加了1983年11月在日内瓦召开的由欧洲南方天文台(ESO)和欧洲核子研究中心(CERN)共同组织的会议。在这次会议上,来自粒子物理学和宇宙学方面的学者们讨论了其中的联系。正是这次会议,以及对自己能了解这些学科所发生的绝大多数事情的自信,使我确信自己能写这本书。由于这次会议,我能够厘清我的思路,并在同CERN的纳诺普洛斯(Dimitri Nanopoulos)及暴胀假说的两位创立者麻省理工学院的古思(Alan Guth)和莫斯科的林德(Andrei Linde)通信后,加深自己对暴胀这一大爆炸宇宙学现代版本的关键性新思想的理解。

看起来,科学似乎已经获得了一个(至少是在概貌上)完整的理解,知道我们所知的宇宙如何产生和它如何通过大爆炸从一粒小种子成长为我们所见的如此广漠的空间。剑桥大学的里斯已经清楚地说明了这项新工作的重要性。他在1983年11月的那次日内瓦会议上评述说,当被问到大爆炸是不是我们生活于其中的宇宙的一个好的模型时,他过去总是说:"这是我们迄今为止得到的最佳理论。"这确实是十分谨慎的认可。但现在,他在日内瓦说,如果现在被问及同样的问题,他会回答说:"大爆炸模型更有可能被证明是对的,而不是错的。"里斯是最严谨的宇宙学家之一,他从不轻易下结论,他的话是对大爆炸理论的强烈支持,也给了我足够的理由来写这本书。

我能了解这些新思想背后的物理,这要归功于我学生时代和在萨塞克斯及剑桥时的老师们的才能。能够生活在这些奥秘被揭开的时代,能够了解它们如何被揭开,是我所能想象的一种最大的幸运。也许会有新的奥秘来扰乱目前的这幅图像,而完全了解创世时刻也可能被证明只是一个梦幻。但今天的图像已足够完备,我希望通过本书与您分享对其完备性的惊叹,和在发现宇宙膨胀因而必须存在一个创世时刻后的60年对一个成功的创世理论的探索。

如果我最终成功地吸引了您的注意力,这主要是由于故事本身是如此迷人,只有一个拙劣的讲述者才会令它毫无生气。我要感谢阿西莫夫和伽莫夫,他们向我讲述了这个传奇的早期版本;感谢麦克雷,他出现于萨塞克斯大学的校园里,向我展现了宇宙学家也是活生生的人,而我也能和他们一同工作;感谢霍伊尔,他建立了一个研究所,使我有可能接触一流的宇宙学家们;感谢CERN邀请我参加第一次ESO和CERN的讨论会,同时也感谢《新科学家》派我去报道那次会议。在本书写作过程中,我得到了来自古思、林德、纳诺普洛斯、剑桥的里斯以及孟买塔塔研究所的纳里卡的直接帮助。麦克雷在其忙碌的工作中抽空阅读本书草稿的头两部分并纠正了我的一些历史误解,而里斯指出了我对宇宙学不够了解的地方。

我还得到许多其他人的帮助,他们向我提供了他们的论文,并抽空与我讨论他们的科学思想。感谢他们(排名不分先后):胡赫拉(John Huchra)、基布尔(Tom Kibble)、泰勒(Roger Tayler)、弗伦克(Carlos Frenck)、鲁宾(Vera Rubin)、蒂普勒(Frank Tipler)、巴罗(John Barrow)、罗恩-鲁滨逊(Michael Rowan-Robinson)、霍金、皮布尔斯(Jim Peebles)、威尔金森(David Wilkinson)、乔恩(Marcus Chown)、埃利斯(John Ellis)、阿尔巴达(Tjeerd van Albada)、梅洛特(Adrian Melott)、戴维斯(Paul Davies)和巴考尔(John Bahcall)。

不过,无疑仍会有遗留的错误,这完全是我的责任。如果您发现了,请让我知道,我会尽力在以后的版本中纠正。但我希望这些错误很少、很小,不会妨碍您欣赏这个探索宇宙最终真相和宇宙自身起源的故事。

第一章

时间之箭

我们世界的最重要的特征是日夜交替。黑暗的夜空告诉我们，宇宙总体上是寒冷而空旷的，其中散布着一些明亮、高温的物体，即恒星。白昼的明亮又表明，我们生活在宇宙中一个很不寻常的地方，靠近那些恒星中的一个——太阳，它是流过太空到达地球和更远处的能量的源泉。日夜交替的简单事实揭示了宇宙本质以及生命与宇宙之间关系的一些最基本的方面。

假如宇宙已经永久存在，并且总是包含与现在同样数量，也大致同样地在空中分布的恒星和星系，那就不可能是我们所看到的样子。恒星永久地发射光芒来挥洒能量，光就会已经充满宇宙空间，整个太空就会像太阳那样耀眼。夜空黑暗的事实证明，我们生活于其中的宇宙在变化，并不总是如现在这样。恒星和星系并非永久存在，而是在较近的时候才开始存在，没有足够时间来让它们的光充满空间。天体物理学家研究了恒星如何由其中心区域的核反应产生能量，由此可以计算出一颗典型恒星在其一生中能够发出多少光。核燃料的供给是有限的，一颗恒星主要通过氢转变为氦的反应产生能量，这些能量也是有限的。即使宇宙中已知的所有星系中的所有恒星都走完了生命历程，而变成正在冷却中的余烬，宇宙空间，或者说夜空，将依然黑暗。它无法获得足够的能量来产生足够的光,从而无法使夜空变亮。日夜交替的怪异之处,其实倒不在于天空的黑暗,而在于空中竟然还有明亮的恒星。宇宙是怎么做到既处于黑暗中又容有这些短命(按宇宙学的标准)的灯塔呢?

这一难题完全是由白昼的阳光带来的。阳光表示宇宙中的一种不平衡,即一种局部偏离平衡的状态。自然界的一个基本特征是事物都趋向于平衡状态。把一块冰放到一杯热咖啡里,咖啡会冷却,而冰会受热融化,最后成为一杯有着同一温度,也就是处于平衡态的温咖啡。太阳诞生于一种在很小体积里储有大量能量的状态,它正忙着做一件同样的事,就是用自己储存的(微不足道的)能量来加热宇宙,并且,终将冷却成为与寒冷太空相平衡的灰烬。但对一颗太阳这样的恒星来说,"终将"是指几十亿年之后;在此之前,地球上(或许无数其他恒星周围的无数其他行星上)的生命都将依赖那流入太空的能量而得以存在。

我们由日夜交替而知道,宇宙中有着处于非平衡态的小区域,有这些小区域才可能有生命。我们还知道宇宙在变化,因为它不可能总是处于现在这种有着黑暗夜空的状态。宇宙是诞生而来的,并且将会消亡。所以,由上述简单的观察,我们知道有一个时间方向,一支由宇宙的过去指向其未来的箭。

最高定律

宇宙的所有这些特征都与爱丁顿(Arthur Eddington)(20世纪二三十年代的一位伟大的英国天文学家)所称的自然界最高定律密切相关。这就是热力学第二定律,它是在19世纪被发现的,但不是由于对宇宙的天文学探索,而是由于一项很实用的研究,即关于工业革命时期极为重要的蒸汽机的效率。

看似奇怪的是，这么高地位的自然定律竟然屈居为某某"第二"定律；热力学第一定律只是个开场白，指出热是能量的一种形式，功与热可以相互转换，而一个封闭系统的总能量总是守恒的。例如，如果咖啡杯是完全隔热的，冰块放入热咖啡后，虽然冰受热而咖啡冷却，但杯中的总能量保持不变。这是工业革命先驱们的一个重要认识，而第二定律则要深刻得多。[1]

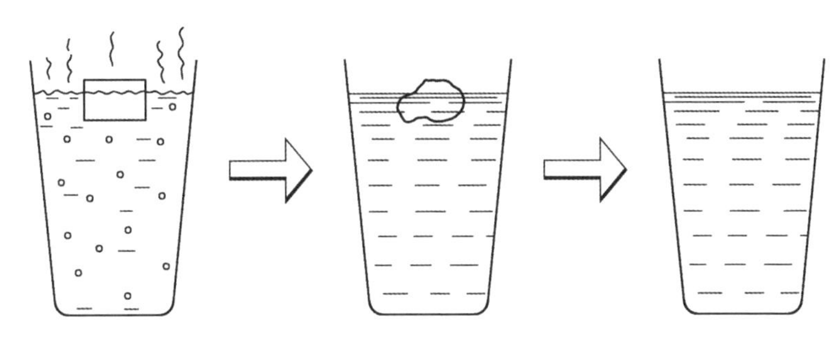

图 1.1　热总是趋于平衡状态。放到热液体里的冰融化，而液体变冷。我们从未见过冷液体里自动结出冰，同时剩余的液体变热。这就是热力学第二定律，它与时间之箭相关联。

有许多不同的方式来表述热力学第二定律，但都与我已谈及的宇宙特征相关。太阳这样的恒星把热倾泻进寒冷的宇宙空间；放到热咖啡里的冰块融化。我们从未见过一杯温咖啡里会自动结出冰，而剩余的咖啡变热，即使这两种状态（冰块+热咖啡，以及温咖啡）含有完全等额的能量。热**总是**从高温物体流向低温物体，从来不会反过来进行。虽然能量的总量是守恒的，但能量的分布只能以一定的方式改变，不能逆转。光子（光的粒子）不会从太空中浮现并聚集到太阳上，加热太阳，并驱动其核心区的核反应倒过来进行。

如此说来，热力学第二定律显然也定义了一支时间之箭，这支箭与由对黑暗夜空的观察所定义的时间之箭是**一样**的。第二定律的另一种表述则包含关于信息的思想：事物变化的自然趋势是变得更加无序、更杂乱无章。初始系统(冰块+热咖啡)里的结构在其后的系统(温咖啡)中丧失了。就是我们常说的,东西坏了。风雨使石块破碎,使废弃的房子变成瓦砾堆,而绝不会把碎砖又变成一道整齐的墙。物理学家采用一个称为熵的概念来对自然界的这一特征予以数学描述,对这个概念的最好理解是信息或者复杂性的反量度。[2]一个系统中秩序的减少对应着熵的**增大**。第二定律就是:任何一个封闭系统的熵总是**增大**(或者至少是保持不变),而复杂性**减小**。

熵的概念为第二定律提供了最好最简洁的版本,但其实只对数理物理学家有用。克劳修斯(Rudolf Clausius),作为热力学先驱之一的德国物理学家,于1865年总结出了第一和第二定律:自然界的能量是守恒的;自然界的熵在增大。一些普通的现代人也风趣地总结出了同样简明的日常表述:有所得必有所失;你更不可能打破平衡。这话是恰当的,因为熵和第二定律也能被认为是在告诉我们关于自然界有用能量可得性的知识。阿特金斯(Peter Atkins)在他的优秀著作《第二定律》(*The Second Law*)里指出,由于能量是守恒的,不会有能量耗尽这种意义上的能量"危机"。我们燃烧汽油或煤时,只是把一种(有用的)能量形式变成另一种(不那么有用、更分散的)形式。于是,我们增加了宇宙的**熵**,而降低了能量的**品质**。实际上我们面临的不是能量危机,而是熵危机。

生命似乎是这一熵增定律的一个例外。生物——如树、水母、人,将简单的化学元素和化合物重组成复杂的、高度有序的结构。但生物之所以能够这样做,是利用了归根结底来自太阳的能量。地球,更不用说地球上的单个生物,**不**是一个封闭系统。太阳在不断地向空中倾泻优质能量;地球上的生命捕获了其中一些(甚至煤和石油也是数百万年前的生命所捕获的太阳能的储藏形式),用来创造出复杂性,而把低质能量还给宇宙。人、花或蚂蚁的生命所显示的熵的局部减小,远不及产生着生命所需能量的太阳活动所造成的熵增加。若把太阳系看成一个整体,熵总是增大的。

整个宇宙按照定义必定是一个封闭系统,其状况也是如此。集中于恒星内部的"有用"能量被泼洒出来,稀薄地散布于空间中,再无他用。引力与热力在抗争,前者把恒星的物质聚在一起,并提供能量把物质加热到发生核聚变;后者则试图按照第二定律使能量的分布趋于均匀。如我们将要看到的,宇宙的故事就是引力与热力抗争的故事。一旦(或者说如果)整个宇宙处于同一温度,就再也没有变化发生,因为没有了从一处到另一处的净热流。这就是宇宙的结局,除非它含有足够的物质能使自己坍缩到最终的"大挤压",也就是"奥米伽点"。宇宙中将没有任何秩序存留,简单地只是一个均匀的混沌,像产生地球上生命这样的过程不可能再发生。19世纪甚至更晚期的许多学者担忧过热力学定律隐含的这种宇宙"热寂"结局。却没有人充分地意识到,宇宙中正在发生着的变化的合理推论是,在过去的某个有限时间,必定有过一个诞生,即一个"热生",造就了今天所见的不平衡状态。然而,的确令人吃惊的是,宇宙的"热寂"现在已经在发生着。

光与热力学

高温状态的能量对应着低熵,易于做有用的功。低温状态的能量对应着高熵,不易于做功。这是很好理解的,由于能量是从高温物体流向低温物体,所以就很容易找到(比如说)比太阳表面温度低的物体,能量从太阳向那里流动并且做功。很难找到(比如说)比冰块温度低的物体,以至于能够把热从冰块抽出并用于做功。地球上更为可能的是热流进冰块。太空的情形则稍有不同,那里比地球表面要寒冷得多,0摄氏度的冰块仍然含有一些有用的能量,可以被提取出来做功。但是,有一个极限，就是温度的绝对零度，以热力学另一位先驱开尔文勋爵（Lord Kelvin）的名字命名的温标的零度为0开，处于0开的物体不含任何热能。

宇宙空间自身并非冷到0开。形式为电磁辐射（或者说光子）的能量充斥于恒星之间的空间。光子的能量也可以用温度来描述，阳光含有高能的（即高温的）光子，而人体发出的热辐射则是较低能量、较冷的光子等。20世纪60年代，取得了一项实验科学的最重大的发现，天文学家用射电望远镜探测到了均匀的来自宇宙空间所有方向的微弱射电噪声。这种噪声被称为宇宙背景辐射，是由温度仅为3开的光子海洋产生的，这种光子海洋被认为充满了整个宇宙空间。

如本书第六章所解释的，这一发现提供了关键的证据，它使宇宙学家们相信，大爆炸理论很好地描述了我们生活于其中的宇宙。此前对遥远星系的研究已经表明，宇宙正在膨胀，星系团正在随着时间流逝而相互分离得越来越远。一些理论家曾想象着对这个过程进行逆时间追溯，认为宇宙必定起始于一个超高密度、超高温度的状态，即大爆炸火球。但这一设想直到背景辐射的发现才被普遍接受，该辐射也就很快被解释为大爆炸火球辐射的残余。

按照现在对宇宙起源的权威认识，大爆炸时的宇宙充满着极高温度的光子，那是一片高能辐射的海洋。随着宇宙的不断膨胀，辐射在冷却，类似于一团气体膨胀到一个更大容积的空间时的冷却（这就是使冰箱内部保持低温的基本过程）。气体被压缩时会变热，你给自行车打气时会感受到。气体膨胀时则会冷却，如果"气体"实际上是一片光子海洋，也适用同样的规律。

在大爆炸的火球阶段，整个宇宙的天空光芒闪耀，然而之后的膨胀已经使辐射一直冷却到了3开（膨胀效应也有助于减弱恒星的光，但若宇宙的年龄是无限长，则不足以解释现在天空的黑暗）。宇宙中普通物质的总量很少，而恒星之间和星系之间的空间则非常之大。宇宙中的光子比原子多得多，宇宙的几乎所有的熵是在背景辐射的那些冷光子里。那些光子是如此之冷，所以具有很高的熵，从恒星逸出的相对少量光子的加入不会使熵再有很大增加。所以，确切而言，宇宙热寂已经在发生着，在从大爆炸火球到现在寒冷黑暗夜空的进程之中发生着；我们生活的宇宙已快要达到最大熵，由太阳所显示的低熵泡则远不具有代表性。

宇宙膨胀也为我们提供了一支时间之箭，也指着同样的方向，从热的过去到冷的未来。但是这一过程有些奇怪。按照时间之箭，变化和衰败是整个宇宙，也是地球上常见事物的基本特征，这些都是在物理学家所称的宏观尺度上。但当我们观察微小世界即原子和基本粒子时（也就是物理学家所称的微观世界，小得远非通常的显微镜所能看到），物理定律并没有表现出时间的不对称这一基本特征。那些定律在顺时或逆时方向上都同样有效。这又怎么能与宏观世界里时间流逝、东西耗损的明显事实相符呢？

大与小

在日常生活中，东西会磨损，也就是说有一支时间之箭。但是，按照牛顿及其后继者建立的物理学基本定律，自然界并不具有内在的时间指向。例如，描述地球在围绕太阳轨道上运动的方程是时间对称的，顺时和逆时方向都同样有效。想象发射一艘飞船到地球上空，从高于众行星绕日轨道的飞船上拍摄行星围绕太阳的运动、卫星围绕行星的运动和所有这些天体的自转运动。如果把这样拍摄的影片在放映机中倒着放，看上去也会是完全自然的。行星和卫星将全都在各自轨道上朝相反方向运动，并且朝相反方向自转，没有任何物理定律禁止出现这样的状况。这又怎么能与时间之箭的思想相符呢？

也许看看身边的事物能更好地表述这个难题。设想一位网球手，站着不动，用球拍把球反复往地上打。把这也拍成电影并且也倒着放映，看上去一点也不奇怪。打球的动作是可逆的，即时间对称的。现在再设想这同一个人去点燃一堆篝火。他或她可以从一张折叠整齐的报纸开始，撕碎、揉皱、堆在一起。再把碎木头放到上面，用火柴点燃报纸，火就点起来了。如果把**这段**情节也拍成电影并且倒着放，观众马上就会发现有问题。在现实世界里，从来不会看到火焰会和烟、空气一起，再加上灰烬而变成揉皱的纸片，纸片再被人仔细弄平并且折叠。点燃篝火的过程是不可逆的，显示了时间的不对称性。那么，点火与打网球的区别在哪里呢？

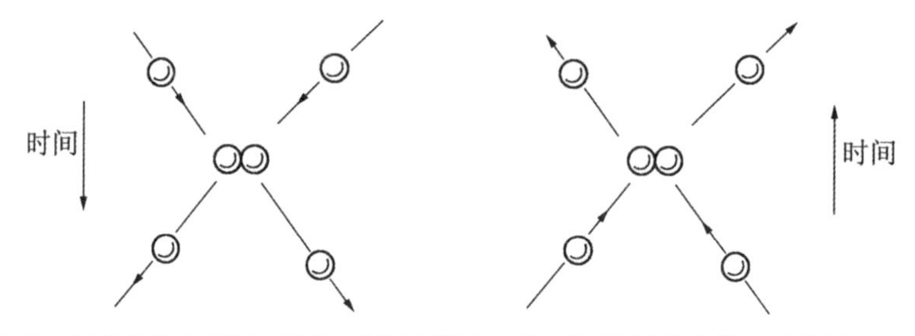

图1.2 想象气体中原子的相互碰撞和弹开。这一过程服从牛顿运动定律，但看来没有内在的时间之箭。沿两个相反时间方向看到的图像都同样合理。

一个重要区别是，在打球的情节里，我们没有长久地等到看到熵增大的不可避免的效应。如果等候足够长久，那位网球手会衰老死亡；远在此之前，那个网球已经损坏了（姑且不考虑网球手对食物和水之类的生理需要）。即使如行星围绕太阳运动也不是真正可逆的。在很长、很长的时间里（数十亿年），行星的轨道将会由于潮汐效应而改变。地球的自转将会变慢，月球将会更远离地球。物理学家运用极为精确的仪器能够从上述影片的一个小片断里就测量出这些效应，从而推断出时间之箭的存在。这支箭在宏观世界里的确**总是**存在的。

但是,微观世界如何呢?我们在学校里听老师讲,组成日常物体的原子就像硬小球,相互碰撞和弹开,**精确地**服从牛顿定律。力学定律和电磁学定律都没有内在的时间之箭。物理学家喜欢的探索这些现象的方式是考虑一个充满气体的盒子,其中原子的行为最像相互弹开的小球。这样两个在不同方向运动的小球相遇和碰撞,就会按照牛顿定律给出的新方向和新速度弹开;如果时间方向逆转,逆碰撞也服从牛顿定律。这就产生了不寻常的疑难。

论证热力学第二定律的普遍途径之一是(想象)借助一个用隔板分成两半的盒子。盒子的一半充满气体,另一半是真空(这只是一个"思想"实验,并不需要真的去做,因为由日常经验就能知道将会发生什么)。拿走隔板,气体就会从那半个盒子扩散到整个盒子。整个系统变得更少秩序,温度降低,熵增大。这时的气体绝不会再自动地全都跑回半个盒子里,以至于可以再放回隔板而回复原初的状态,那将会使熵减小。在宏观尺度上,我们知道,站在盒子旁边、拿着隔板、想找机会在盒子一角捕捉所有气体,那可是枉费心机。

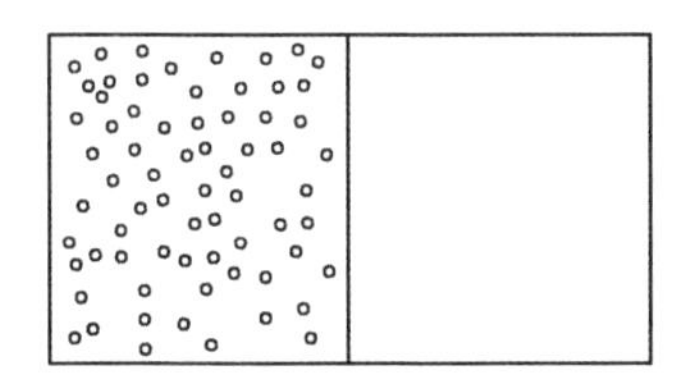

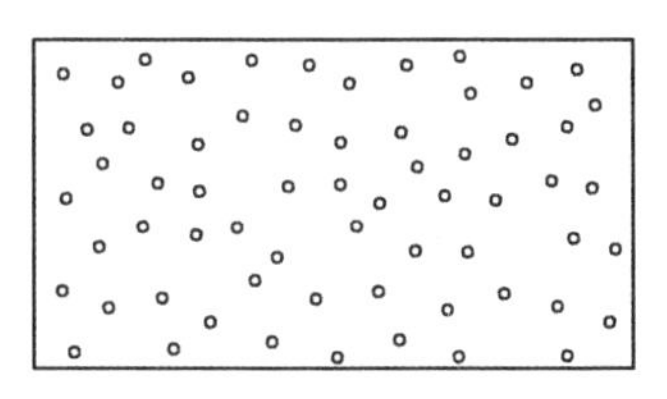

图1.3 但当我们观察盒中气体的大量原子的行为时,就容易看出时间的不对称性。拿走盒子里的隔板,气体就会扩散并充满整个盒子。不需要对这两幅图加上标号或箭头,谁都能看出哪幅在"先"、哪幅在"后"。对此的解释是,牛顿定律并不能给出原子之间碰撞的全部情况。

现在再看看微观尺度的情况。所有原子从半个盒子里向外运动的路径,也就是轨道,都服从牛顿定律,原子之间的所有碰撞原则上都是可逆的。我们可以想象挥舞着一根魔杖,在整个盒子已被气体均匀充满之后,再把每一个原子的运动逆转。那么,所有原子就会沿各自轨道返回原来的位置,从而全都退回到原来的半个盒子里去吗？微观尺度上完美可逆事件的结合,怎么会导致宏观尺度上不可逆性的出现呢？

对此还可以用另一种方式来看。19世纪的法国数学家、物理学家庞加莱(Henri Poincaré)证明,这种囚在盒中的“理想”气体(就是说气体原子与盒壁碰撞弹开时不损失能量),必定会经过符合能量守恒定律(即热力学第一定律)的所有可能状态。盒中原子的**每一种**分布迟早都会出现。如果等得足够久,无规运动的原子**必定**会集中到盒中的一端,也必定会处在其他任何一种允许的状态。换句话说,只要时间足够长久,整个系统必定再次回到它的任一起始点。

但是,这里“足够长久”是关键。一小盒气体可以包含10^{22}(1后面22个零)个原子,它们返回到任何一种初始状态的时间很可能是宇宙年龄的许多、许多倍。现在所知的典型的“庞加莱循环时间”,数字上比宇宙中所有已知星系里恒星的总数还要多很多个零。这个数字是如此之大,以至于用秒、小时或年来作单位都没有什么差别。换句话说,那些巨大的数字表明,当你在特定的某一秒、某一小时、某一年去看那个气体盒时,某一种特定状态恰好出现的机会是多么小。

这就是对世界在微观尺度上可逆,又能在宏观尺度上不可逆这一难题的标准“答案”。守旧者断言,不可逆性是一个错觉。他们说,熵增定律是一个**统计**规律,也就是说熵减小并不是绝对不可能。按照这个说法,如果等待得足够长久,一杯温咖啡将会自动结出冰块,而剩余液体升温。只不过这种事发生所需的时间比宇宙年龄还要长得多,以至于实际上可以忽略其发生的可能性。

这种对熵增定律作为统计规律而非自然界绝对定律的解释,最近已经被质疑。但远在此之前,这种或然论曾经导致一个关于宇宙起源和时间之箭的最奇怪的理论。这一理论从奇特性的角度很值得描述,尽管它已经不再被认真对待。

不大可能的宇宙

热力学第一定律允许的所有状态在时间足够长的前提下总会重复发生的想法，与热力学第二定律的含义即熵增大和存在时间流逝的单一方向，这二者是很难相符的。玻尔兹曼(Ludwig Boltzmann)1844年出生于维也纳，他是热力学伟大的创立者之一，找到了一条使二者相符的途径。但这意味着放弃对时间流逝的“常识”性理解，并且引入一个比我们能见的大得难以想象的宇宙概念。[3]

庞加莱的工作已经证明，只要时间足够，任何一个封闭的动力学系统都会经过所有可能的新状态来不定期地自我重复。这不是单指气体盒子，而是指**任何**系统，包括宇宙本身和我们的银河系。在一个有着永恒寿命、空间上无限延展的宇宙里，任何不被物理定律严格禁止的事物必定会在某个时刻、某个地方出现(或者在无数时刻、无数地方出现)。玻尔兹曼的论点是，整个观测到的宇宙必定只是一个大得多的宇宙的局部细小区域，那些非常罕见但不可避免的波动状态之一碰巧在这个区域里出现了，相当于盒中的气体原子集合到一端，或者冰块从咖啡杯里生成，只不过是在更大的尺度上。

在玻尔兹曼时代，“宇宙”还只是指银河系。直到20世纪，天文学家才完全确认，包含数千亿颗恒星的银河系只是散布在太空汪洋中的亿万个星系之一。但这并不影响玻尔兹曼的论点，只不过是在已经大得使人们难以理解的数字上再加更多的零而已。

再细说玻尔兹曼的论点。他假定，有这么一个宇宙，比我们所能见的一切都大得多，但整体上是处于具有最大熵的热平衡态。他写道：

“在这样一个处于热平衡态因而已死亡的宇宙里，尺度如我们星系(宇宙)的相对较小区域(可称为‘世界’)会在这里或那里存在,这些区域在'万古'时间的相对短期内会有效地偏离热平衡态。"[4]

对这一表述必须作的唯一更新是"宇宙"一词的插入。玻尔兹曼所言的是,我们生活在一个空间泡里,其中已经发生了对平衡态的局部小偏离,并且正在返回到更大宇宙的长久自然状态。这个低熵泡里的时间之箭沿熵增大的方向,由较小可能性的状态指向更可能的状态。没有普适于整个宇宙的单一时间之箭,只有适用于我们恰好生活其中的区域的局部时间之箭。时间之箭(当然,玻尔兹曼没有使用这个词,那时它还没有被创造出来)的含义的离奇之处可以很好地由图 1.4 显示,低熵泡里**任何地方**的箭头都指向高熵态。

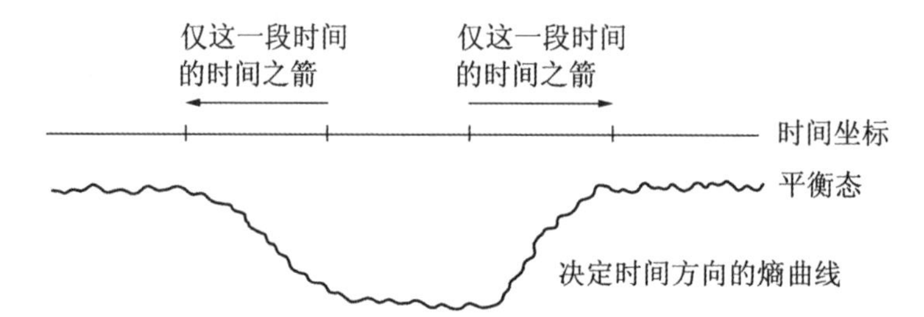

图 1.4　如果时间之箭被解释为熵增大方向的指示器,就有可能想象我们所知的宇宙是产生于熵的一次随机波动。于是,无论观测者是在低熵区域的什么位置,局部的"时间之箭"都将指向熵增大的方向。如此说来,也许时间之箭并不是普适的、绝对的?

按照这一观点,我们的宇宙是一个无限宇宙里的可能性极小的事件,却不可避免地发生了。玻尔兹曼曾就这一观点的意义谈道:

"在我看来,这是唯一的途径,能使我们理解第二定律的适用性和每一个世界的热寂,而无须求助于整个宇宙由一个确定的初始状态向终极状态的单向演变。"[5]

但这一观点**完全**就是现代宇宙学家们对宇宙的认识!玻尔兹曼当然对

大爆炸理论或宇宙背景辐射一无所知,他是生活在一个“不言自明”地认为宇宙在时间上没有确定起点,也不会有确定终点的时代。今天的大多数宇宙学家却与此不同,宇宙的诞生、有限寿命和死亡的思想至少作为一种可能性而被广泛接受。玻尔兹曼认识的这种宇宙是一个历史的奇品;如下文将要简短讲述的,热力学的新解释甚至使它作为真实世界描述的可能性更加减小。但他关于现在所称的时间之箭的讨论却提出了一个有趣的视点,很值得在这里稍加细述,读者在阅读下文时应该一直牢记在心。

指向一个确定方向的时间之箭的概念,与我们对朝一个确定方向流逝的时间流的主观印象,这二者存在一种根本差别。这一点在玻尔兹曼的讨论中是含蓄的,但近年已由阿德莱德大学的保罗·戴维斯(Paul Davies)阐述得更有说服力。戴维斯用了影片的例子,就像前文中想象的点火影片。他指出[例如,在《现代宇宙的时空》(*Space and Time in the Modern Universe*)一书里],如果制作出这样一部时间不对称过程的影片,然后把影片剪辑成一帧帧画面,并且混合起来,那么仍然可能通过研究这些画面之间的差异,来把它们重新按正确顺序排列。不是一定要放映影片,或者时间流动,来使内在的不对称性显现。时间流是一种心理学现象,是由我们与一个时间不对称宇宙相互作用的方式而产生的。

保罗·戴维斯借助一个比方来作阐明,就是海上航船中的罗盘。罗盘的针总是指向北磁极,显示着一种不对称性。但这并不意味着船总是向北行驶。船可以驶向正南(或者其他任何方向),而指针仍然向北。如果有人愿意,也可以把罗盘指针做成指向南方。这样的新罗盘对航行同样有用,即使是按习惯指定的“方向”已被倒转。很自然地,我们应该将时间之箭的方向定义为我们觉察时间流逝的方向。但重要的是记住,不对称性是宇宙的一个固有特征,而对时间流的感知是一种无人能够理解的现象。特别地,假如时间倒流,那也不会给不对称性带来什么差异,所有热力学的论点都将依然成立。

这看似是琐细无益的哲学思辨,但请留意这里的思想,它在后文中会很重要。先来了解那些热力学的新思想吧,它们不费劲地推翻了传统解释,动摇了庞加莱和玻尔兹曼理论的根基,并且表明,一旦定义了时间之箭,不可逆性确实是我们宇宙的一个基本特征。

不可逆的宇宙

新思想主要来自普利高津(Ilya Prigogine)的工作,他于1917年出生在莫斯科,自1947年起在比利时的自由大学任职,后来还加盟美国的得克萨斯大学奥斯汀分校。他因非平衡态热力学的工作而获得1977年的诺贝尔化学奖。但他的科学思想尚未写入大多数热力学教材中,甚至是大学水平的教科书中。

普利高津对如何调和宏观不可逆与微观可逆问题的攻克,可以由庞加莱循环时间出发,并借助量子理论的一些基本思想来理解。20世纪上半叶发展起来的量子物理学,提供了比以前的电磁学和牛顿力学的经典思想更好的对于原子及更小粒子行为的描述。只有借助于量子物理学,现代学者才能够理解原子的活动方式以及粒子与电磁场之间的相互作用。这里无须细说其详,[6]但是量子物理学有两个关键特性与宇宙热力学相关。

第一个要点是,量子物理学的方程也像经典物理学那样,是时间对称的。量子物理学中没有构建时间之箭,作用或反作用都能按照方程式而同样恰当地顺时或逆时进行。这似乎又使我们面临同玻尔兹曼一样的处境,他曾被牛顿力学的可逆性与现实世界的损耗之间的矛盾难住。但是新物理的第二个突出特点使我们得以跳出那个特别的陷阱。

海森伯(Werner Heisenberg),一位对量子理论的发展作出了重大贡献的德国学者,发现那些方程式不允许同时对一个粒子的位置和动量作精确测量。作为一个原理,我们不可能精确地既知道一个粒子在哪里,**又**知道它往何处去。我们能够以高精度来确定粒子**自身**的这两个性质之一,但是对位置的测量越精确,得到的关于动量的信息就越少,反之亦然。顺便说及,这一规律也适用于其他成对的"共轭变量",但现在无须去了解。

海森伯刚提出这一"不确定原理"时,许多人以为他指的是观测者(人)的实际技能的某种限制,意思是,比如说一个电子,虽然有确定的位置并且在以确定的速度和动量运动,但要同时测量这二者却总是超出了人的能力范围。的确,许多人今天仍然认为这就是量子不确定性的全部含义。但他们错了。海森伯的发现的本质,甚至整个量子物理学的实质,正是我们称为"一个电子"的实体并**不**同时**具有**确定的位置和确定的动量。不确定性是**固有的**,与宇宙构成的方式相关,却与实验物理学家的能力或别的什么无关。

这似乎不是常识,但为什么必须是呢?我们的常识是以对人体尺度的物体的日常经验为基础的,在这个尺度上不确定性效应太小了,完全不可觉察。我们无法知道原子和电子尺度物体的"常识"是什么,除非借助于能够预言这些粒子的群体在一定环境中的行为的理论。能够作出最好、最精确、最一贯地正确的预言的理论是包含不确定原理的量子理论。这其实只是量子奇异特性的冰山一角,因为对量子理论"意义"的最好解释是,**不**存在任何据以构建起宏观世界的那种"真实"。仅有的真实是在我们观测到的实际事件中:电流接通时仪表指针的摆动,带电粒子通过探测器时盖革计数器的咔嗒声,等等。除非被观测到,没有什么是真实的;试图想象原子和电子没有被检测时在"做"什么,是毫无意义的;量子物理学家如是说。

所有这些思想都融进了热力学的普利高津版本。我们观测到的真实是宏观世界,具有内在的时间之箭和不对称性。普利高津问道,为什么要设想这个世界是由其行为精确地服从可逆的、对时间对称的定律的极小粒子以某种方式构成的呢?他认为,宏观地导出的热力学第二定律是基本的真实,是一条永远成立的**精确**定律,而不是在大部分时间或多或少适用的、大概的统计规律。他把小球相互弹开的表观的时间对称行为看成是真实的一种近似。他说:"不可逆性要么在**所有**层次都存在,要么完全不存在。它不可能通过奇迹,通过由一个层次到另一个层次而出现"[《出自混沌的秩序》(*Order out of Chaos*),第285页]。

看一下另一个例子,就是庞加莱所说的有足够时间就能回到其初始状态的封闭系统,就能明白普利高津的意思,以及量子物理学与热力学的直接关联。再次从一个装满气体的盒子开始,但这次稍微复杂一点,在盒子里放进一些材料堆成小山形状,有完全对称的平滑斜坡和圆拱形的顶。再把一只正圆形的小球正好放在这座小山顶上,同往常一样关上盒子,使之与宇宙的其余部分在热力学上相隔离。那只小球将会怎样?显然,它会从山顶滚落,但是沿哪条路径滚落?小球的去向以及盒中材料后来的状态,都取决于气体原子微小撞击的逐渐积累。很偶然地有一点点气体压力从某一侧推动小球,使之滚落。

按照庞加莱的观点,小球终将返回山顶。当球滚落时,它把能量给了气体,能量是由它的下落而释放的,来源是引力。如果等待足够长久(宇宙年龄的许多许多倍!),大多数撞击小球的气体原子将会恰好朝同一方向运动,以与得自小球的完全相同的能量为动力,于是小球滚回山顶,而气体冷却。也有可能小球受到的推力方向错误,或者推力太强或太弱,以至于小球不能再次返回山顶。但是在一定间隔之后,将有这样的机会,推力正好足以使小球回到山顶,并且平衡地待在那里。于是系统就如预期地回到其初始状态。会是这样吗?

如果气体原子再次撞击山顶小球的方式，与前一次相比有极其微小的差异，小球将朝不同方向滚落，盒中小世界的前景也将完全不同。原子撞击小球的方式**必定**存在微小差异，因为量子不确定性使得我们不可能精确地定义原子的任何状态。即使是在现在这个非常简单的例子里，对处于精确平衡态的小球，周围条件无论发生怎样小的变化，都会使其将来的行为各不相同。真实的宇宙比这个盒子不知道要复杂多少倍，而包含许多粒子的复杂系统都有很强的不稳定性，以至于初始条件的微小变化将造成系统未来行为的巨大差异。

如果你愿意，也可以通过盒中气体原子运动的实际可逆性再来想想。对那个气体从半个盒子扩散到充满整个盒子的系统，很容易说"想象着同时逆转每个原子的运动"。这个想象中的魔术有些像要使在弹子球桌上运动的小球突然逆着原来的轨迹回到出发位置。我们不能真做，但确实可以想象这个把戏。但是想想这个简单的陈述到底意味着什么。它要求**每个**原子的位置必须精确地确定，其速度也必须同时精确地确定，并且当原子精确地回到同一位置时其速度也必须精确地逆转。但是，量子物理学告诉我们，这是不可能的！没有一个原子能够同时具有这两个特征（精确的位置和精确的速度）！按照那些在今天已经被最好地理解的自然界的定律，要想逆转气体中每个原子的方向，原则上是不可能的，并不只是由于人类能力的实际限制。[7]没有任何魔力能够作出这种逆转。所以，我们再次明白，看似可逆的系统其实是不可逆的。

这只是对于普利高津对热力学的再阐释的一个方面所作的非常简单的解释，但他的观点的要旨是清楚而重要的。**无论**等候**多久**，那杯温咖啡**绝不会**自动产生出冰块并且降温；无论等候多久，盒子中的气体**绝不会**全都集合到半个盒子里，从而回到一个较低熵的状态。热力学第二定律是宇宙的绝对支配者。

这些思想很难理解，即使与包含量子理论的自然界没有根本的真实性的思想相结合，也不会使之更易于接受。按照普利高津的观点，真实性仅仅存在于世界上进行的不可逆过程之中，不是在"状态"之中，而是在"变化"之中。他的热力学版本比传统、普适的版本要好吗？时至今日，选取哪个版本在很大程度上还只是个人的偏好；但普利高津有一个对他有利的有力论证，足以说服我站到他这一边，除非他被证明是错了——从来没有人见到热力学第二定律被违反；除非有人见到，最好还是接受它作为自然界的不可破除的**定律**。

对于宇宙在大尺度上的故事而言，关于这场争论的叙述现在已经足够了。我们确实生活在一个熵增大的区域，一个膨胀着的黑暗空间泡，其中点缀着些许光亮，就是恒星和星系。时间**确**如我们所觉察的那样在流逝，从大爆炸流向奥米伽点，即宇宙的死亡。宇宙的最终结局原来只取决于它含有多少物质，不仅是那些明亮恒星的物质，还有恒星和星系之间的黑暗物质。宇宙的命运也与它如何演变成今日状态的途径有关，现有宇宙学理论的最佳选择的确与巨大庞加莱循环的玻尔兹曼版本大不相同。为了知道未来，我们必须认识过去。为了理解我们生活的宇宙的本质，并且对其最可能的结局有所洞察，我们必须尽力了解它从哪里来，如何成为我们今天看到的这个样子。这一了解从对宇宙大尺度上的观察开始，即星云世界。

第二章

星云世界

我们生活于其中的宇宙很大，并且几乎是空的。像太阳那样的明亮恒星聚集在一起组成星系，一个星系可以包含上万亿颗恒星。但只要看看那黑暗的夜空，并想想那每一个小光点本质上都是一颗如太阳一样明亮的恒星，我们就能明白恒星之间相距是多么遥远。在没有月亮的夜晚和远离城市灯光的地方，用肉眼能看到的恒星不超过2000颗。组成我们这个星系的绝大多数恒星，则聚集在我们称为“银河”的朦胧光带上，它们是那样遥远因而显得那样暗弱，不借助望远镜就无法区分它们。

银河系本身又只不过是宇宙汪洋中的一座小岛、茫茫太空中的一个光点。正如银河系里有着千百万颗恒星那样，宇宙空间散布着千百万个星系岛，它们相互之间的距离比银河系本身要大上许多倍。

对于研究整个宇宙的性质和演化的宇宙学家来说，星系是他认为值得考虑的最小单元。而对于普通人来说，银河系这个星系恐怕已经是他凭自己的感官，而且只是一种感官——视觉，所能认知的最大限度。因为他是生活在这个像磨盘般转动的星系外围区域里一颗普通恒星主宰下的一颗小小行星上。

现在对宇宙的最好的科学认识是，它在一团火、一次发生于大约

150亿年前的大爆炸中诞生。宇宙学家已经能够解释宇宙如何从一个超高温、超密集的火球,演变成现在这种广漠空间中散布着星系岛的状态。他们也至少能推测大爆炸本身是如何发生、为什么会发生,这应归功于剑桥的霍金等学者的最新研究结果。他们还能至少是大致地预言宇宙的最终结局。介绍这些关于整个宇宙的起源和终结、关于存在着的和我们所能认识的一切的知识,正是本书的任务。但是,假如没有银河系只是千百万个星系中的普通一员这一发现,所有这些知识就都不可能得到。对宇宙起源即对大爆炸的科学探索,开始于其他星系被确凿地证认为也是像银河系那样的恒星集团之时,这种证认是在20世纪20年代做到的。

宇宙学真正是一门20世纪的科学。但像20世纪的所有其他科学一样,它的根源可回溯到古代自然哲学家和形而上学家的沉思冥想。

最初的理论

古希腊人和古罗马人认为,地球是宇宙的中心和最重要的成员。尽管希腊哲学家已经对月亮的距离有了很不错的认识,但直到17世纪望远镜出现,人们才开始领会恒星的遥远。伽利略(Galileo Galilei)是把望远镜用于天文观测的第一人。他惊讶地发现,即使借助于望远镜的放大功能,恒星看上去仍然只是光点,而不是太阳和行星那样的圆球。这只能表明恒星比太阳和行星遥远得多。他用望远镜看到了许多用肉眼不能看到的恒星,还揭示出那道被称为银河的光带是由大量密集的恒星组成的。与伽利略打开观测宇宙的新窗口同时,即在17世纪初期,开普勒(Johannes Kepler)正在建立关于我们的小庭院即太阳系的理论体系的基础。他发现的行星绕太阳公转一周的时间与该行星到太阳的平均距离之间的关系,到17世纪70年代被用来相当精确地估算出地球与太阳的距离，这个距离的现代测量值约为1.5亿千米。开普勒的观测还是牛顿的引力理论的基石之一。

天文学家又用了150年从观测和理论两方面努力改进，到19世纪30年代末才首次测定几颗恒星的精确距离。这一测定以及进入20世纪后对更多恒星的距离测定，对于测量最遥远星系的距离从而确定宇宙的尺度是至关重要的。但是即使在恒星的距离被精确得知之前，17世纪的发现已经展现了对宇宙的新视野，比起古代的那幅宇宙是一系列环绕地球的水晶球、外延只不过稍稍超出土星轨道的图像来，的确是堪称革命性的了。18世纪有几位哲学家用一个想象的关于银河系及其在宇宙中位置的模型来解释那些新发现。那个模型竟令人惊讶地接近于现代的见解，并且在天文学家和哲学家中引发了长达两个世纪的争论。

关于宇宙的新理论——第一个近代的宇宙学理论，应归功于赖特(Thomas Wright)，英国达勒姆的一位出生于1711年的哲学家。与同时代的大多数思想家一样，他的学识涉及许多学科，其中之一是天文学。他的父亲是一个木匠，他对天文学的兴趣是由幼年时的教师引发的。但是，由于严重口吃，他没有能正常地受教育，有一段时间他变得很野，用他自己后来的话说，"终日游荡"。13岁时他去跟一个钟表匠当学徒，一连干了4年。他把空余时间全用来自学天文学，母亲很支持他这样做，父亲却坚决反对，甚至烧掉了他的书。步入成年，赖特又连受挫折。他先是去当水手，第一次出海就遇上大风暴，再没干过第二次；接着去桑德兰当家庭数学教师，又与一位牧师的女儿卷入了绯闻；后来又给水兵教过航海学，还上过出版商的当，想出一本历书却没搞成。到了18世纪30年代，他终于时来运转，当上了贵族的家庭教师和顾问。口吃也许仍有，但已不再是这个满怀自信的青年的障碍。他进入了人生的新阶段，给私人讲授着自然哲学、数学、航海学等课程，并开始出版自己的著作。到1742年，他已颇有名气，因而被圣彼得堡的皇家学院聘请当航海学教授，年薪300英镑，但他谢绝了，因为他要求将年薪增至500英镑而未获同意。1750年，他的著作《最初的理论或关于宇宙的新假设》(*An Original Theory or New Hypothesis of the Universe*)出版，这使他既在生前享有成功、博学（主要靠自学成才）的哲学家的盛名，今天也仍被人们记起。这本书在科学史上占有重要的地位，因而在1971年被摹制重印。

18世纪*初，即伽利略的革命性发现100年后，自然哲学家已经普遍认同，恒星必定是像太阳那样自己发光的遥远天体，而不是像月亮那样反射太阳光。恒星既然不能被望远镜显示成圆盘状，它们就必定非常遥远。赖特的许多（但不是所有）同时代人认为，既然我们所知道的最明亮天体是太阳，那么关于恒星的最好猜想应是，它们也是像太阳那样明亮的天体，坐落在远处。有些人推测，恒星在空中分布的表观无规则性，只是由于我们自己身处一个系统之中，而这个系统的形状和结构只有从其外面才能看清，这就像一个森林里的人弄不清整片森林是什么样子，而只能看到在各个方向树木的无规则分布一样。

如霍斯金(Michael Hoskin)在为《最初的理论》(*An Original Theory*) 1971年版所写的前言中介绍的，赖特在其早期著作中曾认为，（我们现在所称的）宇宙是一个球体，其中满布着恒星。他还具体描绘了一个身在像地球那样环绕某一恒星运行的行星上的观察者，将如何看到附近的恒星明亮而清晰，远处的恒星则暗弱得不借助望远镜就无法看见，更遥远的恒星则混合成一条横贯天空的朦胧光带。这番描绘似乎与银河的状态相符。但是，如赖特在后来（假如不是马上）意识到的，如果我们周围各个方向上的恒星都是均匀分布的，那么整个天空就应该都像银

* 原文为17世纪，疑误。——译者

河光带那样亮。在1750年的《最初的理论》一书中，赖特才说中了银河表现为天空中一道光带的缘由。他写道，必须设想所有的恒星“都以同样方式运动，都在同一个平面附近，就像行星在各个同心圆周上绕太阳转动一样”。这就是说，太阳只是这样一大群恒星中的一员，它们聚成一个扁平的圆盘，而不是一个球体。当我们沿着盘面朝所有恒星绕之旋转的中心看去时，看到的是大量恒星密集而成的我们称之为银河的光带。而当我们朝这个薄盘上下两侧的太空深处看去时，看到的就只是少量邻近的恒星而不是光带，因为并没有很远的恒星可见。实际上，赖特的恒星系统更像土星的有中央空隙的光环，而不是一个完整的恒星盘。坦率地说，他关于银河本质的推测，并不如他自己所认为的是对科学和哲学的最重要贡献，因为他的主要兴趣集中于今天认为本应属

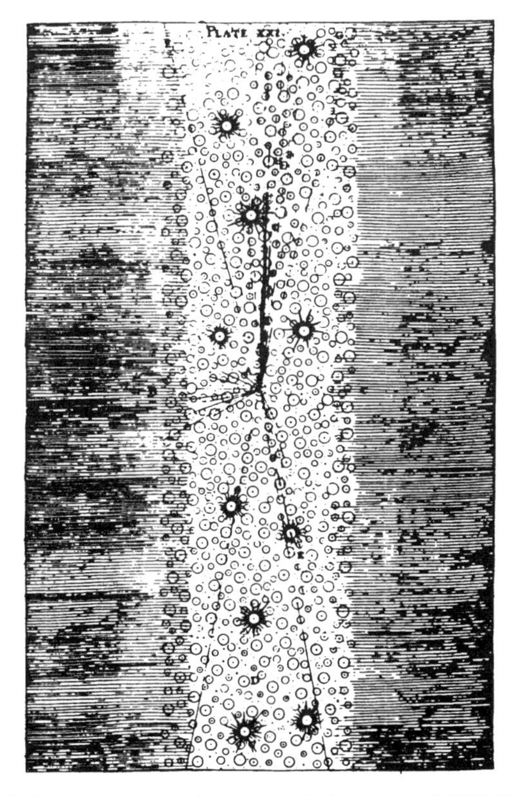

图2.1　赖特解释银河是恒星盘的示意图，取自1750年出版的《最初的理论》。

于宗教领域的课题。今天看来他所作的最深刻洞察,倒是他在书末的概括中几乎作为题外话说出来的。在作出对银河形态的解释之后,他继续推测在这个太空岛的外部可能有什么。他把我们今天所称的银河系称作宇宙,或是创世,并且想象所有恒星都各有自己的行星家族,都组成太阳系那样的体系。他写道:"就像可见的宇宙里满布着恒星系统和行星世界一样,无边的太空里也有着无数个与已知的宇宙类似的宇宙。"这就是说,赖特想象在银河系以外的太空还分布着许许多多像银河系那样的星系。他甚至提出,天空中那些被称作星云的、用望远镜可以看到却不能被分解成恒星的暗弱光斑,"可能是外部的宇宙,(它们)与已知的这个(银河系)类似,但是太遥远,而非望远镜的能力所及"。

赖特的这些话,堪称是认识银河系和宇宙本质的思想火花。这火花渐渐燃成熊熊火焰。首先为之助燃的,是另一位哲学家康德(Immanuel Kant)和另一位天文学家威廉·赫歇尔(William Herschel)。

星云假说

康德主要是作为一位第一流的哲学家而大名赫赫。他的教导在过去的200年里影响着所有的哲学思考。即使如此,《不列颠百科全书》(*Encyclopaedia Britannica*)关于他的条目里几乎不提他对天文学的兴趣仍然令人惊讶,更令人惊讶的是竟只字不提他于1755年出版的早期著作《自然通史和天体论》(*General History of Nature and Theory of the Heavens*)。康德显然深受5年前面世的《最初的理论》的影响,但他在自己的书中表述的关于宇宙本质的推测要比赖特的清楚得多,而且先知似的与建立在20世纪观测基础上的现代宇宙绘景非常相似。康德从未做过任何实验或观测,他只是思索别人所作出的发现的含义,因而在许多年里被人嘲讽为"空想学者"。像他这样单凭智慧而非实际技能的

“空想学者”实在不可多得,爱因斯坦(Albert Einstein)便是另外一位。

康德于1724年出生于当时东普鲁士的柯尼斯堡(即以后苏联的加里宁格勒)*。他的祖父是来自苏格兰的移民,原姓坎特(Cant),定居后把姓氏日耳曼化了。他父亲是制马鞍的工匠,生了11个孩子,家庭的贫困可想而知。康德本来排行老四,但在幸免早夭的孩子中是最年长的。他的父母是虔诚的路德教徒,正是牧师的影响使康德得以从小受到正规教育。1740年他成为柯尼斯堡大学攻读神学的学生,但是真正吸引他用功学习的课程是数学和物理。他本可继续自己的学术生涯,但当父亲于1746年去世时,他不得不离开大学去当一名家庭教师。这倒并不是一个不适宜的工作,因为他在此后9年中的3位雇主都在社会上颇有影响,他们使他有了一种新的生活方式和一个新的社交圈子。这期间康德作了他一生中最远的一次旅行,到了相距约100千米的安斯多夫城。

1755年,康德终于成为柯尼斯堡大学的一名教师,但是并无固定工资,报酬直接来自学生的学费。尽管别处的大学愿为他提供更好的职位,他却终生留在家乡。他在1770年成为逻辑学和形而上学教授,当了27年,后于1804年辞世。那本将使他永远留在宇宙学家记忆里的著作,是在他还只是一名家庭教师时完成的,并在他首次得到大学职位的那一年出版。

赖特的《最初的理论》从未广泛流传,而是很快就变得罕见了。据我们所知,康德本人从未见过那本书,他对赖特思想的了解是通过汉堡的一家杂志于1751年刊登的一篇很长的书评。那篇引用了赖特一些原文的书评写得不仅很准确,而且甚至比赖特的原书还要清楚,因为它突出了赖特的核心思想,其中就有银河是“都以同样方式运动,都在同

* 今属俄罗斯。——译者

一个平面附近”的许多恒星的集合的思想。康德在自己的书中发挥了这一思想，并且对星云的本质作了比赖特有力得多的阐述，那些被称为星云的暗弱光斑能用望远镜看到，而又显然不是单颗恒星。20世纪宇宙学的先驱者之一哈勃(Edwin Hubble)在他的《星云世界》(*The Realm of the Nebulae*)一书里对康德《天体论》中的关键一段作了很好的翻译：

> 现在来讲我的体系的另一部分。这部分在我看来是最有魅力的，因为它提出了关于创世方案的崇高思想。把我们引导到这一思想的程序是非常简单和自然的。让我们想象一个聚集在同一平面上的恒星系统，它很像银河，但离我们很远，以至于用望远镜也不能分辨出组成它的恒星……这样一个恒星系统对遥远的观测者将只表现为一个光斑，既很暗弱，又只有很小的张角。如果该系统的平面与观测者视线相垂直，它看上去就是圆形的；如果相倾斜，就是椭圆形的。它的暗弱光芒、形状和可见直径，显然使它能与单颗恒星相区分。
>
> 我们已无须再去费力寻找，上述的奇怪现象已经被不少天文学家看到了，并且使他们感到困惑。[1]

哈勃对康德的论证十分赞赏，因为它依据的是今天所称的一致性原理，或者稍微拗口一点，地球平庸原理。这个原理说的是，我们生活在宇宙中一个典型的、普通的部分，宇宙的其他任何部分也同样典型和普通，看上去同我们这部分别无二致。康德的意思正是，我们生活在一个普通的星系里，而那些被天文学家看到的暗弱星云只不过是与我们这一星系同样**普通**的星系，它们并无新奇之处。如果其中的一个星系中有一颗恒星周围的一个行星上也存在智慧生物，那么银河系也就成了他们只有用自己的望远镜才能看到的暗弱光斑。首次清楚地表述这一思想的康德似乎犹嫌不足，他还首创了“宇宙岛”这个词来描绘星系散布于广漠太空的状态。

康德和赖特(后者的著作在200年里只是通过被前者用作参考文献才为世人所知)获得了荣誉,但这是由于机缘巧合。兰贝特(Johann Lambert),一位博学的瑞士日耳曼人(其贡献之一是首先严格证明了圆周率π是一个无理数),也独立地提出了一个类似的宇宙方案并于1761年发表。根据他写给康德的一封信(我们没有理由怀疑他信中的话),他的思索开始于1749年,并且是在自己的文章完成之后才得知赖特和康德的著作。但是,自18世纪60年代往后,宇宙岛的思想在天文界就变得广为人知了,尽管尚未被普遍接受。凭借着对天空已有的很有限的观测,空想学者们已经让自己的思想驰骋很远,现在应该是观测家再次占据天文学舞台中心的时候了。但直到20世纪,观测才足以最后证实星云本身也是星系的假说。此后就一发而不可收,如洪水般涌来的观测资料使理论家们应接不暇,再不像他们的前辈那样只凭一叶而知秋。

观测宇宙

18世纪的观测天文学家中几乎没有人对星云的本质感兴趣,他们更关注的是彗星。发现彗星,除了其科学意义外,还能使发现者一举成名,因为他的名字传统上会被用来给"新"彗星命名,当时如此,现在依然。哈雷(Edmond Halley)这个名字永远与彗星相连,他断定在1456年、1531年、1607年和1682年出现的彗星全都是同一颗,并且预言它还会于1758年再来。他于1742年去世,当那颗彗星果然如期重现时,他的历史地位遂得以确立。怀着同样的胜利渴望,18世纪后半叶的天文学家也纷纷去寻找彗星。但是有关彗星的一个恼人问题是,当它们刚刚能被辨认时,它们在望远镜的视野里也表现为暗弱的小光斑,正像那使康德心驰神往的星云一样。有许多曾被那些天文学家认为已经逮着的目标，很快又使他们的成名愿望化为泡影，因为在后继的夜晚观察时那些光斑向太阳趋近时并没有变大变亮，而是总保持着原来那个样子。天文学家需要一份包含所有已知星云的表，他们就不再会被愚弄而误以为找到了新彗星。第一个够格的星云表由法国天文学家梅西叶(Charles Messier)从1760年苦干到1784年编集而成。一些最亮的星云，还有星团，都被验明并准确定位。这可不是因为梅西叶认为它们特别重要，而是因为它们使人讨厌，不得不给标上："别碰，这不是彗星。"这个表原定的作用发挥得很好，梅西叶本人发现了至少15颗彗星(有人说多达21颗)。而当一位关注星云本质的天文学家出现时，梅西叶的表为他的观测提供了极宝贵的起点，他就是威廉·赫歇尔。

赫歇尔1738年生于汉诺威。同父亲一样，他也是汉诺威卫队乐团的乐师，并曾于1756年随团访问英国。一年后，与法国人的一点小麻烦导致汉诺威被占领，赫歇尔遂永久移居英国。在那儿他成了音乐教师、演奏家、作曲家，到1766年当上了巴斯城八角教堂的风琴手。他对天文学起初只是业余时间涉猎，后来越来越热爱，于是决定不只是像当时大多数天文学家那样观测太阳、月亮和行星，而且还要去研究最暗弱最遥远的天体。这种强烈的愿望驱使他成为制造望远镜的专家。他用自制的反射镜看到了许多前人从没看到过的暗弱天体，也看到了已知天体的许多新现象。他妹妹卡罗琳(Caroline)于1772年来到巴斯。她同样热爱天文学，成了哥哥的助手，两人一起制造望远镜并对天空沿各个方向做系统观测。终于，在1781年的一次天空搜索中，赫歇尔交上了好运。他开始时以为是彗星的一个天体，原来是一颗从未见过的行星，这是在古代就已知道的五大行星之外找到的第一颗。赫歇尔不失时机，建议把这颗新行星命名为"乔治(George)星"，因为当时的国王是乔治三世。尽管这颗行星最后被定名为天王星，国王仍很高兴，于1782

年任命赫歇尔为宫廷天文学家[不同于皇家天文学家,后一职位当时由马斯基林(Nevil Maskelyne)神父担任]。赫歇尔还在同一年成为皇家学会会员,并从巴斯来到温莎,然后又到了斯劳,在43岁那年成了由国王资助的职业天文学家。

从此以后,赫歇尔再不愁没钱建造更大更好的望远镜来探测夜空了。他得到一份梅西叶的星云表,并同卡罗琳一起着手搜寻更多的星云。1802年他俩编出了列有2000个星云的新表,1820年又发表了一份更长的表,那时的赫歇尔已经80多岁,此前在1816年他被封为爵士。赫歇尔对宇宙岛思想的发展功绩甚伟。他应该是直接从赖特的书中获悉这一思想的,因为他所保存的一本赖特的书至今还在,书上还有他在1781年后的某个日子留下的手迹。大约到1785年时,赫歇尔已经确信所有的星云如康德所推测的那样都由恒星组成,而且他和卡罗琳已经用自制的望远镜成功地将许多星云分解成一群恒星。

为了解释恒星为什么会以这种方式聚集在一起,赫歇尔提出了一种宇宙演化的理论,认为弥散的恒星会在引力作用下缓慢地聚集成群。这是用变化来描述宇宙的最早尝试之一。尽管这一理论的具体内容现在看来并不正确,但赫歇尔设想宇宙本身随时间改变和演化的胆识的确值得称赞。

不幸的是,赫歇尔自己后来没有把关于宇宙岛假说的工作再做下去,因为他注意到有些星云即使用他最好的望远镜也不能被分解成恒星。这一事实为另一种对立的理论提供了证据,该理论认为星云其实只不过是自己发光的物质云。赫歇尔还发现有些不可分解的星云与单颗恒星相联系,中间一颗恒星,周围是一团云。这看来又支持了这样的观点,即星云可能是正在形成中的行星系统,恒星和行星正由气体云收缩、凝聚而成。由于赫歇尔的巨大声望,星云是气体云的理论在19世纪初得到广泛传播,而与之竞争的星云是恒星组成的宇宙岛的理论走了下坡路。天文学家又用了100年才完全搞清楚，原来有两类不同的星云：一类是在银河系内的发光气体云；另一类则是宇宙岛，是远在银河系之外的其他星系。

19世纪后半叶，更大的望远镜和新的观测技术开始使情况变得明朗。威廉·帕森斯(William Parsons)，即第三代罗斯(Rosse)伯爵，出生于1800年的爱尔兰政治家、工程师和天文学家，决心继续赫歇尔中断的星云观测。由于赫歇尔没有留下如何制造望远镜的任何说明，罗斯不得不自己重新摸索磨制和安装大型反射镜的技术。最终他造出了一架大望远镜，重4吨，主镜口径72英寸(约1.83米)，镜筒长50英尺(约15米)以上，配以链条和滑轮系统，安装在两根石柱上。有了这个绰号为"科克城巨兽"的有力武器，罗斯和他的助手们到1848年时已经将50个星云分解成恒星，并且注意到其中一些星云呈螺旋形，就像水中的漩涡。这些发现使关于宇宙岛的思想得以复活。几年后，终于得到了有着两类星云的第一个过硬证据。

出生于1824年的英国天文学家哈金斯(William Huggins)，是将光谱技术应用于天文学的先锋。光谱仪是这样一种仪器，它能将光分解成单色成分，并按波长排开，就像彩虹那样。这样得到的光谱上就显示出各种波长的或明或暗的谱线。发光材料(比如某些黄色的路灯)中的不同元素会各自产生不同波长的特征谱线，例如，钠元素会产生一对很亮的黄色线，别的元素产生的谱线不会有与之完全相同的波长，因而在光谱上不会占有同样的位置。于是，光谱学提供了一种通过证认太阳和恒星光谱中的谱线来确定这些天体中所含元素的途径。继基尔霍夫(Gustav Kirchhoff)和本生(Robert Bunsen)于19世纪50年代后期对太阳光谱的研究之后，哈金斯也于19世纪60年代投入进来。他和一位朋友化学家米勒(W. A. Miller)一起查明，恒星光包含的谱线与太阳光的谱线一样。这就是说，恒星的化学成分与太阳的基本相同。

但是,当哈金斯把目光投向星云时,不同的情形出现了。有些星云,例如猎户座的那一个,还有以形状而得名的蟹状星云,它们发出的光在光谱仪中并不显示预期的谱线式样,而像是热气体云所发的光。后来的类似研究又表明,其他星云,包括那些旋涡状星云的光谱线的确与恒星的光谱相似。

难题的各个片断已开始汇集,但是尚未组合成形。康德的猜想提出来不过一个世纪,它毕竟只是空想学者的作品。气体云显然是银河系的成员,其他那些星云即使由恒星组成,它们很可能也是银河系的成员,或者是小的恒星系统,或者是正在形成中的恒星,而不是像银河系那么大的整个星系。但问题是,银河系究竟有多大呢?19世纪末对银河系尺度的认识还非常粗略,部分地是通过估计恒星必须有多远才会如其呈现的那样暗弱来得出的。流行的观点仍然是,银河系就是宇宙,虽然它好像有着康德所提出的那种扁平盘状结构。太阳和太阳系被认为处于靠近盘中心的地方,而那些已使天文学家饱受困扰的旋涡状和椭圆状的星云,则被认为也在银河系内。实际上,在此前的100多年里,天文学家一直在对宇宙做大尺度的观测,尽管他们自己可能还不确信这件事。我们现在知道,星云是构成宇宙的单元。但是,为了认识它们的真实本质,必须做一件超越以前的简单观测的事。天文学家在真正领会自己观测到的现象的意义之前,必须先量度宇宙,先掌握银河系之内和之外的距离尺度。

第三章

天有多高

哈雷是有记录的第一位意识到恒星在运动的天文学家。既然恒星之间有相对运动,它们就不可能全都固着在一个围绕地球的大球的内表面上。有着不同亮度的恒星在运动着的证据,也就是它们散布在三维空间、与我们有着各不相同距离的证据。哈雷于18世纪初作出的这一发现,是否定恒星固着在一个比土星轨道(早先天王星尚未被发现)稍大的球面上的图像的第一个直接观测证据。这一发现为18世纪后期的思想家,如赖特和康德,作出关于银河本质的推测作了铺垫,它还以一种直接但缓慢的方式导致了对宇宙尺度的认识。

哈雷的宇宙

哈雷在作出上述发现时已经是一位受尊敬的、硕果累累的资深天文学家。他出生于1656年,在牛津大学读书时就撰写并出版了一本关于开普勒所发现的行星绕日轨道定律的书。开普勒定律为牛顿关于引力本质的研究提供了关键线索,而大学生哈雷的书则受到了当时的皇家天文学家(是第一任,实际上称为“天文观测家”)弗拉姆斯蒂德(John Flamsteed)的关注。当哈雷没有完成学业而离开牛津时,弗拉姆斯蒂德帮助他得到了一份从事天文研究的工作。他被派到南大西洋的圣海伦娜岛干了两年,任务是绘制南半球天空的星图。他于1678年返回英国,并立即入选皇家学会,当时年仅22岁。但是他并没有走纯学术的道路。

哈雷在此后30年中的传奇经历包括:周游欧洲以会见其他科学家和天文学家,当过两三年设在切斯特的制币厂的代理主管、一段时间的皇家海军战舰"帕拉蒙号"的指挥官,还有代表政府驻维也纳的外交官。与此同时,他还对认识磁、风、潮汐作出了重大贡献,并且对牛顿《原理》一书之完整出版起了关键作用——是他说服了牛顿同意这样做,他甚至出资赞助。1703年他成为牛津大学的几何学教授(这对一个中途退学的学生来说真够不错了),1720年他继弗拉姆斯蒂德之后被聘为皇家天文学家,并担任此职直到1742年85岁时去世。他对认识恒星的贡献是在18世纪的头20年里作出的。

哈雷始终对古代的天文学文献很有兴趣,并且翻译过一些希腊文著作。他在1710年开始研究托勒玫(Ptolemy)写于公元2世纪的著作,由于自己曾经做过编制星表的工作,他特别注意托勒玫的恒星位置图。"托勒玫"星图实际上比托勒玫本人还要早,它可以上溯到公元前3世纪依巴谷(Hipparchus)的工作。这是第一张重要的星图,标有800多颗恒星的位置。托勒玫为后世保存下了这张图,并且自己标记了更多的恒星位置,使图中恒星超过千颗。那些恒星位置大多与哈雷及其同时代人所做的观测符合得很好。但是哈雷在1718年注意到,有三颗星,即天狼星、南河三和大角星,并不在依巴谷和托勒玫所看到的位置上。差异是如此之大,看来不像是古希腊人搞错了。再说,他们怎么会对上千颗恒星的位置做了精确观测而偏偏要搞错三颗呢?例如,大角星在1718年的视位置与托勒玫的记录相差为满月宽度的两倍,即整整1度。哈雷认为,这意味着大角星,还有其他恒星,已经在过去的许多世纪里从希腊人所记录的位置上移开了。这种移动太慢,一个人在有生之年不可能用肉眼看到,但是经过几代人的时间就可以显示出来。

恒星的这种移动现在被称为自行。首先被证认出存在自行的这3颗星属于天空中最亮的8颗恒星之列。对这种"巧合"的自然解释是,有的恒星显得明亮是因为它们比别的恒星离我们近得多,而我们能看出它们在几个世纪里的运动也是因为它们离得近。正如高空中的飞机看上去在缓慢移动,而几米以外一个孩子却在骑着自行车疾驶而过一样,离得近的恒星应该比离得远的表现出更大的视运动——如果它们都以大致相同的速度在空中运动的话。绝大多数恒星都离得太远,以至于从地球上用几千年也看不出它们有视运动。只有少数几颗离得近的恒星才会被识别出在看似"固定"的恒星背景上运动。

我们不妨暂停一下,先来看看今天的天文学家所测量出的恒星自行的大小。月亮在天空中的张角大约是半度,或30角分[1]。正如每1度分为60角分那样,每1角分又分为60角秒。望远镜观测得出,木星在最靠近地球因而显得最亮时的张角只有50角秒,因而用肉眼看去仍然只是光点而不是圆盘。已观测到自行最大的恒星名叫巴纳德星,因被美国天文学家巴纳德(Edward Barnard)于1916年发现而得名。这颗星看上去很不明显,实际上也是又小又暗,所以以前没有被注意到。但是它离我们是如此之近,以至于以每年10.3角秒的创纪录速度在空中飞驰(也就是说,它在5年中越过的角距离相当于木星最亮时的张角)。其他恒星被测得的自行一般都小于每年1角秒。为了把这种微小的自行变换成在空中运动的速度,天文学家必须找到估测恒星距离的途径,而他们首先又必须作出对太阳系尺度的精确测量。

从地球到太阳

测量宇宙尺度的第一步所采用的方法，就是绘制地图时在地面上测量位置和距离所用的三角法。天文学家通常使用视差这个术语，你只要看看自己的手指，就能明白那是怎么回事。

伸直手臂，竖起一根手指，闭上一只眼。先记住你的手指落在房间墙壁背景上的位置。再闭上你原来睁开的眼，睁开你原来闭着的眼。手指似乎在背景上移动了，跳到了一个不同的位置。这是因为你的两只眼睛是从不同的方向来看手指的。现在把手指放到鼻子跟前，并再次换眼睛看。手指位置的变动，也就是视差，比上次要显著得多。物体离得越近，其视差效应就越大，所以通过测量视差就有可能算出物体的距离。如果你分别从两个相距甚远的地点去观察同一个遥远的物体，你就能用这种效应来确定其距离。这个方法对一座山、月亮或太阳系内的行星都同样适用，只要你能够从相距足够远的两个地点去进行观测，也就是说能为你的三角形找到一条足够长的基线。例如，为了测出月亮的距离，所需做的一切就是在同一时刻从两个相去甚远的观测站各自记下月亮在遥远恒星背景上的位置。只要两个观测站之间的距离已知（当然要考虑到地面的弯曲），就能用上述观测结果构造出一个以月亮为顶点的虚拟三角形，于是，运用简单的几何知识就能算出三角形的高，也就是月亮到地球的距离。

上述方法对月亮适用，是因为它离我们很近，只有大约400 000千米，视差效应也就相当显著，虽然虚构的三角形又高又瘦，其角度还是能很容易地测出来。[2]当天文学家试图用同样方法测量行星的距离时，事情变得稍稍麻烦一点。视差效应很小，即使从地球的两端去观测，那个以地球直径为基线、以（比如说）火星为顶点的三角形仍然瘦得难以

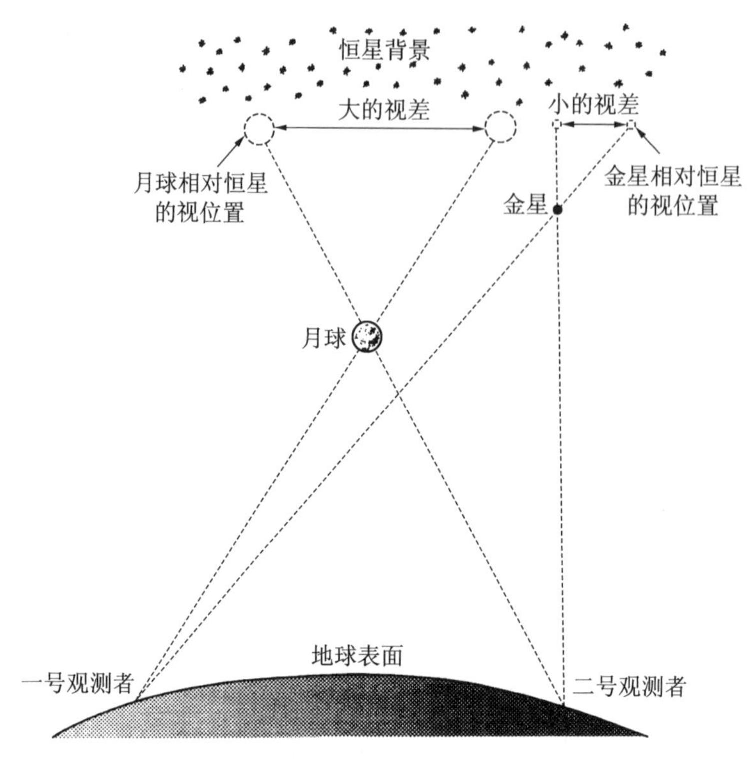

图3.1　视差，即遥远物体由于对其进行观测的位置改变而表现出的移动，可以用于测量太阳系内的距离。

置信。尽管如此，在适当条件下相应的角度还是能被测出来，距离也就能算出来。

在望远镜发明之前对行星的视差测量是不可能的，即使有了望远镜，天文学家也不得不远征到地球的遥远角落以获得足够长的三角形基线。对火星视差第一次真正成功的测量是由一帮法国人于1671年作出的。里歇尔(Jean Richer)领队远赴法属圭亚那的卡宴，而卡西尼(Giovanni Cassini)，一位意大利出生的法国人，则留在巴黎进行观测。双方在预定的同一时间各自记下了火星在天空中的位置。里歇尔返回后，他们比较了相互的记录，并推算出了地球到火星的距离。有了这个结果，他们还进一步利用开普勒定律来计算火星到太阳的距离和地球到太阳的距离。他们得出的日地距离是1.4亿千米,仅比现代测量值小1000万千米。那么,在17世纪和18世纪,视差方法又是如何得到改进的呢?

当哈雷孤独地在圣海伦娜岛值班时,他在编制星表之余还有充分的时间思考。他观察并记录了一次水星凌日,也就是水星表现为一个小黑点缓慢地越过明亮的太阳圆面,这是一种相当罕见的现象。他意识到,这种现象提供了用三角法测量太阳系的又一途径。由于视差效应,水星看上去开始触及太阳圆面的精确时间取决于你在地球上的什么地方进行观测。哈雷时代的天文学家知道在1761年将有一次金星凌日,这是比水星凌日更为罕见的现象。哈雷在自己的手稿里详细论述了如何最佳地利用在世界各地观测这次凌日的资料来推算地球到金星和到太阳的距离,并于1716年发表了这些手稿。虽然他在那次金星凌日之前19年就去世了,但他的影响仍是促成天文学家同心协力测量金星视差的因素之一。62个观测站跟踪了1761年的凌日,对1769年的凌日也作了类似的努力。在所有资料被汇集处理之后,算出的日地距离为153 000 000千米,与现代测量值149 600 000千米很接近。尽管在后续的年代里测量精度又有了提高,但在总体图景的意义上讲,18世纪末的天文学家已经了解了太阳系的尺度。他们已经测出了地球到太阳的距离,这使他们获得了巨大的新机会,因为这一距离可以作为一条新基线,用于三角法和视差测量。日地距离在天文学中是太重要了,因而被称为天文单位,记作AU。有了这条1.5亿千米长的基线,也许就有可能去测量地球到恒星的距离了。

从太阳到恒星

1761年金星凌日之后又过了3/4个世纪,天文学家终于着手来测量几颗邻近恒星的视差。所依据的原理是很简单的。既然地球轨道的半径是1.5亿千米,相隔6个月的两次观测就是在太阳的相对两侧,亦即在一条长达3亿千米(2AU)的基线的两端进行的(从得到对恒星距离的基本估计的角度看,基线的长度是2.9亿千米还是3.1亿千米都没关系,结果都会大致正确)。剩下的事情就是做些简单的几何计算,来得出恒星应该有多远才会显示出相应于这条基线的视差位移。事实上,天文学家还据此原理定义了一个新的长度单位。如果从一条长度等于日地距离的基线的两个端点看去,一颗恒星显示出1角秒的视差位移,则它到该基线的距离就称为1秒差距,记作pc。也就是说,若以长为3亿千米的地球轨道直径作为基线,一颗距离为1秒差距(1pc)的恒星将显示出2角秒的视差。

1秒差距是日地距离(即天文单位)的将近206 265倍,即略大于30万亿(3×10^{13})千米。速度为每秒30万千米的光要用3.26年才能跑完1秒差距的距离。但是,没有任何一颗恒星与我们如此靠近,以至于能显示出这么大的视差。这也就是为什么直到19世纪30年代才第一次测出恒星视差的缘故。

如果你试图测量小于1角秒的恒星位置变化,很显然你需要一张至少以同样的精度标出恒星位置的星表。18世纪初期最好的星表是由弗拉姆斯蒂德编制并在他死后于1725年出版的。

它所给出的恒星位置精确到大约10角秒,这在当时已是惊人的成就,但仍不足以用于测量恒星位置的变化。第三任皇家天文学家即哈雷的继任者布拉德利(James Bradley,生于1693年)作了巨大的努力,试图测量一颗名为天龙座γ的恒星的视差。他并没有成功,但在这个过程中他改进了观测技术,造出了更好的仪器,并且使天文学家加深了对自己所做观测的理解。

布拉德利发现,天龙座γ星在天空中的位置的确在一年中有所移动,但这不像是视差,因为他注意到所有恒星都有同样的现象。他终于意识到这是由于地球绕太阳运动造成的。来自遥远恒星的光线由于地球的运动而显得倾斜,这与当你行走时觉得本来垂直下落的雨滴迎面扑来是一样的道理。这种星光倾斜效应在地球轨道上的不同地点(亦即一年中的不同时间)看去是不同的,因为地球的运动方向在不断改变。由于光速很大,这种效应也就很小,但在测量视差所要求的精度水平上仍可觉察出来。

布拉德利把上述效应称作“光行差”,它使恒星的视位置在一年中发生20.5角秒的移动。这一发现证实了光具有有限的速度(尽管这在18世纪晚期已不是什么新闻),给出了一个接近于现代值的光速估算值,并且证实了地球的确在空中运动。但是布拉德利在测量恒星位置时仍不得不考虑更多的干扰,其中包括被他称为章动的地球晃动,后者乃是因地球并非严格的球形所致。所有这些努力的成果是一份新的星表,以前所未有的精度记载了大约3000颗恒星的位置。这份表分为两部分,于1798年和1805年先后出版,那已是布拉德利去世30多年之后的事了。

图3.2　当你行走时觉得空中垂直下落的雨滴仿佛在迎面扑来。来自遥远恒星的光线由于地球在空中的运动也以同样的方式倾斜,这种效应叫做光行差。

许多天文学家采用了布拉德利的技术，其中最著名的一位是1784年出生的德国人贝塞尔（Friedrich Bessel）。他列出了30 000颗恒星的位置，并且是大约同时（即19世纪30年代末）各自独立地解开视差难题的三位天文学家之一。赫歇尔也是试图测量恒星视差但未能如愿的天文学家之一。他尝试了一个巧妙方案，并不需要星表绝对精确，那就是观察天空中相互很靠近的一对恒星，如果它们的靠近只是视线方向上的重合，实际上其中一颗离我们很远而另一颗很近，则近的那一颗就会显示出视差位移。较近恒星的这种移动只需相对于较远那颗恒星来测量，而不需要任何绝对标准。但是，赫歇尔发现他观看的那些成对的恒星都是真正成对，真的靠得很近，像月亮和地球那样相互围绕旋转。这其实是一项重要的发现，但并不是他原来所期望的。

突破的来临必须等到观测已足以显示恒星位置的微小移动，理论也足以扣除所有其他因素的影响，诸如光行差和章动，它们也会导致恒星位置随季节的变化。成功是在时机成熟时到来，而不是在此之前；但当时机的确成熟时，成功又是突然降临的。19世纪30年代三路攻势的发动者之一是贝塞尔，他挑选了天鹅座61，因为那颗星有很大的自行，每年5.2角秒，因而必定离得很近；第二位是1798年出生的苏格兰人亨德森（Thomas Henderson），他在南非进行研究，选的是半人马座α，那是夜空中第三亮的恒星，因而也必定离我们很近；还有一位是斯特鲁维（Friedrich von Struve），生于1793年，是个在俄国工作的德国人，他看中了织女星（又名天琴座α），夜空中第四明亮的恒星，理由自然与亨德森的一样。贝塞尔首先于1838年末宣布了他的成功；亨德森实际上最先完成决定性的观测，但直到1839年1月返回英国时才公布自己的发现；而斯特鲁维的结果就像在蛋糕上加糖，于1840年面世。他们测得的三个视差的确都很小，天鹅座61是0.3136角秒，天琴座α是0.2613角秒，半人马座α则是1角秒（后来得到的更精确值是0.76角秒）。半人马座

α的视差是已知最大的，这颗星(实际上是三颗相互绕转的恒星组成的系统)是太阳最邻近的伙伴，与我们相距1.3秒差距(4.3光年)。天琴座α即织女星，离我们8.3秒差距(27光年)；现在知道天鹅座61是一对双星，距离为3.4秒差距，即约11光年。天文学家第一次真正领会到我们太阳系是多么孤独，我们周围的空间是多么黑暗而空旷。太阳到最邻近恒星的距离是它到今天所知最遥远的行星冥王星距离的7000倍。*一旦知道了哪怕是寥寥几颗恒星的距离，天文学家就能算出它们的真实亮度，从而大致估计出那些太遥远而无法测出其视差的暗弱恒星的距离。运用这一技巧并加上其他工具，天文学家终于在19世纪后半叶开始从定量的意义上了解我们银河系的尺度和形状。但他们只是在20世纪才首次得以把视差方法发展到能用于大量恒星，并随之进军到星云世界。

表3.1　到一些近邻恒星的距离

恒星	距离	
	光年	秒差距
半人马座α	4.29	1.32
巴纳德星	5.97	1.84
沃尔夫359	7.74	2.38
天狼星	8.7	2.67
天鹅座61	11.1	3.42
小犬座α	11.3	3.48

通向银河系的台阶

使视差方法得到重大改进又用了60年时间，那是在望远镜末端用

* 自2006年8月起，冥王星已被降为“矮行星”。今最遥远的行星是海王星。——译者

照相底片代替肉眼作为标准的观测手段之际。照片比起肉眼有两个关键的优点。首先当然是它能给出直接的、可长久保存的恒星位置记录，于是就可以对之作从容研究和精细测量，甚至用显微镜来精确测定星像的相互位置。其次，照相底片能"看见"非常暗的物体，远非人眼所能及。底片曝光的时间越长，落到它上面的光就越多，暗弱的像就会变得越明显；而你用眼睛一开始就看不见的东西，不管你盯多久还是看不见。所以，天文照相术提供了多得多的恒星用于研究，并使更精确地测量其中每一颗星的位置成为可能。1900年，当照相术开始被采用时，测得视差的恒星只有60颗。半个世纪后即1950年，已经知道距离的恒星数目接近1万，不过并不是所有这些恒星的距离都直接得自视差测量。

特别是有三项技术成了天文学家的台阶，使他们能从太阳周围的狭小空间——由视差测量可靠地指明尺度的范围只有30秒差距或者说100光年——攀升到整个银河系。恒星并不是都有完全一样的亮度，这一点很快就清楚了。继哈金斯的开创性工作之后的恒星光谱研究则进一步表明，恒星是分族的，同族成员性质相似。如果一颗恒星光谱中特定的谱线样式已记录在案，并且已通过视差测定其距离，从而真实亮度也已得知，后来又发现另一颗更遥远的恒星有着同样的光谱类型，那么就可以合理地猜想后者也有着同样的真实亮度。当然，后面这颗星看上去更暗，通过精确地测量它的视亮度(或暗弱的程度)，并与前面那颗距离已知的恒星作比较，就可以估算出它的距离。

另外两项技术都出于几何学上的妙招，也都有赖于光谱学。光谱学中一个至关重要的效应是谱线移动，就是当光源做趋近或远离观测者的运动时，观测者接收到的光谱中的特征谱线位置与光源静止时的谱线位置相比会发生移动，在本书下文关于河外星系的故事里将看到这种效应更大的重要性。首先设想一个物体在远离我们而去。它发出的波，不论是恒星发出的光波，还是地面上的物体(比如一辆警车)所发出的声波，就会由于波源的运动而伸展，也就是波长变长。对声波而言，它使声音听起来变得低沉，对光波而言，则是使可见光的谱线朝光谱中红色一端移动。[3]反之，当波源朝向我们运动时，波被挤压，波长变短，于是声音变得尖锐，或是光谱线朝蓝色一端(或者说紫色一端)移动。

声波的接收频率依赖于声源相对于接收者的运动速度这一效应是由奥地利物理学家多普勒(Christian Doppler)于1842年发现的，因而被称为多普勒效应。多普勒本人还意识到，来自运动光源的光也会有类似变化。法国物理学家菲佐(Armand Fizeau)于1848年首先对光的红移或蓝移效应作出了清楚的描述。

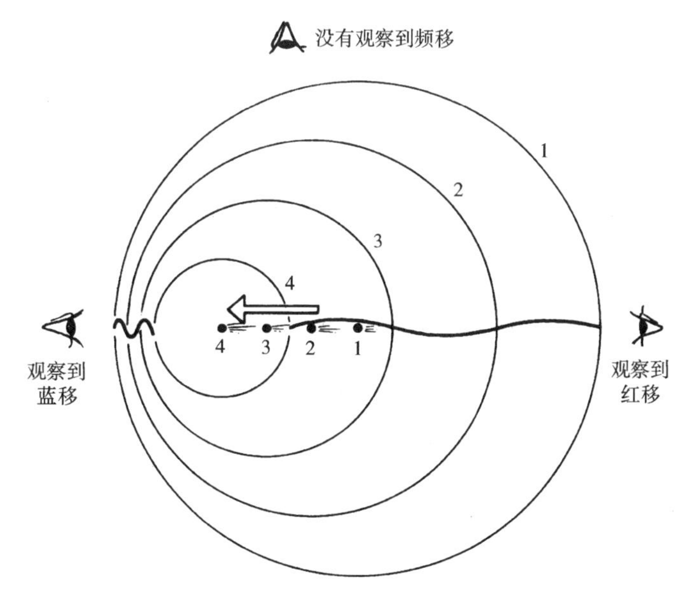

图3.3　多普勒效应挤压由趋近观测者的物体发出的光波，拉伸由退行物体发出的光波。圆圈表示该物体在各个标号地点发出的光波。虽然光在所有方向都以同样速度传播，但是，在光源运动方向上圆圈却被挤拢了。

重要的是，谱线移动的多少是取决于恒星趋近或离开我们的速度大小。由于整个光谱全都受到挤压或拉伸，那些特征谱线，例如钠线，所出现的波长会向红端或蓝端移动,移动量取决于恒星沿视线方向的运动速度。于是,通过测量那些熟悉的谱线在恒星光谱中出现的精确位置,并与同种谱线在地球上实验室光源的光谱中的波长作比较,天文学家就能推断该恒星是在朝向还是背离我们运动,是以多大速度运动。当然,这样能得知的**只是**沿视线方向的运动。恒星也可以有与视向垂直的运动,即有横向速度。恒星在空中的实际运动速度可以通过把上述两种由观测得知的速度,即横向速度或者说自行运动速度和由光谱线的红移或蓝移确定的视向速度,用几何法合成而得到,实际运动方向会与视向成某种交角。

那么,怎样把测得的速度与距离联系起来呢?有一种方案仅仅适用于星团。星团是在空中一起运动的一群恒星,离太阳不算太远。一群全都朝同一方向运动的恒星,实际上是在沿着许多条像铁轨那样的平行线奔跑。正如铁轨看似汇合在远处的一点那样,假如该星团离我们比较近,那么这群恒星的运动(由多年观测定出的自行来量度)便亦是如此,即仿佛会在空中某一点汇合,这就有一个很大的好处,即可以知道星团在空中的运动是朝哪个方向(与视线方向成多大交角)。于是,当天文学家测出星团中恒星的多普勒运动时,他们就不仅能得出恒星沿视向的速度,还能由恒星真实运动方向与视向的交角来进一步推知总速度。总速度的另一个分量当然就是恒星真实的(以千米每秒为单位的)**横向**速度。既然早已得知恒星的自行(以角秒来量度的横越天空的运动),于是就可以虚构一个非常瘦长的三角形来推算出那个星团必定有多远,才能使以千米每秒为单位的**那个**真实横向速度表现为在天空中以角秒每年为单位的这个移动。瞧,多么美妙的技巧,尽管它只对与太阳的距离在几十秒差距以内的星团才有效,它仍让天文学家得以求出了许多星团的距离。其中有一个特别值得一提,那就是毕星团,由大量不同光谱类型的恒星组成,坐落在约40秒差距处。距离有了,各类型恒星的真实亮度就可以确定，于是就可以用上述第一项技术来估算因太遥远而无法测出自行的同族恒星的距离。

另一项重要的几何技术听起来似乎太天真，其实却很有效。取一大批恒星，只要它们离我们足够近，因而能测出自行运动。从地球上看去它们可能是在同一个大方向上，也可能是散布在全天空，只是由于有同样的颜色或同类型光谱而被选中。它们的运动有的朝东有的朝西，有的快有的慢。但是银河系作为整体，至少是在太阳周围区域，看来既没有自身坍缩，也没有向外爆炸。总的说来恒星是有秩序的。所以，所有那些无规运动平均起来必定互相抵消。不妨猜想，**平均而言**，一颗恒星往东和往西的机会是一样大的。那么，如果我们把所有入选恒星的速度都沿视线方向加起来并且取平均多普勒速度，我们应该可以预期这批恒星在其他任何方向上，尤其是在横向上，也有同样大的平均速度。假定这是对的，就可以通过对照预期的实际横向速度与测量的自行角速度，而赋予这批恒星一个“平均距离”。

这一技术叫做“统计视差”。如果只用在一颗恒星上它的确起不了什么作用，但是所取的恒星越多，所作的平均就越可靠，所以用它来指示某些恒星的距离并不太坏。特别重要的是，已经证明可以用这一技巧来大致估计如下一群恒星的“平均距离”，在这群恒星中有那么几颗是特别类型的“造父变星”。造父变星是测量整个银河系乃至宇宙的标尺。如我即将讲到的，我们对宇宙的测量依赖于掌握少数造父变星的距离。现在已有其他的技术（我不准备在此细述）将以前对造父变星距离的初步估计作了改进。那些技术涉及的是恒星的颜色和视亮度。取一群在一个确有物理联系的星团中的恒星，其中各个恒星的颜色可以标在一幅所谓的颜色-星等图上。这群星在图上组成的一条线的位置取决于该星团从地球上看去的亮度，而且可以调节这个位置，以使所有这样的星团都重合在一条标准线上，各个星团的线与标准线的差距就反映了各星团距离的不同。换句话说,假定每个星团中的恒星都服从同样的物理原理(若非如此我们就根本不必去搞什么天文学了),我们就能通过给每个星团设定一个距离而把它放在颜色-星等图的适当位置上。但是我们仍然必须首先由某种视差技术来知道至少某一个星团的距离,以标定颜色-星等图上的距离尺度。

当然,天文学家也能看到并研究比他们能由视差来测定距离的更加遥远得多的天体。但是他们只能**猜测**那些更遥远的天体究竟有多远,他们也只能估计银河系的范围。关于在银河系之外还存在其他星系的思想对许多天文学家来说显得模糊乃至荒谬就并不奇怪了,一直到出现一把新的测量标尺才使局面有所改观,这把尺子能够伸过广漠太空,对一些河外星云的距离作出直接测量。

造父变星标尺

正如从太阳系走向银河系的第一步是靠着测出最邻近恒星的距离那样,从银河系走向整个宇宙的第一步是靠着测出我们在河外空间的最近邻居的距离。首先结识的芳邻是两个叫做麦哲伦云的星云,在南半球的天空用肉眼可见。它们之得名是由于探险家麦哲伦(Magellan)在1521年的环球航行时作了记录,那是欧洲人第一次知道这两块云。它们一大一小,看上去像是银河被折断时所形成的碎片,当然在16世纪时没有人知道它们和银河本身究竟都是什么。

它们一直被天文学家所冷落,直到威廉·赫歇尔之子,约翰·赫歇尔(John Herschel),于19世纪30年代对南天恒星和星云做巡天观测时才被重新记起。到20世纪初时已没有人怀疑这两个星云和银河一样也是恒星的集合。但是,那时候星云是宇宙岛的思想并不合时尚,天文学家普遍认为麦哲伦云是银河系的组成部分,或者是恰好处在银河系之外的很小的半独立系统,即由银河系引力控制的伴星系。对麦哲伦云乃至宇宙尺度的正确认识,不是来自蓦然间的灵机一动,也不是由于观测到了什么新现象,而是由爱德华·皮克林(Edward Pickering)于19世纪后期开始在哈佛大学天文台对数十万颗恒星进行编表和细致分析的结果。

皮克林1846年出生于美国马萨诸塞州的波士顿,19世纪60年代和70年代在刚成立的麻省理工学院教物理学,1876年被聘为天文学教授和哈佛天文台台长。此后40年中他负责编集几个新的星表,每一个都比前一个更大更好。他更是整整一代天文学家的灵魂。与当时社会上常见的一样,仔细收集整理恒星位置和亮度的资料并用黑墨水笔工整地填入极长的表格的枯燥工作,交给了可以少付工资的妇女;而一反世俗的是,皮克林允许并鼓励那些妇女中的少数人去做更高级的工作,从而使她们在当时几乎清一色由男人占据的学术界获得了一席之地。那些幸运者之一是勒维特(Henrietta Swan Leavitt),她被分派的任务是从南天照片中证认变星,照片是由爱德华·皮克林的兄弟威廉·皮克林(William Pickering)在秘鲁的一个观测站拍摄的。

勒维特生于1868年,就读于女子高等教育学校(即后来的拉德克利夫学院),1895年作为志愿研究助理加入皮克林在哈佛大学天文台的队伍,1902年获得永久职位,很快又成为一个研究室的负责人。皮克林无疑乐意他的队伍中有人以自己的经验、耐心和能力从来自秘鲁的大堆照片中找出有意义的东西,但是在1895年时还没有谁看到任何迹象表明勒维特能在此后17年里获得那些成果。

变星,即亮度有变化的恒星,显然为天文学家所关注。大多数恒星似乎总是那样子,至少在一个人的有生之年是如此,而任何违反常规的东西总是注意的焦点。有些变星实际上是两颗互相绕转的恒星,两者轮番遮挡(即掩食)对方。另外一些,如我们今天知道的,是在作脉动,即自我膨胀及收缩，很有规则地不断重复着，于是它们的光就时强时弱。造父变星就属于这一类。还有很少数恒星有剧烈变化，在度过平静的常规生涯后向外爆炸，造成短暂而猛烈的能量涌泻，然后快速收缩并暗淡下去，留下一具残骸。天文摄影术的巨大优越性之一，正是通过比较相隔数日、数月或数年所拍摄的照片，就有可能证认出所有这些类型的恒星活动。你甚至可以研究那些在拍摄时并不知道有什么重要性的现象。勒维特一生共证认出了2400颗变星（这是截至她1921年去世时已知变星总数的一半），还有4颗爆发的恒星，即所谓新星。正是她在对一种特别类型变星的研究中找到了打开宇宙之门的钥匙。

造父变星家族得名于仙王座δ*，这是1784年由年轻的英国天文学家古德里克（John Goodricke）证认的一颗变星。古德里克在此后两年去世，年仅21岁。造父变星的亮度呈现特有的很规则的变化，但是不同的造父变星有着不同的变化周期，有的短于两天，有的长过百日，平均大约是5天。它们之所以被归为一族，是由于其特有的明暗变化方式和相似的光谱。这里显然有一个有趣的问题，既然每一颗造父变星都有其恒定的光变周期，为什么不同造父变星的周期又各不相同呢？勒维特在从照片上证认造父变星（和其他变星）并找出每颗变星的光变周期和平均亮度的艰苦工作中，逐渐获得了这样的印象：越明亮的造父变星，其亮度变化的周期越长。

当勒维特于1908年发表关于自己工作进展的初步报告时，她就讲了这么多。又过了4年即到1912年，造父变星的这条规律才确定下来，给银河系确立一个精确的距离尺度也随之真正有了希望，而这一切都要归功于麦哲伦云。

勒维特那时已经在两个麦哲伦云较小的那一个里证认出25颗造

---

* 这颗星在中国古代称为“造父一”。——译者

父变星。它们很清楚地显示出亮度与周期之间的关系,而对银河系里的造父变星就几乎看不出这种关系。其中道理不难明白。银河系里的恒星散布在与我们各不相同的距离上,有的很靠近,有的却远了十倍、百倍,甚至更多。如果一颗恒星的真实亮度和距离都是另一颗的两倍,则前者看上去较暗,因为视亮度与真实发光本领(即光度)成正比而与距离的平方成反比。所以,造父变星的周期-光度关系被银河系内的距离效应掩盖了。

但对小麦哲伦云里的恒星来说,情形有所不同。这个星云离我们如此之远,以至于其中的所有恒星都可视为大体是在同样的距离上。它们中的这一颗可能比另一颗离地球稍稍近些,但是绝没有一颗的距离能是其他任何一颗的两倍。星云中各恒星与地球距离的差异远远小于星云到地球的平均距离,正如对我这个在英格兰的一个小村庄写书的人来说,纽约的任何人都离得差不多一样远。离我最近的小镇在大约1.6千米之外,可小镇的那一头与我的距离是这一头的两倍多。当我打算去小镇的这部分或那部分时,1.6千米的差别是很重要的。但是,我可以认为纽约的时代广场和自由女神像与我离得一样远,几千米的差别与北大西洋的宽度相比是微不足道的。

这就是勒维特为什么能用小麦哲伦云的25颗造父变星得出这个家族的光度与周期之间关系的原因。她发现,例如,如果一颗造父变星的周期是3天而另一个是30天,则后者的亮度是前者的6倍。假定这一来自小麦哲伦云造父变星的规则对所有造父变星都成立,这立即意味着银河系里的造父变星可以用来指示恒星和星团的相对距离。但是没有谁知道哪怕是一个造父变星的真实亮度,所以距离尺度并没有定标。天文学家有了一把测量银河系的尺子,但是并不知道这把尺子的长度。他们能说出一个恒星或星团的距离是另一个的两倍,但不知道究竟是多少千米。所以,他们还是不知道,麦哲伦云究竟是银河系内的小系统,抑或本身就是遥远的星系。

只过了一年就有了答案。赫茨普龙(Ejnar Hertzprung),一位丹麦天文学家和物理学家(出生于1873年,并且直至1967年去世之前仍活跃在学术领域),用一种统计视差技术的变体首次估算出了一些较近造父变星的距离。技术虽不完美,却为他指示了一两颗造父变星的实际距离。有了距离,他就能很容易地由视亮度算出真实亮度。于是,要得出其他任何一颗造父变星的实际距离就很简单了,因为由那颗星的周期就可以知道它实际上比已有的样本亮多少或暗多少,也就是知道了它的真实亮度,再由视亮度就可以推算出距离。赫茨普龙断定,小麦哲伦云在30 000光年(约10 000秒差距)之外,这比任何人曾经猜想过的都遥远得多。但是,这个结果并没有马上使天文学家看清宇宙的真实尺度。其原因有二。第一,由于赫茨普龙没有考虑到太空中的尘埃会遮挡遥远恒星的部分光线,因而使恒星看上去比实际上要暗,他的定标稍稍偏低,现在最好的计算结果更为惊人——大麦哲伦云与我们的距离是170 000光年或52 000秒差距,小麦哲伦云则是63 000秒差距。第二,天文学家太忙于用这把奇妙的新尺子去测量银河系的尺度,在随后几年里还来不及去操心银河系外面是什么。越过麦哲伦云并进入真正的宇宙,需要的是想象力的新飞跃和新一代的望远镜。然而,在这两个飞跃实现之前,还是应该首先承认那些天文学家的巨大成就,他们描绘出了我们的银河系,他们使用的技术也为后来对更高层次空间的研究打下了基础。

银河系的尺度

两个来自完全不同背景的人一起为迈出认识宇宙尺度的下一步作出了主要贡献。海尔(George Ellery Hale)是20世纪甚至有史以来最伟大的望远镜制造者，即使把自伽利略、赫歇尔、罗斯的时代以来的技术进展考虑在内也是如此。他是一个有钱人，是一名电梯制造商的儿子，1868年生于芝加哥，顺利地沿着常规的教育途径进入麻省理工学院，1892年受聘为芝加哥大学天文学教授。海尔对天文学的热情是由童年时听说太阳物质成分可以通过光谱分析来揭示而点燃的。20岁之前他就曾构思过不止一种可望更有效地分析太阳光的新型光谱仪。这位在达尔文的《物种起源》(*Origin of Species*)出版10年之后出生的天文学家的终生之梦，正是有一天科学能统一地解释恒星与生命的起源与演化。今天可以说，这个梦想几乎实现了——这正是本书的立足点。在相当大程度上正是由于海尔作为望远镜制造者、资金筹集者和天文台台长的热情和技艺，我们才如此接近于实现他的梦想。

海尔走上建立新一代望远镜和天文台的倡导者之途颇有点偶然，那是在他听说南加利福尼亚大学订购了直径40英寸(约1.02米)的折射望远镜的透镜却又无力付款的时候。望远镜的能力是以其主放大透镜或反射镜的直径来衡量的。当时，即19世纪90年代，最大的折射望远镜(即主镜是透镜而非反射镜)是36英寸(约0.91米)，设置于加州圣何塞附近哈密尔顿山上的利克天文台。这已经接近于制造高精度天文透镜的实际限度，因为更大的透镜会由于自身重量而弯曲变形。当今最大的望远镜全都是反射镜，即用很大的抛物面镜而不是透镜来会聚接收到的恒星光线。反射镜与透镜相比的巨大优越性是，由于没有光透过，镜的背面就可以用架子支撑以保持镜子不变形。在19世纪90年代人们已开始认识到，望远镜设计的下一步应当考虑大的反射镜，但海尔有兴趣的是得到南加利福尼亚大学订购的透镜并用来建造比利克天文台的那一架更大的望远镜，那些透镜已经造好并放在巴黎那家制造厂的库房里。海尔是富商的儿子，知道如何搞钱，于是赶紧去找芝加哥的其他富家，终于从有轨电车大王叶凯士(Charles Yerkes)那里得到了对所需资金的承诺。那笔钱的总额是349 000美元,是在海尔不懈坚持之下被很不情愿地一点一点吐出来的,前后拖了好几年。望远镜终于造出来了,成了芝加哥大学叶凯士天文台的镇台之宝,海尔于1897年被委以首任台长之职,时年29岁。40英寸(约1.02米)的叶凯士望远镜现在仍然是世界上最大的折射望远镜。

海尔一发而不可收。虽然设在威斯康星州威廉斯贝的叶凯士天文台里的这架大型折射望远镜已经非常之好,但他还想要更大更好的,放在更理想的地方。从地上观星的最佳去处是高山顶上,避开低层大气中的尘埃和云雾,远离城市的灯光。海尔来到加州的威尔逊山,住在一间被遗弃的小木屋里,用一架小望远镜来检测天空的清晰度。再度游说之后,他得到华盛顿卡内基研究院的支持,在威尔逊山建一座新天文台,并出任台长,台里最早的设备是一架主镜口径为60英寸(1.52米)的反射望远镜。主镜是他父亲送的礼物,望远镜于1908年投入使用,为确定银河系真实尺度的那个人准备好了主要武器。

沙普利(Harlow Shapley)1885年出生于密苏里的一个农民家庭,幼年几乎没受正规教育,16岁时当了堪萨斯一家报纸的刑事新闻记者。但是沙普利认定正规教育会使自己的前程更好,于是在一所迦太基长老会的高等教育学校学习两年之后又想去密苏里大学学新闻学。他于1907年到了那里才知道那门课程还要过一年才开设,想想自己为受教育已花费了许多时间,他决定学别的,学什么都行,就是不能闲荡。后来(他1972年才去世)他总喜欢说,他选了天文学是因为英文中它的第一个字母是A,排在开设课程表的最上方,第一眼就看到了。4年后,他在自己胡乱选择的专业得了学士和硕士学位,然后去了普林斯顿,由罗素(Henry Norris Russell)指派研究双星。此后3年里沙普利的主要工作是关于交食双星,他还一劳永逸地确定了造父变星不是双星而是脉动的恒星。1914年,即发觉密苏里大学没有开设新闻学课程的7年之后，沙普利从普林斯顿获得的是博士学位和最优秀的新一代天文学家之一的声誉。他得到了威尔逊山上新天文台里的一个职位，拿到了每月135美元的工资，而重要得多的是，他有了世界上最大的60英寸(1.52米)望远镜。

这是在赫茨普龙首次成功地把造父变星用作距离标尺的一年之后，而对造父变星的研究是沙普利博士论文的一部分，尽管是次要部分。有世界上最好的望远镜在手，沙普利开始用造父变星来测绘银河系。他采取的方式是拣出银河系里的另外一类天体，它们与我们至此已经遇到的都大不相同。那就是球状星团，即一群恒星聚集成球状，每一群里有几万到几百万个成员，即使在中等望远镜的视野里也像是些漂亮的宝石。[4]这些球状星团大体上都位于天空的同一个部分，而且看上去又呈球状分布，但那究竟是个离得较近的小球还是个遥远的大球呢？幸运的是，球状星团里常有造父变星，一个星团里就可以找到好几颗。于是，沙普利就用新标尺和新望远镜测出了一些球状星团的距离。他发现，各个星团里看去最亮的恒星似乎都有着大致一样的真实亮度。这一来他又找到了一种新方法，就连那些没看到造父变星的星团也可以估测出距离了，因为可以认为那些星团里的最亮恒星也和已知距离的星团里的最亮者实际上一样亮，再由视亮度就可以算出其距离。

所有这一切的结果是一幅崭新的银河系图像。众多的球状星团组成一个离我们很远的巨大的球，球心就在银河核心区人马座方向的某一个点上。唯一合理的结论就是，这个球形系统的中心的确也就是银河系的中心，太阳和太阳系是位于这座恒星都市的郊区，即从星城中心到边缘总距离的大约2/3的地方。沙普利的结果是在1918—1919年间的几个月中以一系列论文发表的。他把银河系的整体大小高估了将近3倍，这是因为他没有考虑尘埃对遥远球状星团的光的遮掩效应(这会使星团看上去变暗，而沙普利也就误以为它更远)。但是他的基本结论

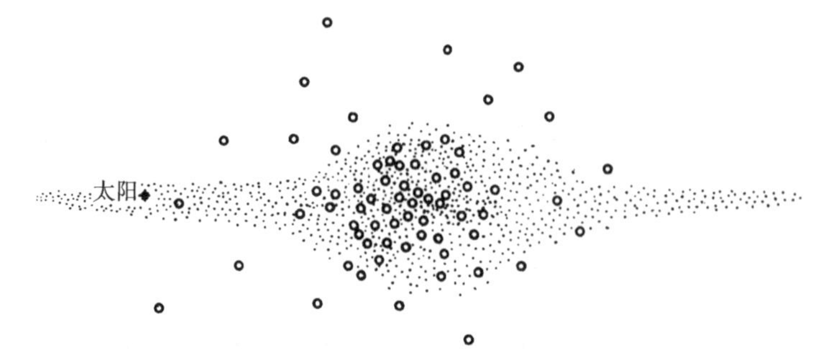

图3.4　沙普利发现，球状星团(图中以圆圈表示)的分布表明太阳和太阳系是在远离银河系中心的地方。

是正确的。我们今天知道，银河系正像赖特和康德所想象的那样是个扁平的盘子，直径大约是100 000光年(30 000秒差距)。从盘心到边缘的距离是约50 000光年，太阳距离盘心约30 000光年，所以我们是生活在这个星系的边远地区。但是，我们银河系在宇宙中的重要性如何呢？勒维特、赫茨普龙和沙普利已经把对向“上”能看多远的回答推进到了数十万光年。那么，还能继续向“上”延伸多远呢？

横贯宇宙

在这个路口上，沙普利畏缩了，作了错误的转折。这并不全是他的过失，因为他为整个宇宙构造一幅智力图画、一个想象模型的意图仍有赖于别人所做的观测和对观测的解释。但是这个错误改变了他的整个学术生涯，所以尽管他在同行中成就卓著、颇受尊重，但他后来总是回首1914年至1920年在威尔逊山的日子，那才是他一生事业的巅峰期。

沙普利对银河系尺度的高估使得麦哲伦云看来也只是我们星系的一个组成部分，而不是另外的星系。既然如此，其他星云，例如仙女座那个很大的旋涡状星云，在沙普利看来就必定也在银河系之内，或者至多是银河系的小小的伴星系。按照这幅图景，银河系基本上就是整个宇宙,向"上"已经到了极限。但是还有别的天文学家认为,星云必定也是星系,沙普利一定是把银河系的尺度高估了,尽管他们还不知道为什么会高估。持此观点最力的是利克天文台的柯蒂斯(Heber Curtis)。[5]

柯蒂斯是另外一个沿反常途径走来的天文学家。他1872年生于密歇根州的马斯基根,攻读古典文学并在22岁时当上加州纳帕学院的拉丁语教授。后来他的兴趣转到了天文学上,当纳帕学院与太平洋大学于1897年合并时,他成了天文学和数学教授,这可是今天大学里的任何人听了都会大吃一惊的转折。在不同的天文台做了几次短期研究之后,柯蒂斯于1902年到了利克并在那里一直干到1920年,其中有一段时间去智利做南天观测。1909年从智利回来后,他全神贯注于确定旋涡星云的本质。拍摄得越来越好的照片终于使柯蒂斯相信,旋涡星云是和我们银河系一样的星系,它们中有些为我们从正面看去,因而整个盘面和旋涡结构都能看到,其他的则是从侧面看或是从某种倾斜的角度看。倘若果真如此,这些银河之外的星系必定距离非常遥远,在望远镜里看去才只是一小块云。但是又怎么测量那些星云的距离呢?对这个问题曾有过两种答案,在1920年前一直难分孰是孰非。答案之一,是基于对1885年看到的一次事件的错误理解。不幸的是,沙普利跟着错了。

1885年8月20日,哈特维希(Ernst Hartwig)看到在仙女座星云出现了一颗新的恒星,即新星。这颗星又很快变暗并消失了,幸亏它在最亮时已被抓住。这是第一次看到与该星云有关联的单颗恒星。对这个事件的一种解释是,哈特维希目睹了银河系内一团涡动的气体和尘埃云里一颗新恒星的诞生。不论那颗星是什么,它短暂的光辉有仙女座星云的所有其余部分合在一起那么亮。一个判定究竟有多亮的机会似乎来到了,那是在1901年在英仙座方向上看到另一颗恒星爆发的时候。那颗新星离得很近,用视差法估算出是大约100光年。由于对仙女座星云没有更好的距离估计，那时的天文学家猜想两颗新星应该有同样的真实亮度，于是由视亮度得出前一颗新星的距离是1600光年。这意味着仙女座星云虽然相当大但仍在银河系范围之内。

这基本上就是沙普利的论证，用以支持他关于银河系是宇宙的主体、旋涡星云不过是些小小下属的主张。柯蒂斯相信星云本身都是星系，他也在寻找证据支持自己的观点。假定1885年在仙女座看到的新星实际上比1901年英仙座的那一颗要亮得多，如果仙女座星云像银河系那样也是一个星系，那颗新星就得在短时间里像10亿颗恒星那么亮，这在沙普利看来是荒唐的。谁能说他不对呢？但是我们现在知道，非常罕见的"超新星"的确有那么亮。而使我们得以知道这一点的原因之一，正是柯蒂斯决定寻找仙女座的其他新星并把它们的亮度与1885年的那一颗和1901年英仙座的那一颗相比较。

柯蒂斯终于在仙女座发现了另外几颗新星（迄今已有100多颗记录在案），这表明仙女座星云必定是许许多多恒星的集合，因为新星并不那么常见。而所有后来的那几颗都比1885年那颗要暗得多这一事实又作出启示，应该拿后来几颗同英仙座新星比较。这样重做的结果是使仙女座星云的距离增大了100多倍，远在银河系边界之外。究竟谁对，柯蒂斯还是沙普利？问题是如此重要而有趣，所以美国科学院于1920年在首都华盛顿组织了一场两人之间的大辩论，爱因斯坦也是听众之一。这场辩论被广泛报道，普遍的感觉是沙普利输了，而柯蒂斯对宇宙尺度的阐述是正确的。[6]这次失败之后，沙普利立即离开威尔逊山去了哈佛，担任哈佛大学天文台台长，该职位本是1919年皮克林去世后提供给他的。尽管沙普利对天文学又作出了许多其他贡献，但他对自己的这一决定必定感到懊悔，因为他看到威尔逊山的一位新人哈勃，正是从他停下来的地方起步。哈勃接过了沙普利的利用造父变星和球状星团估测距离的技术，而且他还得到了一架比60英寸（1.52米）望远镜更大更好的望远镜。

哈勃是海尔的勤奋活动的最大受益者。海尔并不满足于他的威尔逊山天文台里的60英寸(1.52米)望远镜,又说动了一个洛杉矶商人胡克(John D. Hooker)为一架主镜口径100英寸(2.54米)的望远镜掏钱。这架胡克望远镜是1918年建成的,是此后30年中世界上最大的望远镜。海尔本人心力交瘁,于1923年55岁时听从医生劝告,辞去了威尔逊山天文台台长之职。但当他在帕萨迪纳附近的家中过平静的退休生活时,又想着要建造一个小天文台和发明一种新型光谱仪来研究太阳。他又出来筹集资金,要在南半球建一座天文台,但却没有搞成,饱受了一次精神打击。但他很快又振作起来,投入了一项新计划,要建造一架更大的即口径200英寸(5.08米)的望远镜。洛克菲勒基金会于1929年出资600万美元,工程由加州理工学院负责实施,拟将望远镜建于加州的帕洛玛山上,海尔亲任工程规划组的主席。但是,海尔没有亲眼看到自己的这件最大杰作。他于1938年去世,而由于第二次世界大战和其他延误,望远镜的建成用了20年时间。[7] 1948年,海尔望远镜投入使用。1969年,威尔逊山和帕洛玛山的两个孪生天文台合名为海尔天文台,以颂扬这位把美国天文学提高到20世纪世界领先地位的伟大人物。而在这次命名的很久以前,哈勃就已经使所有天文学家睁开了双眼,看到了宇宙的真实尺度。

哈勃和沙普利一样也是密苏里州人,1889年生于马什菲尔德城,是当地一位律师的7个子女中的老五。他在芝加哥上了高中和大学,上大学时海尔正在那里当教授。哈勃体格强壮,本有人要他去做一名职业拳击手,去与当时的拳王约翰逊(Jack Johnson)一拼。他却接受了罗兹(Rhodes)奖学金远赴英国牛津大学学法律,成了代表牛津的运动员,还曾作为一名业余拳击手在一次表演赛上与法国冠军卡尔庞捷(Georges Carpentier)较量。他于1913年返回美国并在肯塔基当律师,但是只干了几个月就断定这并非自己喜爱的职业。他在芝加哥大学读书时部分地由海尔激发起来的对天文学的兴趣又复活了，于是他重返母校改读天文学，并在叶凯士天文台做研究助理。他于1917年完成学业并获得博士学位，又由海尔安排了在威尔逊山的一个职位。但他却应征入伍，作为一名步兵去法国打仗，在那里右臂曾被弹片击伤。1919年他终于来到威尔逊山，其时正逢新的100英寸（2.54米）望远镜刚投入使用，而沙普利又即将去哈佛。哈勃的机遇真是再好不过了。刚刚在1917年才由威尔逊山的里奇（George Ritchey）第一次从照片上证认出一颗新星，这启发了柯蒂斯去重新查看利克天文台以前拍摄的照片，并找到了证据，使河外星云的距离第一次能被直接测量。关于那些星云本质的争论已经延续了数百年，终于在1924年结束。100英寸（2.54米）望远镜与哈勃的组合，终于为人类绘出了一幅宇宙的新图景，而更惊人的发现正接踵而来。

哈勃的宇宙

哈勃相信那些旋涡星云是远在银河系之外的星系，但他并没有轻率地去作证明。他先从其他星云的问题入手，那些星云并不呈现特有的旋涡结构，几乎肯定是在银河系之内。他用不同的望远镜观测，经常是用60英寸（1.52米）望远镜，因为起初只能偶尔在允许时间里用100英寸（2.54米）望远镜。他在1922年完成的这项研究表明，那些气体星云（还含有尘埃）并不像恒星那样自己发光，而是要么反射它们里面或附近的恒星发出的光，要么就是从附近恒星吸收的能量足以把气体加热到发光。气体星云与银河系内恒星之间的这种联系，证实了那些星云自身的确是银河系的成员。那么，那些旋涡星云是什么呢？哈勃的"训练期"已经结束了，他现在把注意力转到了自己心目中最重要的问题。

即使在20世纪20年代初，即使有100英寸(2.54米)望远镜，仍然没有迹象表明有可能得到足够好的旋涡星云照片，能清楚地显示星云被分解成一颗颗的恒星，就像麦哲伦云的情况那样。哈勃所能得到的最好照片在放大镜下看去(如果光线适当而且他的情绪乐观的话)，也只能隐约觉得那淡淡的光似乎可以分裂成颗粒结构，从而暗示所研究的星云是单颗恒星的集合。但对谨慎如哈勃者而言，这不是他愿意用以维系自己声名的证据。既然旋涡星云还难以被分解成分离的恒星，哈勃决定先去研究一团能够分解出恒星的云，即使它只是天空中一块暗弱的、不规则的光斑，不像麦哲伦云那样引人注目。他选中了一个名为NGC(表示"新总表")6822的星群，花了两年时间来拍摄最高质量的系列照片。哈勃把那团恒星云锁定在100英寸(2.54米)望远镜的视场里，一小时又一小时地耐心观测，在好的情况下一个夜晚能得到一张有用的照片，在其他情况下则要用两个整晚才能拍出一张还过得去的照片。当然，望远镜还有别的任务，不能全归他来干这一件事。这样，哈勃用了1923年和1924年两年的绝大部分时间才得到NGC6822的50张好照片。他从这些照片上证认出十几颗造父变星，并用沙普利的技术定出这个小小的不规则星系的距离是小麦哲伦云距离的7倍，那是在1924年。

当NGC6822的观测计划仍在执行中时，另一颗河外造父变星从仙女座星云(又称M31，即在梅西叶表中列为第31号)中被证认出来了。这项发现是在1923年秋一次旨在寻找仙女座星云里的新星的巡天观测中作出的，因为新星可以用来检验柯蒂斯关于星云本质的主张。哈勃在他的《星云世界》一书中回忆道："那个计划中用100英寸(2.54米)反射镜拍摄的第一张好照片，导致了两颗正常新星和一个暗弱天体的发现，后者开始时也被假定为一颗新星。但与威尔逊山的观测者们在以前寻找新星时积累下来的大量系列照片所作的对照，表明那颗暗星是一颗变星，而且很容易指出其变化特征。那是一颗典型的造父变星，周期大约是一个月……所要求的距离是在900 000光年的量级。"由于各种原因，对该距离的估测现在已经修改为2 000 000光年（670千秒差距）以上。但是与上述发现带来的突破相比，这种修改只是次要细节。完全没有任何新假设（不像柯蒂斯，他只能猜想仙女座星云里的新星与银河系里的新星本质上一样），只是用沙普利已经用来测量过银河系的同一把尺子，哈勃已能测出比较近的河外星系的距离。

这恐怕是现在值得领会的最重要一点。到2 000 000光年的惊人一跃只是进入宇宙的第一步，只是到了像银河系那样的众多其他星系中的最邻近者之一。我们生活于其中的银河系在天文学的图像里突然缩小了，缩成了一粒小尘埃，飘浮在巨大的、黑暗的虚空里。

银河系地位的这种下降还是用了一点时间。开始时我们这个星系似乎显得比别的星系更大更重要。直到1952年，由于修正了造父变星标尺本身的长度，才明白其他星系也像我们的银河系这么大，而且比哈勃估计的还要远。由于有了更好的照相感光乳胶，哈勃在1923年成功地把仙女座星云（M31）的外围部分分解成大群密集的恒星，并且后来又从M31和另一个距离大致相同的旋涡星云M33里证认出更多的造父变星。到1924年底，确定旋涡星云本质的证据已经很充足，并由哈勃提交至美国天文学会的一次会议。在此后5年里哈勃又积累了更多的证据，1929年他对这些证据作了明确的总结。同时，他还开始发展更新的技术，用以估测那些远在单颗恒星能被辨认、造父变星标尺能够使用的范围之外的星云（即星系）的距离。

即使用200英寸（5.08米）望远镜，也只能在大约30个最近的星系里证认出造父变星。如果一切顺利，计划中做轨道运行的空间望远镜*

---

* 指现已投入使用的哈勃空间望远镜。——译者

必将对此作出改进,但是测量更遥远星系距离的其他技术终究是需要的。哈勃的第一个步骤又是学自沙普利,就是用超巨星来做距离指示器,正如曾用此种恒星来指示银河系中球状星团的距离那样。哈勃用此法能测到的距离为所能看到的造父变星距离的4倍,即大约1000万光年。球状星团可以用作而且已被用作宇宙的一把粗略量尺,其前提是假定每个星系里最亮的星团实际上也同银河系里最亮的星团一样亮,但现在天文学家可是开始倾箱倒箧来寻找测量越来越远的星系距离的办法了。为着向前推进,哈勃不得不作了一个大胆的、只有粗略精度的假定。当他注目室女座方向的一个大星系团时,他发现那些星系的亮度互相都差不多,最亮者的亮度也只是最暗者的10倍。他假定所有那些星系都有同样的真实亮度,即为最暗的那个的3倍,或最亮的那个的1/3,从而估计出了距离,并且有理由相信所得结果与正确答案的差异不超过3倍——也许是3倍,也许是1/3,但不会更糟。这种技术后来又通过只选用一个星系团中的最亮星系为标准而得到改进。(因为最亮的星系的确相互都差不多,最亮的超巨星也是如此。)此法尽管是近似的,却把哈勃送到了大约5亿光年的距离。[8] 在这样一个空间范围里有大约1亿个星系。但是,所有这些距离测量都依赖于造父变星标尺的最初定标,这种定标是在银河系以内,更准确地说是在太阳附近,用统计视差技术(和现在的颜色-星等图)作出的。我们关于宇宙距离的丰富信息就像一座倒立的金字塔,金字塔在向上和向外膨胀,而它赖以平衡的基点就是已定标的造父变星标尺。不测出那30多个已在其中证认出造父变星的星系的距离,就根本无法定标其他虽然更粗糙但尚可使用的标尺。如果造父变星标尺定标原先错了,但后来又修正了,我们就不得不改变宇宙的整个尺度。如我们将要看到的,这在过去几十年里已经发生了好几次,最重要的一次是在20世纪50年代初。但是,所有这些修正都没有改变哈勃所建立的宇宙基本图景。

哈勃的宇宙,也就是我们的宇宙,延伸到几亿或几十亿光年。我们今天用100英寸(2.54米)或200英寸(5.08米)望远镜看到的星系中,有些是如此遥远,以至于我们接收到的光竟是在地球形成之前发出的。人的大脑的确无法领会宇宙的尺度。我们所能做的一切就是盯着数字。数字告诉我们,即使是M33和M31这两位近邻,光都要用200万年或更长的时间才能越过它们与银河系之间的天堑,我们听了的确感到茫然。即使是最伟大的宇宙学家,如爱因斯坦或者霍金,其内心深处都必定对卡莱尔(Carlyle)的话颇有同感:“我决不妄求了解宇宙,它可比我大得太多了。”

天文学家能够确定宇宙大尺度性质的唯一原因是,相对而言,星系之间比恒星之间相互靠近得多。对此作出描述的最好方式之一是采用一个基于阿司匹林片的想象的宇宙模型。假如太阳像一片阿司匹林那么大,那么最邻近的恒星就像140千米外的另一片阿司匹林。这是恒星之间空间间隔的相当典型的状况——恒星与其最近邻居的距离是其自身直径的几千万倍(当然,双星和类似系统除外,那些系统里两颗或更多恒星靠得很近,并相互环绕转动)。银河系这样的星系里有着上千亿颗恒星,它们恰当地散布在广阔的空间里,由引力聚合在一起,围绕星系核心转动。我们可以这样来得到星系之间空间间隔的概念,就是把银河系,而不是太阳,用一片阿司匹林来表示。按照这个新标尺,最邻近的星系M31就像是13厘米外的另一片阿司匹林。

这里稍稍有点误导,因为银河系和M31都是一个被称为本星系群的、由引力聚在一起的小星系群的成员。然而,按照阿司匹林片标尺,到最邻近的相似小星系群即玉夫座星系群仍只有60厘米;仅仅3米之外就是室女座星系团,那是一个巨大的集合,大约200个星系散布在一个篮球那么大的体积内。室女座星系团是一个由引力支配的松散星系集团的中心,这个星系集团称为本超星系团,本星系群和玉夫座星系群都包含在其中。

可以按照这个图像继续前进。20米外是另一个大星系团即后发座星系团,包含数千个星系。更远处还有更大的星系团,直径大约有20米。威力巨大的射电星系天鹅座A是在45米远处,夜空中最明亮的类星体3C273是在130米远处。按照这个一片阿司匹林表示银河系的标尺,整个可见的宇宙都能被包含在一个直径大约1千米的球内。

无论选择这些距离中的哪一个来作为星系之间的典型空间间隔,都不会带来多大差别。即使是到室女座星系团的距离也只是银河系直径的600倍,M31只是在大约25倍银河系直径远处。相对而言,假如星系之间相距也像星系内的恒星之间那样远,那么到最邻近星系的距离将会比真实宇宙中能见到的最遥远天体还要远100倍!显然,星系外空间中的星系要比星系内空间中的恒星密集得多。这就使宇宙学家能够得到关于可见物质在宇宙中分布的方式,以及这种分布如何随着宇宙演化而改变的广阔图像。

天文学家试图了解宇宙,尽他们所能去了解。哈勃奠定了现代宇宙学的基础。他不仅确定了宇宙的尺度,而且描述和划分了星系的主要类型——已知的星系中75%是旋涡星系,其余的差不多都是雪茄状,或者说橄榄球状的椭圆星系,只有很少数是不规则星系(最后这种类型也许是因为太小太暗而看不清楚)。此外,他还分析了星系的空间分布,发现总的说来分布是均匀的。虽然星系聚集成团,星系团在空中却是随机分布的,在天空中一个区域看到一个星系或星系团的机会与在另一个区域看到的机会一样多,当然必须把银河系里尘埃的遮掩效应考虑进去。这的确是一个重大发现,因为它意味着宇宙的终极结构样式可能已被探明。这一发现的重要性最近被稍稍减小,因为有证据显示可能还要多一个结构层次,即星系团组成的团。仍然具有根本意义的是,宇宙在所有各个方向上都是同样的,宇宙中没有任何特殊的区域。但即使是如此重要的观测结果与1929年哈勃那项出人意料的发现相比也黯然失色。他发现，所有这千百万个星系都在相互分离，都在以最高可达几分之一光速的巨大速度互相分开。宇宙整个儿地在膨胀，这就清楚地指出，整个宇宙必定有某个确定的时间起点。天文学家往黑暗的夜空里能看多远似乎并没有什么限度，但是宇宙的膨胀却意味着，对宇宙的历史能回溯多久却有一个限度。正是宇宙膨胀这一近至1929年才作出的发现，才真正把天文学家送上了通往大爆炸之路。

第四章

膨胀着的宇宙

科学并不总是以某种有序的方式进展。今天的一个发现，可能要等几年或几十年才能明白其意义，并给予它应有的地位，而明天得出的另一个结果，却可能立即显示出重要性。一代或几代人会沿着不同的研究路线仿佛各自独立地前进，直到某种关联因素表明他们看到的是一个更大整体的不同方面。但是，与哈勃密切相关的两条研究主线却并非如此。从星系的巨大速度一被发现起就很明显，这将对宇宙的本质作出重要的揭示，哈勃对暗弱而遥远的星系之数目与分布的巡天观测亦是这样。但这两个前沿上的进展是间歇的、交替的，关于研究历程的记录就不得不先沿一条轨迹走一段，然后再返回到另一个主题。

宇宙中均匀地分布着星系团，在所有方向上用望远镜尽其所能看去都是一样的，证明宇宙结构的这种基本性质的工作在20世纪30年代及以后都在继续，并且一直延续到今天。哈勃的最初期望之一，如他的同事已讲过多次的，是用100英寸(2.54米)望远镜拍摄到夜空某个部分的照片，其中能看到的星系将如作为前景的银河系中的恒星那样多。这个期望于1934年3月8日实现了，证实宇宙中的星系确实如同银河系中的恒星那样多。那一天是一个里程碑，宇宙的广度和星系作为其基本可见单元的本质这两点，终于都排除了并非无理的怀疑而得到确认。哈勃通过对这类照片上星系的计数得出,原则上应有1亿个星系能被拍摄到。天文学家更进一步计算出,如果愿意并有时间对整个天空做详细巡天观测的话,则由200英寸(5.08米)的和其他现有的大望远镜能找到1000亿个星系。这当然如银河系中的恒星那样是大约而言。但是在1934年得到那张里程碑式照片之前5年,哈勃已经报告了自己的另一项发现:除了最邻近的几个以外,所有星系都不仅随宇宙的膨胀而离我们远去,而且遵循着某种简单的物理定律。而在这一发现之前17年,即1912年,才首次对当时仍称为“星云”的东西测量了速度。

红移与蓝移

关于遥远星系红移的故事,实际上始于19世纪波士顿的一位富家子弟洛厄尔(Percival Lowell)对那颗红色的行星——火星的迷恋。洛厄尔生于1855年,在哈佛大学学数学并于1876年毕业。一年后,意大利天文学家斯基帕雷利(Giovanni Schiaparelli)报告了他对火星上“卡纳里”(canali)的首批详细观测。“卡纳里”的意思是“水道”,斯基帕雷利借用这个词,以及借用“海”“大陆”等词,纯粹是用于描述火星上的特征,而不是指真有像地球上这样的海、大陆和河道(更不必说运河了)。但是,部分是由于把“卡纳里”错译成canals(运河),部分是出于想当然,斯基帕雷利的报告在法国、英国和北美激起了长达数十年的热潮。许多认真的天文学家,更不用说大量的普通百姓了,都相信火星上有智慧生命,火星人正忙着开运河把水从两极引到赤道。对斯基帕雷利报告的这种误导之顶点,我想是奥森·韦尔斯(Orson Welles)根据威尔斯(H. G. Wells)的科幻小说《大战火星人》(*War of the Worlds*)改编的著名广播节目,那小说是在19世纪90年代的火星热时写的。那个广播节目在1938年播出,以真实新闻报道的形式来描述火星侵略者对美国新泽西州的进攻,一时间竟使数以千计不知道那是幻想小说的读者大为恐慌。

但所有这些都还是半个多世纪以后的事,斯基帕雷利的发现以断章取义和误译的形式传到美国并引起青年洛厄尔的注意是在19世纪70年代后期。种子播下后要很长时间才会结出果实。洛厄尔毕业后花了1年去旅游,花了6年参与他父亲的棉花生意,然后是差不多10年在日本和远东。直到1893年返回美国时他才决定要认真搞天文,特别是研究行星。他自有办法在亚利桑那州的弗拉格斯塔夫建一座自己的天文台,那地方空气清净、海拔2000米以上,又远离任何大城市。他用一架24英寸(61厘米)折射望远镜研究火星达15年之久,向热切期望的人们报告了不仅是运河还有绿洲和清楚的植被迹象。这些“发现”自应归功于他的想象力,但是其他天文学家也犯过类似的错误,要知道即使是地球上最好的望远镜也只能给出很差的火星图像,这是因为图像的细节总是因地球大气而变得模糊,同时大望远镜又总是放大了这种模糊作用。洛厄尔虽然在火星的生命问题上搞错了,却确实激发了一代美国人对天文学的兴趣。他还预言在海王星轨道之外必定有第九颗行星,因为其他外围行星的轨道似乎受到这颗未知行星的摄动。冥王星确实就在他预言的位置上被找到了,但那是在1930年,即他死后14年。这也许是一次侥幸成功,因为现在有的天文学家认为冥王星太小,不足以对外围行星轨道产生可观测到的影响,也许还有第十颗行星真正应该对这种摄动负责。尽管如此,洛厄尔的成果确实而丰富,为学术界公认已远远超过一位富有的业余天文爱好者所能做的。的确,他在1902年被麻省理工学院聘为客座天文学教授,讲授系列课程,并保有这个职位直到去世。但是,洛厄尔对天文学的最大贡献或许是雇用了一位名叫斯里弗(Vesto Slipher)的观测者,派他去拍摄旋涡星云的光谱并寻找谱线的多普勒频移。洛厄尔的动机仍是对行星的兴趣,他像当时的许多天文学家一样,认为星云可能是正在形成中的行星系统。但重要的不是动机，而是结果。

斯里弗在许多方面正与洛厄尔相对立。洛厄尔火热、外向，急于得出结论，斯里弗则安静、有条理、刻苦，在完全搞清楚之前绝不宣布自己的发现。他俩性格上的差异是如此显著，以至于有人猜想，洛厄尔正是知道自己的长处和短处，才有意挑选斯里弗到身边来，以便自己冲动时有人浇浇凉水。

斯里弗1875年生于印第安纳州的马尔伯里，1901年毕业于印第安纳大学，并立即由洛厄尔本人邀请进入洛厄尔天文台。他此后的职业生涯就在那里度过，其间于1903年和1909年先后获得硕士和博士学位，都由印第安纳大学授予，在1916年洛厄尔去世后任天文台代理台长，在1926年成为台长。正是由他开始的寻找导致了1930年发现冥王星。他虽然在1952年退休，却一直活到1969年，一生经历从天文学家还认为银河系即整个宇宙的时代起，一直到射电星系、类星体和被认为是大爆炸遗迹的微波背景辐射的发现。那个预言背景辐射存在的理论，其由来可以追溯到1912年斯里弗对仙女座星云光谱的多普勒频移的测量，我们现在知道那个星云是一个最邻近银河系的大星系。

请记住，多普勒频移是运动光源的光谱里明线或暗线的移动。如果光源朝向我们运动，移动就朝向可见光谱的蓝色一端，称为蓝移。反之，若光源离开我们而去，则为红移。与静止光源光谱里对应谱线的位置作比较而得到的移动量，能给出对光源朝向或背离我们运动的速度（即多普勒速度）的直接量度。

值得谈一下首次测量星云多普勒速度时所用的技术手段。24英寸（61厘米）望远镜是一台很好的设备，是当时世界上最好的之一，那时由海尔发动的望远镜技术的大飞跃尚未到来。采用当时最好的技术，即最好的分光镜和最好的照相底片，斯里弗仍需将底片曝光20小时、30小时，甚至40小时（当然也就是几个夜晚）才能得到一幅可用于测量多普勒频移的光谱。要知道这一切都是在寒冷的高山上做的，望远镜圆顶里不能用什么取暖器，因为热空气会产生对流，从而使望远镜里和摄谱仪狭缝里的图像模糊；还要总闭着一只眼，用一只眼盯着望远镜里的像，保证那个正被拍摄的星云精确地停留在视场中心位置。当斯里弗得到了照片时，他要做的事还多着呢。来自恒星的光集中在望远镜所成的像的那一点上，即使在这个光点被分光镜展开时，铺开的像仍然亮得足以使谱线能被证认，使谱线的位移（如果有的话）能不太费力地测量出来。但是，星云（指的是星系）的像本就暗弱，经过分光镜展开后就更是如此，很难分辨和证认其中的谱线。如果像展开得太大，谱线就会太弱而根本看不出来；如果要使谱线亮到足以显露，像就不能铺得太开，谱线的移动也就根本测不出来。多普勒测量技术成功的关键是用以记录天体像的感光乳剂的感光效率，或者说感光速度。[1]尽管困难重重，斯里弗还是在1912年得到了仙女座星云M31的4张光谱图，它们全都清楚地显示出对应着每秒300千米速度的多普勒蓝移。这就是说，那个星云不仅是在趋近我们，而且其速度大于当时已知的任何天体（恒星、行星或别的什么）的运动速度。

一旦取得突破，其他几个星云的多普勒速度很快也就测出来了，虽说并非那么轻而易举。斯里弗继续埋头苦干，把他的设备的作用发挥到最大限度，到1914年测出了多普勒频移的星云已达13个。这时，一幅图像开始浮现。这13个星云中只有两个表现出蓝移，其他11个都是红移，表明那些星云都在以每秒数百千米的速度远离我们而去。当然，斯里弗测量的首批光谱中红移占优势的情况仍有可能只是一种巧合。但是，你在反复掷一枚硬币时本来预期它的两面出现的次数应该大致一样，结果掷了13次有一面只出现两次毕竟会使你惊讶。重要的是，随着越来越多的多普勒频移被测出，红移的优势也越来越显著。斯里弗测出了41个星云的多普勒频移，其他天文学家又给增加了4个（这也显示了斯里弗的成就，他一个人测的是其他所有人加在一起的10倍），这45个中有43个显示红移，退行速度最高达每秒1000千米以上。这看来就远不是巧合了，尽管那时的天文学家还没有得到最终的证据来表明，星云本身就是远在银河系之外的星系。但他们还是有疑惑的。英国的大天文学家也是科普大师爱丁顿，于1923年写道：

> 宇宙学中最令人困惑的问题之一是旋涡星云的巨大速度。它们的视向速度平均约为每秒600千米，而且退离太阳系的运动占明显优势。一般都认为那些星云是已知最遥远的天体（尽管这一观点被某些权威反对），所以这里就是我们有可能从中寻找世界的总体性质的地方，如果真有这种地方的话。

这里的"世界"显然是指我们现在所称的宇宙。他继续写道：

> 正向（即退行）速度的巨大优势是非常引人注目的；但不幸的是还缺少对南天星云的观测，因而还不能得出最后结论。[2]

在此后两三年里对多普勒测量作出了一个重要的修正，那是由于银河系被证实在作整体转动，而且可以用各种新技术估测太阳围绕银河系中心旋转的速度。结果表明，太阳系以大约每秒250千米的速度差不多恰好朝正对着仙女座星云的方向运动。那给人深刻印象的每秒300千米的蓝移实际上主要源于我们自己绕着银河系中心的运动，只有大约每秒50千米才真正是仙女座星云朝向银河系的运动。而测到的红移却表明了更高的退行速度，那两个蓝移也就退到了比最初印象要低得多的地位。舞台已经为哈勃和他的同事赫马森（Milton Humason）造好了，他们将为我们展示宇宙的第一幅现代图景。

红移主宰

20世纪20年代中期，有些天文学家，其中最有名的是德国人维尔茨(Carl Wirtz)，怀疑斯里弗测量到的最大退行速度是否属于所研究的最遥远的星云。但也只能是怀疑，因为在哈勃之前没有人真知道星云的距离。于是自然就该是哈勃来把红移和距离这两方面的证据放在一起，并从而得出红移-距离关系。在确定太阳绕银心旋转的速度以后，部分地由于维尔茨的工作，1927年时在已测出红移的40多个星系中已能看出这种关系，而这又推动了一个新的重大计划来测量更暗弱更遥远的星系的红移，这个计划主要是由赫马森来执行的。

维尔茨在1924年已经得出，从地球上看去的星云视直径似乎与它们的退行速度相关联。他有42个星系的资料，并发现看上去越小的星系其红移很可能越大。假定所有星系的实际大小都差不多一样，这立即就使人想到，较小的星云只是**看上去**小，因为它们离得更远，于是大距离与高退行速度就连在一起了。但这只是一种约略的估量，因为那时还没有直接测定星云的绝对距离。这种状况一直持续到1929年。那时斯里弗的注意力已经转到了别的问题上，已经知道红移的星系只有46个。但是那时候已经清楚它们的确是星系，而且哈勃对勒维特和沙普利的开创性工作的发展已经使自己对星系的相对距离有了很好的认识。尽管我们现在知道他的标尺有误，他仍能完全准确地说出一个星系与我们的距离是另一个星系的2倍或1.5倍，或者其他任何比率，而这也就是他所需要的全部信息。即使如此，哈勃从很少的资料中提取出能延伸很远的正确结论仍是令人惊叹的。

哈勃手中有46个星系的红移，基本上得自斯里弗，除此之外他只有18个星系和室女座星系团的距离。比较这19个天体的红移和距离的一个显而易见的办法是作一张速度(红移)对距离的图。每个天体都有一个速度和一个距离,所以就对应着图上的一个点。当所有这19个点都标出来时,哈勃断定它们是处在一条直线上,这就意味着速度必定与距离成正比——假如一个星系的距离是另一个的两倍,则前者的退行速度也是后者的两倍。这其实是一个推广到大范围才正确的结果,而作为其基础的由哈勃标到图上的那少量的点是相当离散的(见图4.1A)。画一条直线穿过那些点并且说那些点是落在这条线上,所需要的是信念而不是想象。但是天文学家习惯于作此类冒险游戏,而且如我们将要看到的,哈勃对他所寻找的关系,很可能事先已经有了想法。尽管他得出这个关系的依据,在今天看来真是摇摇晃晃,后继的研究却很快就排除了所有的怀疑而证明它在本质上是正确的。今天它被称为哈勃定律:红移与距离成正比。如果这条定律确实是普适的,并假定比例常数已被正确定出,它就给了天文学家测量宇宙的最终标尺。他们所需做的一切只是测量红移,然后就能知道距离。这个发现的意义还远不止于此,但在深谈那些意义之前应该先赞扬一个人,是他在斯里

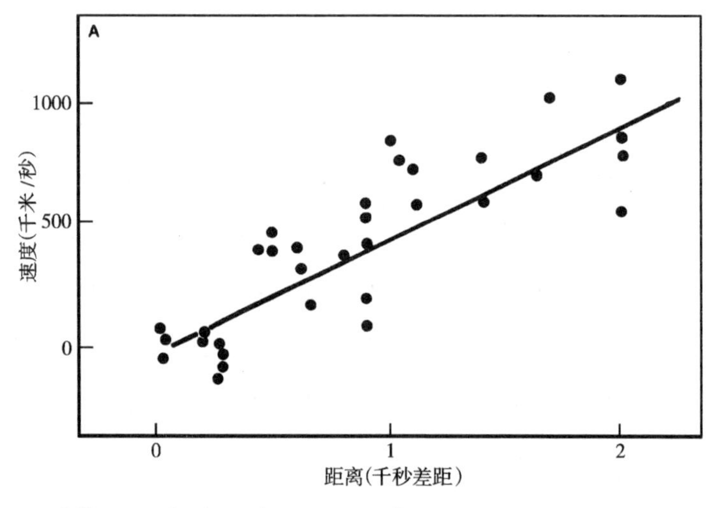

图4.1A 哈勃最早的红移-距离图之一,完成于1929年,其中只有33个资料点和贯穿这些点的一条相当乐观的直线。

弗离开的地方继续了红移研究,也是他作出了甚至比哈勃本人更多的贡献来确立"哈勃定律"的有效性。

赫马森1891年生于明尼苏达州的道奇森特。14岁时参加了一次威尔逊山上的夏令营,他太喜爱那座山了,回家后几天就说服父母同意,离校一年重返山上。他再也没有回去接受正规教育,而是沿着一条迂回途径成为他那一代人中一流的观测天文学家。这个退学学生有一段时间当了骡夫,在修建威尔逊山天文台时往山上拉器材。他对那座山和天文台的工作都很着迷,不过还是有时间与天文台一位工程师的女儿恋爱并于1911年结婚。也许是意识到已婚男人的新责任,他决定不再赶骡子,而是到拉文去经营他亲戚的一个牧场。但是在1917年,当威尔逊山天文台一个看门人职位空缺时,岳父劝他去干并告诉他,一个爱山又爱天文台的好小伙子应该把这项工作作为进身之阶。不过这位26岁的看门人恐怕不会想到,他将在那个台阶上攀登数十年。

看门人赫马森很快就被提升为夜间助理,任务是照料望远镜并给做观测的天文学家打杂。任何称职的夜间助理都会很快就自己试试做些观测,赫马森则显示出了使用望远镜的才干,于是在1919年被聘为助理研究员,成了天文台研究队伍中的年轻一员。海尔不得不为此项聘任而力排众议,毕竟赫马森是一名骡夫和看门人,14岁以后就没有受正规教育,甚至他同那位工程师的女儿结婚都被一些人看作是谋求提升的不正当手段。但是海尔知人善任,坚持己见。赫马森从1947年起担任天文台秘书,负责公共关系和各种行政事务,1954年成为威尔逊山和帕洛玛天文台的研究员。他得到了一些名誉学位,活到1972年81岁生日前的几个星期。他凭借对精密仪器的细心操纵和对大望远镜的熟练技能,为宇宙学家提供了基础资料,使他们得以首次构造出详细而富有想象力的宇宙模型,并且追溯到大爆炸本身。这一切都开始于1928年,即哈勃首次指导赫马森测量暗弱的遥远星系的红移之时。

这种观测需要新的仪器和新的摄影技术，更需要几乎为赫马森所独有的耐心与技巧的结合，他在好几个夜晚一连几小时守在望远镜旁，精确地操纵着，为的是能在只有半英寸（约1.3厘米）宽的底片上得到一个遥远星系的光谱。到1935年他已给斯里弗的清单增添了150个红移，其中的最高纪录对应着每秒40 000千米以上的退行速度，这已高于光速的1/8。有了200英寸（5.08米）望远镜后，他继续向更深的空间前进，到20世纪50年代末已把速度纪录提到每秒100 000千米即光速的1/3以上，对应的距离达几十亿光年。自20世纪20年代末以来已经越来越清楚，宇宙的确很大，星系或星系团只是它的构成单元，而且红移在主宰。宇宙在发狂似的向外膨胀。

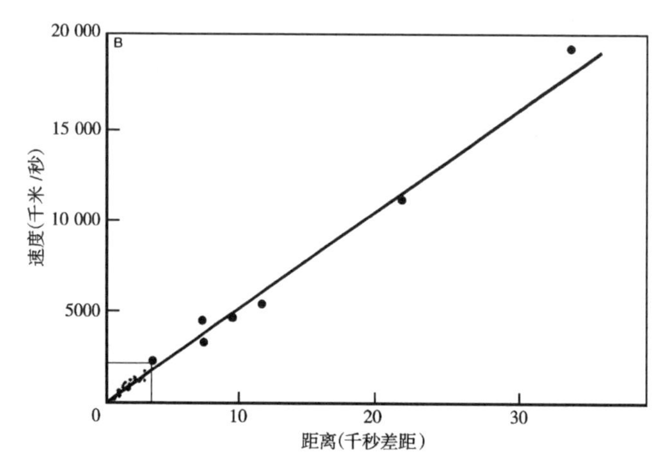

图4.1B　哈勃的猜测与科学的混合产物的正确性到1931年已被证实。哈勃和赫马森大大推进了他们的红移研究，图4.1A中的资料现在全都缩进本图左下角的方框里，两张图完成的时间仅隔两年。那条直线仍在，而且看上去要可信得多。

这一切究竟是什么意思呢？该轮到理论家到聚光灯下待一会儿了：他们多少有点忸怩地承认，他们本可预先告诉你宇宙是这个样子，他们只是在近10年里才对自己的理论有了足够的信心。这是一个在我们循踪大爆炸的探索时将会熟知的经历。与通常所相信的相反，理论家,当然是理论宇宙学家,似乎对自己的主意没有多少信心。他们并不大声疾呼,而只是缩在一些专业刊物里,因而常常多年不受注意。[3]从20世纪30年代到80年代,使理论家一再感到意外的是,那些观测新发现,与某些人曾在10年或20年前半心半意地预言过或曾经想到又忽视了的东西竟然完全一致。谁是头号半心半意的理论宇宙学家?谁不相信自己的理论告诉自己的东西?此人不是别人,正是爱因斯坦。

爱因斯坦

爱因斯坦几乎已成为一尊神像,成为当代民间传说中的角色。他是天才的原型,是位一头白发、有点古怪但和蔼可亲的老人,善于用儿童般天真的话语和提些明显得没有别人会想到该提的问题,来直指复杂难题的核心。这些在很大程度上是真实的,同样真实的是他当学生时并不显得多么聪明,没有给学术界留下什么特别印象,因而不得不于20世纪初在一间专利机构当技术鉴定员,但他竟用业余时间发展出了物理学中三个重要的新思想。不过,对这位为科学作出了这些革命性贡献的人物的固有印象有一方面并不真实。在20世纪头几年,爱因斯坦并不是一个穿着只求舒适不讲仪表、有时嫌麻烦连袜子都不穿,而又可敬可亲的白发老人。从那时的照片看,他是一个黑发的英俊青年,穿着潇洒入时。这一点很重要,因为爱因斯坦最伟大的思想是富于**青春活力**的思想,这些思想作出了新的洞察,推翻了已建立的观念,真正是富于革命性的。他那使自己受到科学界广泛关注的活力是在1905年迸发的,那时他只有26岁;他最伟大的成果,即广义相对论,则发表于10年后。虽然他成了民间皆知的富有天才而和蔼可亲的老教授并活到1955年,他最重要的工作却都是在第一次世界大战结束前完成的。科学,尤其是数理科学,就是这样。只有年轻的头脑才能放得开,去发现和抓住新概念，如果新概念是像爱因斯坦提出的那些一样与旧概念截然不同，那就需要你用自己的全部余生，甚至需要几代人，去挖掘其含义。

爱因斯坦作为一个并不突出的学生于1900年毕业于瑞士苏黎世联邦工业大学。他的学习经历已是颇多波折——他到3岁才会讲话，虽然各科成绩有好有差，在15岁时还是以“破坏性影响”的罪名从高中（慕尼黑大学预科学校）被开除。那次开除也许是他故意造成的，因为他父母已因生意失败而离开德国移居意大利，而少年爱因斯坦对德国社会的军国主义性质深感厌恶，大约就在那时放弃了德国国籍，宁可做一个无国籍者。和家人一起在米兰过了一年自由快乐的日子后，他于1895年报考苏黎世联邦工业大学，但没有考取。经过在瑞士阿劳中学的一年填鸭式学习后，他第二次报考顺利过关，于1896年秋即17岁半时入读苏黎世联邦工业大学。

就在阿劳中学的那一年，爱因斯坦开始苦思一个将在10年后把他引到狭义相对论的问题。他想的是，如果你跑得快到能赶上光，那么在你看来光波是什么样子呢？这的确就是对宇宙作孩提般天真探索的一个最好例子，这种探索方式正是他的个人标志。这是一个可笑的问题，难道不是吗？就像一个3岁孩子在问“为什么草是绿的呢？”但是且慢，也许这个问题比乍听之下要多点什么。

更多的是因为厌倦而不是没有能力，爱因斯坦在大学的考试仅仅勉强及格——他不耐烦去学些自己没兴趣的东西。他这个学生的傲慢使老师们不舒服，据说其中一位，韦伯（Heinrich Weber），曾对他大叫：“你是个聪明的家伙，可你有个毛病，你不让别人告诉你一点什么，你不让别人告诉你一点什么！”[4] 由于本可帮助他的人与他关系疏远，也由于他学习成绩平平，爱因斯坦毕业后找不到一个学术职位，只好做家庭教师，直到1902年才得到那份众所周知的在伯尔尼专利局的工作并加入瑞士国籍。那份工作很稳定，他干起来很容易，他有了安全感也有了大量时间去思考诸如光波本质之类的难题。但是绝没有人预料到，他那些天才思想的迸发竟是在此后仅仅三年之内。

爱因斯坦的理论

德国杂志《物理学年鉴》(*Annalen der Physik*)第17卷于1905年出版，它曾使众多学者惊讶，现在成了收藏家的珍品。在那卷杂志里，年轻的爱因斯坦，一个默默无闻的专利局职员(他那时甚至还没有博士学位)，发表了三篇论文，给出了对世界本质的至关重要的新见解。一篇有助于确认原子的真实存在，第二篇则提示光可能并不简单地只是一种波，而是还表现得像一系列的粒子。这两篇文章都已被证明对量子物理学的发展非常重要，而爱因斯坦也因第二篇即关于光电效应的论文而于17年后获得诺贝尔奖。[5]但是最著名的是第三篇。它有30页，用的是一个并不吸引人的题目《论运动物体的电动力学》(*On the Electrodynamics of Moving Bodies*)。正是这篇文章告诉我们，时间和空间都不是绝对的，它们可以随观测者状态的不同而被压缩或伸张；运动的物体会变重；$E = mc^2$；还有通向原子弹和核电站以及认识是什么使太阳和其他恒星内部保持高温的道路。如果这些听起来已给人深刻印象，请记住爱因斯坦最伟大的工作还在此10年之后。

作为狭义相对论基石的1905年论文，在今天的世界里倒是足够重要，但在通向大爆炸的道路上只是一个小插曲。爱因斯坦对光本质的思索源于19世纪伟大的苏格兰物理学家麦克斯韦(James Clerk Maxwell)的工作，后者建立了把光表述为以一定速度运动的电磁波的方程组，该速度通常被记为c。关于光波在你以速度c和它并肩前进时看去是什么样子的问题，实际上揭示了光的行为与我们从日常经验中得来的“常识”规则之间的矛盾。如果你跑得像爱因斯坦想象的那么快,你将会看到电磁波仍然在运动,但是按照“常识”它似乎不会再运动,这就与麦克斯韦方程组相矛盾。我们对这个世界的认识必定有什么地方错了。麦克斯韦方程组与以日常经验为基础的先入之见是不一致的,孰是孰非必须搞清楚。爱因斯坦的天才理论就在于接受麦克斯韦方程组而抛弃那些偏见,从而给出了对真实世界的更好的新表述。

到了20世纪头几年,所有测量光速的实验总是都给出同样的结果c。科学史家仍然在争论爱因斯坦本人当时是否知道这些实验,但这并不重要。通过巧妙地安排光束和镜子,可以测量出与地球运动相同方向和相反方向上光的运动速度。常识会使你觉得这两个速度应该不同。如果一辆巴士在以每小时10英里(16千米)的速度开走,而我以每小时9英里(14.5千米)的速度在后面徒劳地追赶,巴士相对于我的速度就只是每小时1英里(1.6千米);如果我坐在一辆速度为每小时30英里(48.3千米)的巴士里,而在高速公路的另一侧有一辆巴士也以每小时30英里(48.3千米)的速度逆向开来,则对我来说后一辆巴士是在以每小时60英里(96.6千米)的速度运动。但是光却不是这样。地球以一定的速度在空中运动,我们把这个速度记为v。以速度c越过我们的光束被我们测到的速度并不是$c-v$,从反方向迎着我们而来的光束的速度也不是$c+v$。不论我们自己的速度多大,也不论光束是来自何方向,当我们测量其速度时所得的结果总是c。[6]

所以,爱因斯坦说,我们必须抛弃日常偏见。对速度而言,1加1并不一定等于2。他设计了一套数学框架,使得任何在以恒定速度沿直线运动的参考系里的观测者所测量的光速总是一样。这些参考系相互之间可以有相对运动(这就是“相对论”中“相对”一词的由来),但是不能做转动或加速运动(所以是“狭义”,就是说该理论只能处理一定的物理问题)。在任何一个这种参考系里的人都会得出同样的物理定律,都有权把自己所在的参考系看作是“静止”的，他们所测得的光速都是c。宇宙中没有特殊的参考系。[7]

这里不再细述，只把爱因斯坦的计算结果简单归纳如下。将两个速度v_1和v_2相加的改进的规则不是给出$v=(v_1+v_2)$，而是v等于(v_1+v_2)**再除以**$(1+v_1v_2/c^2)$，这里c是光速。由于c很大，每秒300 000千米，对日常速度如每小时16千米或48千米而言，上述除数几乎就等于1，因为v_1v_2/c^2可看作是零。但是，如果v_1和v_2中的一个(或甚至是二者)等于c，奇怪的事就开始发生了。你绝不可能把两个小于光速的速度相加而得到一个大于光速的结果。

类似的方程式(这里不给出具体数学式子)告诉我们，当运动物体相对于我们所在的参考系的速度趋近光速时，其质量会变大，同时该物体在其运动方向上的长度会缩短。一只运动的钟与在我们的参考系里静止的钟相比会走得更慢。更有趣的是，两个事件同时发生这一概念只在一个参考系里才有意义，一个以恒定速度相对于你运动的观测者对于事件的先后或同时发生有着与你不同的看法。所有这些在今天的工程学中都起作用。能把诸如质子和电子那样的粒子加速到接近光速的机器是依据爱因斯坦的方程式来建造的。假如那些方程式没有很好地描述世界运行的方式，那些机器也就不会运行；而随着那些机器的运行，物理学家就能对质量增大、时间延缓以及爱因斯坦所预言的其他效应作出直接测量。狭义相对论与较老的牛顿力学(如果不涉及接近光速的运动它仍然足够准确)和麦克斯韦提出的电磁学方程合在一起，对日常世界作出了极好的描述。但是，它仍然只是“狭义”相对论。它不适宜于处理引力，而引力是支配宇宙整体的力。所以它不能对宇宙整体作完备的描述。要这样做，爱因斯坦就需要一个更普遍的理论。

狭义相对论是它那个时代的产物。那时明显地需要调和牛顿理论和麦克斯韦理论，假如爱因斯坦没有在1905年得出狭义相对论，可能晚上一两年别的什么人也会做到。但是广义相对论不同。没有人想到爱因斯坦会对狭义相对论的局限性如此不安，他那一代人中除他之外恐怕**没有人能够**提出广义相对论。但在10年以后（并不是一心只对付这一个难题，他在那10年中还对量子理论作出了其他重要贡献），他创造出了一个比对宇宙的已有观测远为完整的理论。那时的观测家们还没有确定星云的距离尺度，还不能肯定星云就是别的星系，更不用说那些星系几乎全都在高速退行了，爱因斯坦却创造出了一种理论，从中能够自然地、几乎是自动地得出这样一个宇宙：它很大很空旷，并且应该在膨胀。爱因斯坦并没有试图用他的方程来描述我们这个宇宙。他的主要兴趣是得到一个宇宙模型——一个数学模型，以便核实广义相对论的确能够描述完整的宇宙，而不涉及在无限远处或在宇宙"边缘"的所谓边界条件问题。这种模型具有深刻得多的数学真实性，所以他并不很在乎他的简单、完整、自洽、不需要特别的边界条件的理论似乎不能描述实际的宇宙。他更关心的是他的模型的确完整，并且不需要特别的边界条件。在一定意义上讲，他没有接受自己的理论所要告诉自己的东西。他一生中这一次没有遵循抛弃一切成见的准则。为了使他的模型能更符合他所抱有的宇宙是静态的这一先入之见，他把自己的方程作了一点改动，变得稍为复杂一点，以得出一个稍稍不同的无特殊边界条件的完整模型。

广义相对论首先是一种引力理论。几乎正好在完成狭义相对论与发表广义相对论之间的半路上，即1911年，爱因斯坦在《物理学年鉴》上发表了另一篇论文，从中可看出他正在如何构思一种引力理论。该论文的题目是《引力对光传播的影响》(The Influence of Gravitation upon the Propagation of Light)，尽管其中内容是半真实半猜想的混合而没有任何炫目的新见解，却指出了前进的道路，并给出了又一个能深刻揭示宇宙之真实而又很朴素的方程。爱因斯坦对引力会被物体的下落运动所抵消这一事实印象极深,这种抵消不是只对一个下落物体而言,而是对所有下落物体都同样如此。伽利略已经指出,所有物体都以同样速度下落,而不论其质量多大;牛顿已经运用了这一洞察来建立自己的运动定律。力对物体的作用是产生加速度,产生同样加速度所需力的大小正比于物体的质量,这是著名的牛顿三定律之一。作用在一个物体上的引力的大小也正比于物体质量。于是质量可以消去,所有物体都以同样速度下落。

爱因斯坦在关注那个跟着光线跑的人之后,看来又用了很多时间去关注另一个(或许是同一个?)关在断了缆绳而下落的电梯里的人。这是爱因斯坦思考在引力作用下自由下落物体之行为的奇妙方式。在下落的电梯里,所有东西都以同样的速度下落,没有相对运动。电梯里的人将在空中飘浮,完全失重,毫不费力地在电梯的四壁和上下板之间游荡。当然,我们现在已经看到宇航员在飞船里这样做的图像,他们能这样做也是由于同样道理,他们也在引力作用下"自由下落",因为一个环绕地球的轨道也是一种特殊的受控制的下落。但是爱因斯坦不得不想象我们已在电视上看到的一切:在下落的电梯里铅笔失重而浮在半空,水不是往下流而是形成圆球,如此等等。下落电梯(或飞船)里的物体遵循我们在中学就学过的牛顿定律——不受力的物体保持匀速直线运动。在电梯外面的世界里,事情会由于引力而有所不同。爱因斯坦的天才就在于能看到别人都忽略的要点。既然下落电梯的加速度能够精确地抵消掉引力,这就表明引力和加速度必定精确地相等。

为什么这一见解非常重要呢?设想把电梯代之以一个没有开窗户的大实验室。通常的实验室是建在地球表面上,其中的物理学家可以测量物体如何下落,并从而求出引力。现在想象实验室是在空中,其中的物理学家也没有什么困难就能知道自己在自由下落。但是如果实验室受到一个恒定的、大小与在地球表面上的引力精确相等的、朝向"上方"(相对于实验室的地板和天花板)的力推动,又会怎么样呢? 实验室里的所有物体都朝向地板下落,正像飞机里的乘客在飞机起飞时被压到座椅背上一样。乘客感受到的压力很快就随着飞机以匀速飞行而消失。但只要那个实验室在向上加速,那向下的力就会持续。物理学家可以重做所有实验,并得到与在地面上的静止实验室里完全一样的结果。没有任何办法可以区分实验室是在一个引力场中静止,还是在被向上加速。引力与加速度是等效的。

这些对光而言又会怎样呢? 回到那个被恒力推动的空中实验室。[8]其中的物理学家可能准备做些涉及光的实验。他让一道光束从实验室的一端发出并横贯到另一端。光越过实验室需要一定时间,在这段时间里实验室被持续地向上加速,所以室壁在光到达之前已经向上移动。[9]物理学家原则上可以由光到达墙壁的位置下移得知实验室是在加速,他甚至可以测量光束的弯曲程度来算出加速度有多大。这样看来,终究有了一个区分引力和加速的办法。但是爱因斯坦说,哪儿的话! 我们必须保持引力与加速度等效的思想,直到(或除非)能证明它们并不等效。如果光束在一个加速参考系里是弯曲的,那么,要是理论正确的话,则光束也必定被引力弯曲,并且弯曲程度完全相等。

这个等效原理是1911年论文中正确洞察的核心。[10]不幸的是,文中对光弯曲程度的定量计算错了,但这并不要紧。4年后爱因斯坦建立了完整的广义相对论。这个完整的理论也预言光会被引力弯曲,弯曲量比1911年计算的要大。理解这种弯曲如何发生的最好途径,是抛弃我们对于力和空间的先入之见而跟上爱因斯坦在1915年初步地、在1916年以完整形式表述的思想。那就是,我们日常认为空无一物的空间,其实是一种几乎有形的、有四个维度(空间三维和时间一维)的连续体,它会被存在于其中的实物所弯曲和变形。这种弯曲和变形就表现为"引力"。

暂且放下四维时空而考虑一个有弹性的二维面。想象一块橡皮布被紧绷在一个架子上成为一个平面，这就是一个爱因斯坦版本的真空“模型”。现在有一个很重的保龄球落到了布的中央，布就弯曲了。这就是爱因斯坦的大质量物质附近的空间变形的“模型”。你让一个小弹子在平直橡皮布上滚动时，它的路线是直线。但当布已因保龄球而变形时，小弹子在球附近的滚动路线就会由于布的凹陷而变成曲线。这就是爱因斯坦所解释的“引力”由来。其实没有任何力，物体只是简单地沿着一条最小阻尼的路线，一条等价于直线的路线，来通过空间或时空中的一个弯曲部分。这里所说的物体可以是小弹子，是行星，或是光线，而效应都是一样的。当物体在大的质量附近运动时，或者按照老的图像来说通过一个引力场时，运动路径会弯曲。广义相对论精确地预言了光线在经过太阳附近时将弯曲多少。有关的数学也许很深奥，而像弯曲空间这样的概念也的确稀奇古怪。但是爱因斯坦的理论给出了明确的、可检验的预言。那是1916年，爱因斯坦在德国工作，英国天文学家爱丁顿从中立国荷兰的一位同行那里得知了这个新理论及其预言。德国人的预言由英国人在1919年做的观测所证实，那时这两个国家从法律上讲还处于交战状态，因为签订的只是停战协定而不是和平条约。部分地由于这种历史背景，1919年的观测验证在公众中引起了

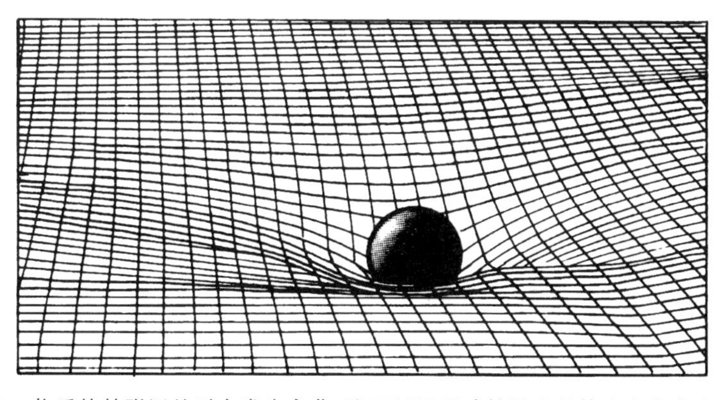

图4.2 物质使其附近的时空发生弯曲，这可以用重球使平直的橡皮布弯曲来比拟。

其他物理学发现未曾有过的轰动,唯有19世纪达尔文进化论的发表可与之相比。

验证

严格说来,科学理论是不可能被证明为正确的。任何理论家的最好希望莫过于,他或她的理论所作的预言可付诸检验,并且在观测或实验的误差范围内是精确的。在这个意义上讲,爱因斯坦的理论已被证明是比牛顿引力理论更完整的理论,因为它的预言与观测符合得更好。正是在这个特定的意义上,爱因斯坦理论在1919年被“证明”为正确。对这一验证作出主要贡献的人就是英国天文学家爱丁顿。

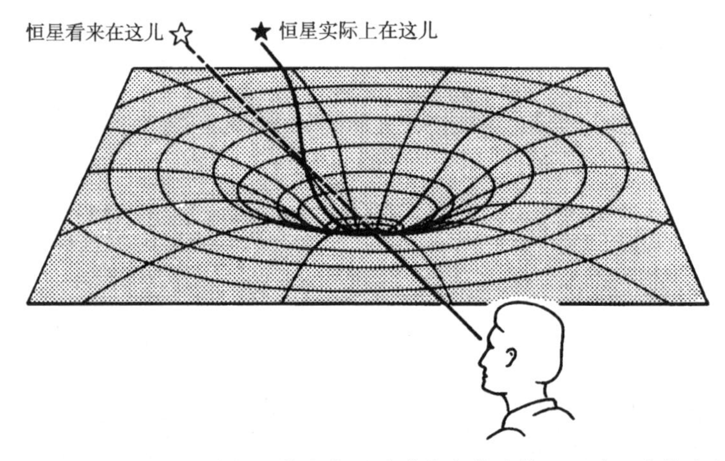

图4.3 光在时空中的运动是沿着由物质造成的弯曲路线。重球压弯橡皮布也可以用来显示太阳造成的时空弯曲,以及这种弯曲对来自遥远恒星的光的效应。

爱丁顿比爱因斯坦小3岁,1882年生于英格兰坎伯里亚的肯德尔。但是他父亲在他两岁时就去世了,爱丁顿随母亲和姐姐移居到英格兰萨默塞特的滨海韦尔顿,后来在那里上学。他终身是一名贵格会教徒,这一点对证实爱因斯坦关于光线弯曲的预言很重要,不过是以一种迂回的方式。他是一位杰出的学者，先入读曼彻斯特的欧文学院（曼彻斯特大学的前身），1902年毕业后来到剑桥，3年后毕业于剑桥大学，教了一段书后于1907年成为三一学院的研究员和皇家格林尼治天文台的首席助理，1912年30岁时当上剑桥大学天文学和实验哲学的普鲁密安教授（我特别喜欢这个学术头衔），1914年就任剑桥天文台台长。

如果这一切使他听起来令人生畏，那么这个印象只是半对。他还有卓越的表述才能，是20世纪20年代和30年代最主要的科学普及者之一。他很有幽默感，也有点古怪。他在晚年曾讲过自己小时候玩过的一个学童游戏，就是造出一个短句完全符合语法却毫无意义，例如"站在树篱旁，听来像萝卜"。他介绍量子物理学和相对论等理论的著作中，常喜欢引用卡罗尔（Lewis Carroll）的作品来说明要点。一个能在一本题为《物理科学的哲学》（*Philosophy of Physical Science*）的书中用下面这句话作为一章开头的人，必定有什么超越学术常规之处：

> 我相信宇宙中有15 747 724 136 275 002 577 605 653 961 181 555 468 044 717 914 527 116 709 366 231 425 076 185 631 031 296个质子和相同数目的电子。

如我们将在下文看到的，或许更奇怪的是爱丁顿怎么得出这个大数字的缘由仍在吸引着宇宙学家们。

爱丁顿将以其两大成就而被永久纪念。他对创立天体物理学的贡献不亚于其他任何人，该学科研究的是，如何将在地球上得出的物理定律与对星光的观测结合起来，去解释恒星内部进行着的使高温状态得以保持的过程，并探索恒星如何随其年龄而变化。他又是用英语普及爱因斯坦相对论的权威，不仅是把那些思想传达给一般读者，而且作出科学的解释使之清楚地呈现在他的同行面前，还撰写专门的教科书来推动其流传。尽管爱丁顿的整个一生和工作都富有魅力，我只能在这里举出一件事，就是他对光线经过太阳附近时必定被弯曲这一预言的反应。

爱因斯坦关于广义相对论的首篇论文于1915年下半年寄到柏林科学院，并以更详细的形式于次年发表。[11] 该论文的副本很自然就到了他在中立国荷兰的朋友手里，朋友中有一位叫德西特（Willem de Sitter），则寄了一份副本给爱丁顿。在1916年和1917年，德西特还将自己的三篇文章寄给皇家天文学会以求发表。这些文章部分地是对爱因斯坦工作的介绍和对其意义的诠释，但在第三篇里德西特还首次提出了一个以广义相对论为基础的宇宙模型，按照这个模型宇宙应该膨胀，这还将在下文谈到。爱丁顿那时是皇家天文学会的秘书，我们知道他仔细阅读了那些文章并在它们发表之前在学会的会议上作了介绍。这位有智力和知识背景来充分地鉴赏爱因斯坦新工作的意义的人，正好在恰当的地方和恰当的时间得到了消息。但是爱因斯坦的新理论在被证明为正确之前，还有几次命中注定的曲折。

爱因斯坦所提出的检验光线弯曲的方法是在日食时观测太阳附近的恒星。在通常情况下，太阳的光芒当然会使得它所在那部分天空的恒星不可能被看到；但当太阳暂时被月亮遮暗时，就可以拍摄下那些比太阳远得多但与太阳在天空中同一方向上的恒星的位置。把这些照片与6个月之前或之后（即太阳在地球的另一侧时）对同一块天空拍摄的照片作比较，就有可能看出由光线弯曲效应造成的恒星视位置的移动。天文学家需要的是一次日食。假如他们能挑选日食的时间，那就会要任何一年的5月29日，因为那时太阳会从毕星团方向上一块亮星密布的区域前经过。从地球上的不同地方倒是常能看到日食，但是5月29日（或者一年中任何其他特定日子）的日食就很罕见。如爱丁顿自己所说的，"有可能要等上几千年才会在这个吉日发生一次日全食。"但是命运之神真是青睐，1919年就有一次日食，而且正是在5月29日。机会太好了，绝不能错过，而且连第一次世界大战都似乎是为便于组织观测这次日食的远征而及时地结束了，能看到日食的地方是巴西和非洲西海岸外的普林西比岛。

但在1917年，故事情节开始变得复杂起来。皇家天文学家弗兰克·戴森爵士(Sir Frank Dyson)热烈支持组织两支远征队去观测1919年日食，并紧急制订了计划。与此同时，英国正在征兵，所有体格健全的男人都要准备入伍。爱丁顿那时34岁，身体很好；但他还是一名虔诚的贵格会教徒，并因此而拒服兵役。这在1917年可是一件麻烦事，而当科学界识别出他是一位一流学者时，情况就更为复杂了。物理学家仍对X射线结晶学的先驱者莫塞莱(Henry Moseley)于1915年在加利波利的战斗中阵亡记忆犹新，并质问政府为什么要把最好的科学家送去死在战场上。一群知名学者敦促内政部给予爱丁顿豁免，理由是让他继续自己的适当工作最符合英国的长远利益。内政部终于同意了，并寄给爱丁顿一份公函让他签字后寄回。但是爱丁顿在公函上加了一个脚注，说是如果他不是以所述理由而缓役，他将以良心为理由要求缓役。这是一个诚实的有原则的立场，它给了内政部一个难题，更使那些为他辩护的学者不安。按照当时的法律，拒服兵役者要被送去干那些不会惬意的农业或工业活，而爱丁顿已经准备好去和他的贵格会朋友们一起干那些活。又是一番争论，戴森作为皇家天文学家也参与了，最后结果是，爱丁顿的兵役可以延缓，但有一个“条件”，就是如果战争到1919年5月已结束，他就必须率领一个远征队去检验爱因斯坦关于光线弯曲的理论预言！[12]

爱丁顿曾于1912年率队去巴西观测日食。他需要运用自己的全部经验来保证1919年两支远征队中他这一部分的成功，整个1918年都在进行准备工作。计划是，爱丁顿和剑桥队去普林西比，而戴森从格林尼治皇家天文台组织一支队伍去巴西。但是在停战协定签署之前仪器

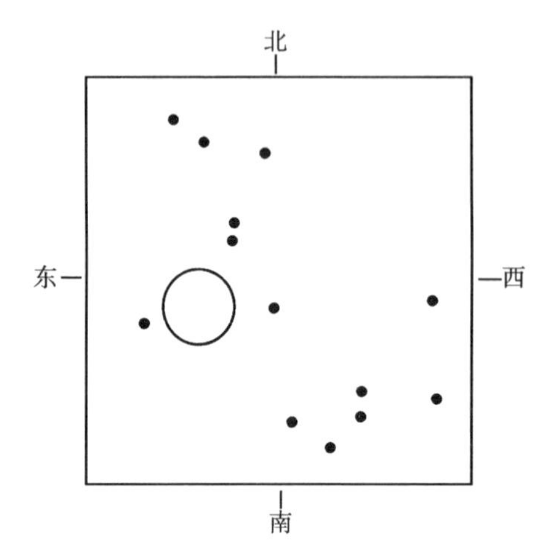

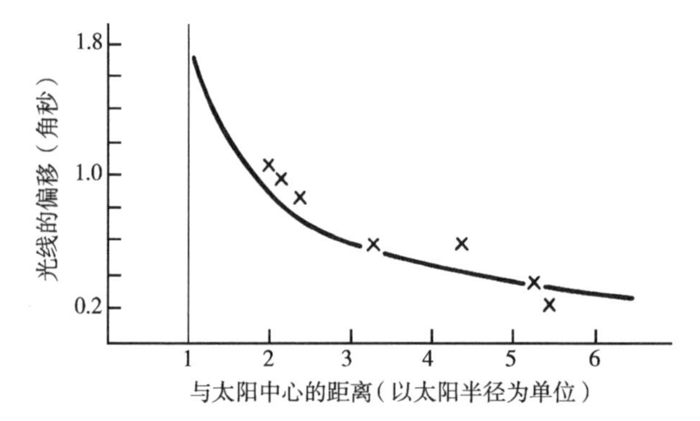

图4.4　爱丁顿在1919年日食时观测到的一些恒星位置如上图所示，当时那些恒星和太阳（图中圆圈）近乎在天空中的同一方向。恒星距离我们当然比太阳要远得多，这种并列就意味着来自遥远恒星的光经过了受太阳引力影响的空间区域，如图4.3所示。

当把这些恒星的位置与太阳位于天空中相反一侧时测到的同一些恒星的位置比较时，爱丁顿发现了明显的偏移，各颗恒星位置的偏移量取决于日食时该星与太阳的角距离。光在经过太阳附近时被弯曲了。恒星位置的偏移（图中用×号表示）与爱因斯坦理论所预言的（图中曲线）精确相等。

制造工作无法进行,工厂都忙于制造战争武器。远征队必须在1919年2月起航,而停战协定是在1918年11月11日签署。在那么几个闹哄哄的星期里一切都准备就绪,远征队出发了。巴西支队遇上了极好的天气,拍到了一套效果极佳的日食时太阳周围星场的照相底片。但是由于后勤方面的原因,那些底片没有被马上冲洗和研究。而爱丁顿却在普林西比焦急地等待着,那天开始时在下雨,天空阴云密布。所有拍摄的准备工作都已做好,只能盼望而不敢预期了。就在接近全食的时候,太阳隐约地出现了,于是赶紧拍摄。结果只有两张底片上显示出检验所需要的恒星。

爱丁顿已经安排好对拍到的底片当场检测,如他自己所说:"不完全是出于急切,也是怕在返程中有什么意外。"那两张底片中的一张就在普林西比被及时地冲洗出来并作了分析,爱丁顿把它与自己带来的同一块天空的另一张照片作了比较。有关的测量是很简单的。日食之后3天,爱丁顿知道自己手中已经有了证明爱因斯坦广义相对论正确的证据。

日食观测的完整分析又用了几个月,爱因斯坦得知自己的预言被证实的确切消息已是1919年9月。整个观测结果是在1919年11月6日皇家学会和皇家天文学会联合举行的一次座无虚席的会议上宣布的,当时那个渴望除了战争以外的任何新消息的世界立即出现了一股宣传浪潮。报刊的大字标题是"光不走直线""科学的革命""牛顿理论被推翻了""空间'弯曲'",等等。爱因斯坦在公众眼里成了20世纪或许是有史以来最伟大的科学家。而广义相对论则被认为是有史以来最伟大的科学理论——这恐怕不大对,因为量子理论至少是同等重要。爱因斯坦的理论还有其他的验证。它在此之前已经解释了牛顿引力理论所不能解释的水星绕日轨道的一种微小变化,所以可以说日食结果只是证实了天文学家已经知道的事情,即爱因斯坦的理论比牛顿的好。

后来又有其他的日食观测,[13]检验工作已重复了许多次,并且比爱丁顿在普林西比所做的要精确得多。对广义相对论的其他不同途径的检验,包括星光由引力造成的红移和脉冲星辐射的细微变化(后一项在1919年时是怎么也想不到的),全都给出同样的结论。但是,不论爱因斯坦理论在1919年前已成功地解释过什么,也不论后来又作过些什么检验,1919年5月29日才是科学观测证明这一理论正确的日子,1919年11月6日才是公众知道这一事实的日子。不过,天文学家还是有点不解:如果爱因斯坦理论对时间和空间作了这么好的描述,为什么它只涉及宇宙中一些很特殊的现象呢?

爱因斯坦的宇宙

广义相对论是关于宇宙的几何亦即时空几何的理论。在过去50年或更长时间里,最熟悉广义相对论的方程和意义的一位宇宙学家是萨塞克斯大学的麦克雷,现在以荣誉教授和威廉·麦克雷爵士的头衔依然活跃。他1904年出生,1926年毕业于剑桥大学三一学院,正好属于在学术生涯开始时首先接受爱因斯坦新思想的那一代。他在自己那漫长而杰出的生涯早期,曾和米尔恩(Edward Arthur Milne)一起试图证明,即使用牛顿引力理论,只要再加上一定的简化假设,也可以作出与广义相对论类似的关于宇宙演化,尤其是其膨胀的预言。他还研究过星系演化,琢磨过那些使爱丁顿着迷的巨大数字的意义,并对量子物理学和恒星天文学作出了重要贡献。在当代没有别人能像他那样对广义相对论的含义作出如此明晰的解释,我的宇宙学知识也是在20世纪60年代后期当他的学生时学来的。[14]所以,我不再沿着那引至对广义相对论的现代认识的历史进程蹒跚,并且向爱因斯坦和爱丁顿表示适当歉意,我将在这里给出我自己对广义相对论的解释。

狭义相对论用某种特别的数学描述把时间和空间结合成一个物理本体,即时空。用数学语言讲,这种时空是几何上“平直”的,它与地板面或台球桌面有着同一类型的几何。所以它是一个包含更广泛可能性的族即曲面族的一种特殊情况。对数学家来说,“曲”面是指任何非平直的面,如地面上起伏的山峰和山谷,还有地球这个近似球体的表面本身。一个严格的球面也和严格的平面一样是特殊情况,而曲面上也可以有小起伏,正如地面上有山峰和山谷。

类似地,时空也可以是弯曲的,正是这一推广导致了广义相对论。宇宙学家在试图从数学上描述(或预言)宇宙的行为时,从众多可能性中选取一两种曲面来看看是否能最好地与观测相符。被选取的范例就叫做模型,但它们并不具有雕塑模型那样的物理真实性,它们仅仅存在于宇宙学家的头脑里和方程式中。这样的模型只解释宇宙的宏观特征,而小的起伏就好比地面上的峰谷,尺度(如果称得上尺度的话)小得不足以纳入计算。太阳使其周围时空弯曲,从而使经过其附近的光线弯曲的效应,在宇宙这个大格局里正是一个极细微的起伏。

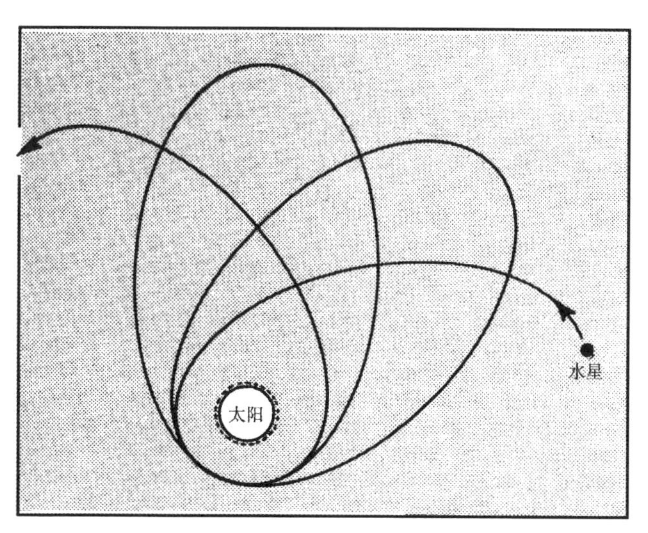

图4.5　水星沿椭圆形轨道绕太阳旋转,而整个轨道也在转动,形如花瓣。牛顿引力理论不能说明这种轨道转动,广义相对论则能很好地予以解释。

广义相对论在另一个意义上也是狭义相对论的发展。如我已讲过的,它既描述物质又描述时间和空间。狭义相对论给了我们时空,广义相对论则实际上给了我们"物质时空",尽管我从未见过谁使用这么一个词。正是物质使时空网弯曲或曰畸变,而广义相对论为一个完全确定的物质、时间和空间的几何给出了明确的物理意义,那就是一个宇宙,这里所说的宇宙是指许多可能的数学模型中的一个,不一定是我们生活于其中的这个真实宇宙。严格说来,广义相对论只适用于那些完整的宇宙。当爱因斯坦方程被运用来描述太阳附近光线的弯曲或水星绕太阳旋转轨道的微小移动时,这种运用只是在近似的意义上。实际上,这种近似的误差可以做到要多小就有多小。描述像太阳这样的小小局域物体的方程可以由所谓的"边界条件"而连接到宇宙的其余部分。但重要的是,爱因斯坦并不需要推广他的理论使之能处理整个宇宙。广义相对论从它诞生之时起就能很舒服地对付所有那些完整的宇宙,让它缩在像太阳系这样小小的、不重要的时空范围里才真是大材小用了。

1917年的标准认识仍是,银河系即整个宇宙,宇宙也就是恒星的稳定集合。单个的恒星可以四处漫游,但若把银河系作为一个整体看,则宇宙的突出特征似乎就是稳定性。银河系既没有变大也没有变小,它就在那里,并将永远如此。有的恒星在诞生,有的在死亡,但银河系的整体面貌总保持稳态不变。所以当爱因斯坦拿起自己发明的新奇工具用于描述宇宙时,他预期的结果是至少有允许稳态宇宙存在的可能性。在1917年寄给柏林科学院的另一篇文章里,他描绘了自己对方程式所给出结果的惊讶,以及如何设法迫使那些方程式适合他先入之见的框框。该文的标题是《基于广义相对论的宇宙学考虑》(Cosmological Considerations on the General Theory of Relativity),麦克雷引用了爱因斯坦在文中的话(经翻译):"我将引导读者走上我已经走过的这条颇为崎岖曲折的道路,因为否则我就不能指望他会对最后的结果感兴趣。”麦克雷称整篇文章是“试验性的……缺乏爱因斯坦的特色”。[15]的确,这位伟大人物对自己的劳动果实感到困惑了,这是因为,如我们现在知道的,那时对宇宙的观测给了人们错误的印象。

爱因斯坦试图描绘一个最简单而又与真实宇宙有关的可能宇宙模型,即物质在空间均匀散布的宇宙。这个宇宙是封闭的,像一个球的表面那样自我弯曲闭合,因而没有边界。[16]但是这个宇宙将不会保持静止。当爱因斯坦把他的广义相对论方程运用到这样一个宇宙时,发现它必定要么膨胀要么收缩,而不可能保持静止。他能使模型宇宙静止从而与银河系的表象相符的唯一办法,就是在广义相对论方程中额外增加一项,这一项叫做“宇宙学常数”,常用希腊字母Λ表示。这样,也只有这样,方程才能描绘出一个既不膨胀也不收缩的宇宙。爱因斯坦1917年文章的最后一句是这样写的:“需要这个补充项只是为了使物质的准静态分布成为可能,而这种分布是同恒星的速度很小这一事实相符的。”十几年后,哈勃揭示出银河系并不是整个宇宙,并且发现了遥远星系在以巨大速度退行。引入Λ项的理由原来并不存在,而膨胀宇宙却成了爱因斯坦本可作出而未能作出的最重大预言。爱因斯坦的方程本来要告诉他自己的是,我们所生活的宇宙是动态的膨胀的,而不是静态的,这对所有天文学家来说已十分清楚。爱因斯坦后来把引入Λ项称为“我一生中的最大错误”,但是也很难要求任何一个人在1917年研究宇宙的性质时能不犯这样的错误。理论本已走在观测前面,但只有当哈勃和赫马森发现我们确实生活在一个膨胀的宇宙即爱因斯坦的宇宙中时,广义相对论才终于取得了它描述整个宇宙的起源和演化的应有地位。

第五章

宇宙蛋

现代宇宙学开始于爱因斯坦的广义相对论和他1917年的第一篇宇宙学论文,他在文中迫使相对论方程去适合当时的宇宙静止而永恒的错误信念。但是文中的思想并非凭空而来。种子在19世纪中期就以有关弯曲空间和非欧几何的概念的形式播下。这些概念可能与真实宇宙有某种联系的想法甚至也在该世纪末由英国人克利福德(William Clifford)表达过,他不幸只活到34岁就于1879年(正是爱因斯坦出生的那一年)去世,没来得及把自己的思想发展到构造出第一个现代宇宙学模型。

非欧几何研究的先驱者还有高斯(Karl Friedrich Gauss)。这位才华横溢的德国数学家生于1777年,卒于1855年。尽管他对其中平行线的行为将与日常常识和欧几里得几何里不同的新几何的研究相当有限,"非欧几何"这个名称却是他首创的。对建立完整的非欧几何贡献最大的,是俄国人罗巴切夫斯基[Nikolai Ivanovich Lobachevski,他的名字在莱勒(Tom Lehrer)一首有趣的小曲里流芳百世]和匈牙利人鲍耶(Janos Bolyai),两人在19世纪20年代相互独立地工作,并各自得出一种特殊形式的非欧几何。1854年,另一个德国人黎曼(Bernhard Riemann)检查了几何学的整个基础,确定了各种可能的互不相同的几何的整个范围,其中的每一种都和其他任何一种一样有效,而欧几里得几何只是大量可能性中的一个例子,于是非欧几何作为一个数学分支就有了坚实可靠的立足点。黎曼工作的普遍性还在于考虑了把几何学推广到三维以上领域的可能性。随着黎曼的工作而发展起来的新数学成了爱因斯坦至关重要的工具。正是黎曼几何和别的工具一起,使得从数学上研究这样一种理论宇宙模型成为可能,这是一个四维的球即所谓"超球",其中我们能直接体验的三个空间维度均以恒定的曲率穿过第四个维度而弯曲,并且弯回到与自己相接,正像在一个球面上画的"直线"会弯回到与自己相接那样,这样就成了一个"闭合"的宇宙。

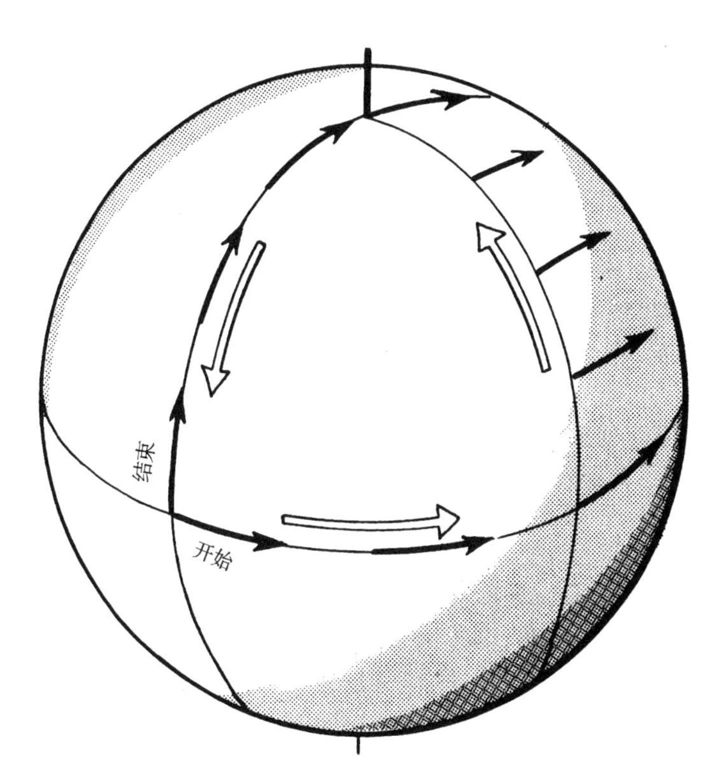

图5.1　非欧几何奇特性的一个简单例子。在一个球面上有可能让一个小箭头(一个矢量)先绕着赤道旅行,再到达极点,并返回到出发点。在行程中的每一步都非常小心地使箭头保持指着同一个方向。但当箭头回到出发点时,它的指向竟是正北而不是正东!

克利福德把这些思想介绍给了英语世界,他把黎曼的工作译成了英文,并且一定也像黎曼一样意识到"有限而无界"的宇宙即球面的高维对应物之可能性。他在1870年向剑桥哲学学会提交了一篇论文,其中谈到"空间曲率的变化"并作了这样的类比:"空间的一些小部分的性质类似于一个平均而言是平直的表面上的小丘,通常的几何定律对那些小部分是不适用的。"[1]诺思(J. D. North)在他的书《宇宙的量度》(*The Measure of the Universe*)[2]中提到了到1915年为止的半个世纪中发表的80多篇关于非欧几何的静力学、运动学和动力学的学术论文。那些作者全都有可能来一个思想飞跃,提出可以把自己的方程式应用于真实宇宙。但是他们全都没有做到。那个思想飞跃不得不等待一个人来实现,他从不畏惧进入未知的科学领域,他借助于黎曼及其同代人提供的工具构造出了一个全新的引力理论,也构造出了宇宙。爱因斯坦使球开始滚动。但是还要等上10年人们才开始认真对待用那些方程式描述真实宇宙的主张,还要等上半个世纪宇宙学家们才认识到那种描述是多么"真实"。

宇宙学诸父

也许最好把爱因斯坦看作现代宇宙学的"祖父"而不是"父亲"。他指出了大方向并使球开始滚动,但却是其他人来使球加速,并且是沿着有违他原意的途径。从1917年起,所有关于宇宙的新数学模型都包含膨胀,甚至在哈勃和赫马森不容置疑地确定真实宇宙的膨胀之前就已是如此。

这些新模型的第一个紧接着爱因斯坦的静态宇宙模型而来,提出者是德西特,那位把广义相对论转达给在伦敦的爱丁顿的荷兰人。1915年关于爱因斯坦新理论的消息到达莱顿时,德西特已经是一位经验丰富的老资格天文学家。他生于1872年,在格罗宁根大学和开普敦皇家天文台学习,1901年获博士学位,1908年成为莱顿大学的理论天文学教授,后来还当了莱顿天文台台长,1934年死于肺炎。德西特教授是考虑狭义相对论在自己专业中的应用的很少几位天文学家之一,该理论在发表后的头10年里被普遍认为只有数学家才会有兴趣,而谈不上什么实际作用。他也应该有可能是爱因斯坦之后第一个应用广义相对论的人,这当然部分地由于他是有幸最早得知这一新理论的人之一。

当爱因斯坦寻求一种依据广义相对论的宇宙描述时,他的确找到了一种描述,即他的方程的一个解。他的含有宇宙学常数的静态模型似乎满足了需要。但是德西特在1917年寄给伦敦皇家天文学会的一篇论文(该文曾由当时的学会秘书爱丁顿以极大的兴趣宣读)里证明,方程还有另外一个解,一个描述不同的模型宇宙的解。很明显,这两个解都不能代表真实宇宙。我们现在知道这一点,而这也不被看作是什么问题。但在当时,这却像是对爱因斯坦理论的一个打击,因为如果这理论竟允许有不同的却又都符合基本方程的宇宙,那么它恐怕就不能告诉我们有关真实宇宙的多少情况,如果它还能告诉一点的话。宇宙的膨胀一被发现,这种看法就不能成立了。天文学家也意识到,本可在哈勃宣布红移与距离的关系之前至少10年就作出关于宇宙膨胀的预言。

德西特的宇宙像爱因斯坦的一样,在数学意义上也是静态的(还像爱因斯坦的一样包含宇宙学常数)。但与爱因斯坦宇宙不同的是,它里面根本没有物质,它是一个空空如也的宇宙的数学描述。很难明白在一个完全真空的宇宙里"静态"是什么意思,因为没有任何东西能用作标志来测量运动。当理论家尝试给德西特宇宙洒进几滴物质时怪事出现了——那些物质点滴即检验粒子立即四散而去。还有,当他们计算一个检验粒子发出的光在另一个检验粒子看来将会怎样时,竟发现了与粒子间距离成正比的红移。德西特宇宙看上去是静态的只是因为它是真空的,对一个含有少量物质即在空中这里和那里散布着少数星系的宇宙,天文学家本应能精确预见哈勃和赫马森要到20世纪20年代末才能找到的红移与距离的关系。很久以后,爱丁顿这样来概括最早的两个相对论宇宙模型的区别：爱因斯坦的宇宙有物质却没有运动,德西特的宇宙有运动却没有物质。[3]

爱丁顿是当时认真看待含有微量物质的德西特宇宙的膨胀这件事的很少几个人之一,根据20世纪20年代初主要由斯里弗得到的很有限的红移资料,爱丁顿推断德西特模型确实对真实宇宙有所揭示。他后来也拿出了自己的一个模型,其中的宇宙先处于静态很长时间(也许是无限长时间),就像爱因斯坦宇宙;然后随着星系的形成而开始膨胀,又像德西特宇宙。但这个模型很快就被看出与真实宇宙的性质毫不相干。一旦红移与距离的关系开始显得是真实宇宙的重要特征,爱因斯坦和德西特对自己的宇宙模型就作了重要的再度思考。1932年他俩联手共建了另一个宇宙模型,即爱因斯坦-德西特模型(不要与他们原来各自的独奏混淆),在一定意义上返回了根基。宇宙学常数当初是为静止模型引入的,但是真实宇宙是在膨胀,所以去掉那个常数。以前的模型采用了弯曲空间(在德西特模型里时间也弯曲),但是没有直接证据表明空间是弯曲的,所以去掉弯曲空间(但不是去掉弯曲时空)。爱因斯坦-德西特宇宙是用广义相对论基本方程所能构造出的最简单的宇宙。它如方程所要求的是在膨胀,膨胀着的空间是平直的,是狭义相对论的空间。由于模型中没有加进什么东西来阻止我们逆着时间回溯,模型就要求在很久以前有一个确定的创世事件,那时宇宙从一个数学点即从一个密度无限大的状态诞生出来,那种状态叫做奇点。

作为方程的最简单的解,爱因斯坦-德西特模型是一个在讲课时很有用的例证。今天的许多宇宙学课程很合理地把它摆在首要位置,因

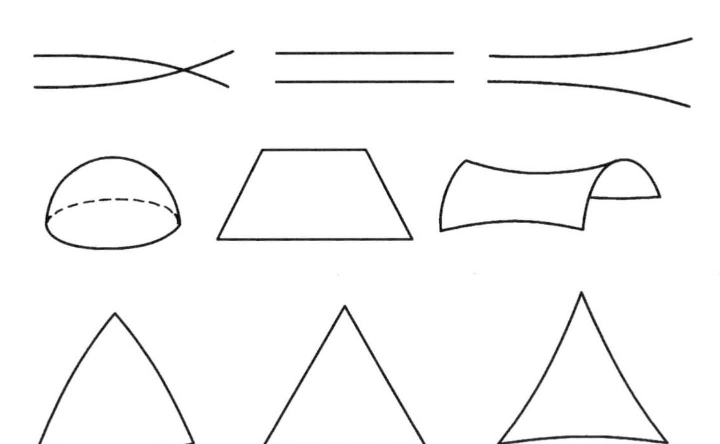

图5.2　空间可以与三种基本几何的某一种相符。真实空间是三维的，但我们可以通过二维“宇宙”的曲率来看出三种可能性。

如果空间有着正曲率，即像球面那样是闭合的，那么“平行线”最终必定相交，三角形的三个内角之和大于180°。

如果它的曲率为负值，即像马鞍面那样是开放的，那么平行线会越来越散开，三角形内角和小于180°。

平直空间是一种特殊情况，把闭合宇宙与开放宇宙分开。只有在这种很特别的宇宙里平行线之间的距离保持不变，三角形的内角和正好等于180°。我们的宇宙很接近于是平直的。解释为何如此是宇宙学的一个基本问题。

为学生应该从最简单的例子开始，再逐步深入复杂和有趣的情况。但是爱因斯坦和德西特对这个创作的自我感觉如何就很不清楚了。钱德拉塞卡（Chandrasekhar）在《爱丁顿》（*Eddington*）一书中记述了1932年爱丁顿在爱因斯坦-德西特论文刚刚发表后所作的一番评论[4]：

> 一会儿后爱因斯坦过来和我待在一起，我对他批评了这篇文章。他回答说：“我自己不觉得这篇文章很重要，但是德西特热衷于它。”就在爱因斯坦走后，我收到德西特的信说要来见我，他还写道：“你应该已经看到爱因斯坦和我的文章，我自己不认为那结果有多重要，但看来爱因斯坦是那么认为的。”

事后看来，爱因斯坦-德西特模型的关键特点，也是它被如此广泛地讲授的理由，就是它包含了那个创世瞬间，即我们现在所称的大爆炸。但是这两位先驱者提出模型时的那种踌躇态度也许反映了他们自己对那个思想的不安，那个思想并不是他们的，而是独立地来自20世纪20年代的另外两位现代宇宙学奠基人，并且只在哈勃的红移与距离的关系发表之后才被注意。大爆炸得到充分重视是在20世纪40年代，直到60年代才成为宇宙学中的**主导**理论。

弗里德曼(Alexander Friedman)没能活到看见自己的工作被承认为对20世纪宇宙学的关键贡献之一。爱因斯坦强迫自己的方程去描述一个静止宇宙；德西特从方程中得出了一个静态但却是真空的宇宙，只是在其中加进物质后才发现宇宙将会膨胀，所以他得到一个膨胀宇宙模型是出于偶然。而弗里德曼才是第一个懂得，膨胀是对真实宇宙的相对论描述的必要组成部分，必须从一开始就吸收进宇宙模型之中。他的生命历程虽短，其间却充满变数。他1888年生于圣彼得堡，从1906年到1910年在该城市的大学学数学，后来成了该大学的数学教师，第一次世界大战期间在俄国空军中服役，1917年革命后成为彼尔姆大学的正教授，然后又于1920年返回圣彼得堡到科学院做研究，1925年去世时那座城市已改名为列宁格勒。

弗里德曼的研究兴趣原先集中于地球科学，即地磁学、流体力学和气象学。但作为一个有才干的数学家他又喜爱上了爱因斯坦的工作，并于1922年发表了他得到的广义相对论宇宙学方程的解。这个解的两个关键特征对现代宇宙学十分重要。第一，弗里德曼从一开始就意识到，方程有一族解，并不是如爱因斯坦所希望的那样只有唯一解，而是有一组不同的解，其中每一个解都描述一个不同类型的宇宙。第二，弗里德曼把膨胀作为一个应有部分包含到了自己的模型中。这在某种程度上是重现了克利福德在19世纪80年代的思想，即空间可能是均匀地弯曲的，就像肥皂泡的球形表面，但是曲率可以随时间改变，也许是随着“泡”的膨胀而减小。弗里德曼的模型包括好几个变种，[5]有的是泡会永远膨胀下去；另一些是引力会战胜膨胀，泡膨胀到一个有限尺度后又收缩回来；还有的变种带有宇宙学常数，其另一种选择，也是今天的优先选择，就是把宇宙学常数设为零。[6]但在所有这些模型中至少都有一个时期，其间整个宇宙是以这样一种方式膨胀，即退行速度与距离成正比。

弗里德曼的工作还有一点，虽不能过于强调，但也值得提及。膨胀宇宙（我们这一个或是别的）中的红移不是由于星系**穿越**空间的相互分离运动，而是由于星系之间的空间本身在像橡皮布一样伸展，空间（或者更准确地说是时空）在膨胀，星系骑在上面被携带着跑开。

弗里德曼的工作发表在一家知名的、被广泛阅读的刊物上，却不知何故没人理睬。爱因斯坦是在弗里德曼的一位同事访问柏林时知道这项工作的，他还在一封给弗里德曼的短笺里肯定了该工作的正确性，但即使是爱因斯坦也没有意识到该工作与真实宇宙的关联。20世纪20年代时数学家几乎不怎么接触天文学家，天文学家也根本不注意数学上的新进展，欧洲和美洲的科学界也远比今天分离。所以欧洲的新数学成果就不能很快地与正在美国进行的新天文观测结合起来。是否还有理论家们对这位更以气象学工作知名的俄国数学家抱有偏见的因素呢？不管受冷落的原因究竟是什么，弗里德曼于1925年黯然辞世了，而具有讽刺意味的是，他的死可能正是由他对气象学的兴趣造成的。许多官方传记都说他死于伤寒。但是据宇宙学家伽莫夫（George Gamow）说，弗里德曼的死因是肺炎，是在一次气象气球飞行中受寒而得的。伽莫夫这位下一代宇宙学家的代表人物应该是了解情况的，因为他是弗里德曼的学生，并且在20世纪30年代中期才移居美国。[7]

于是就只得留待下一个人再用与弗里德曼同样的方式解出爱因斯

坦方程(是相当独立地,并不知道弗里德曼的工作)以实现认识上的突破,把这些解接受为宇宙学家探索宇宙性质的有效工具。那个人就是勒梅特(Georges Lemaître),一位比利时宇宙学家。他的有关论文原先是于1927年发表在一家不知名的比利时刊物上,因而没有受到什么注意。但紧随红移与距离的关系发布之后,那位无处不在的爱丁顿得知了勒梅特的论文,并安排翻译成英文于1931年刊登在《皇家天文学会月刊》(*Monthly Notices of the Royal Astronomical Society*)上。[8]如果有任何人当得起"大爆炸之父"的称号,那就是勒梅特。这称号在许多年里成了一个令人敬畏的双关语,因为勒梅特不仅是一个宇宙学家和数学家,还是一名神父。

勒梅特生于1894年,原先学的是土木工程,第一次世界大战时在比利时炮兵部队当军官,战后到卢万大学学习,1920年毕业后进了神学院,1923年被委任为罗马天主教神父。然后他在剑桥同爱丁顿一起工作了一年,又去美国在哈佛和麻省理工学院待了一年,再回到卢万大学,1927年成了天文学教授,一直干到退休,1966年去世。他在漫长的学术生涯里持续地发展着自己的宇宙学思想,并且活着看到自己的许多思想在宇宙学主流中得到体现。这些思想中最重要的就是大爆炸,尽管他自己没有给出这个名称。勒梅特的解与弗里德曼所得到的基本一样,但他终其一生都宁愿保留那个连爱因斯坦自己都在20世纪30年代放弃了的宇宙学常数。更与弗里德曼或是以前任何人不同的是,勒梅特着手处理了那些方程能揭示出有关宇宙起源是什么这一问题。

勒梅特清楚地知道当时进行的星系红移观测的一些情况,这也与弗里德曼不同。在1927年的论文里他认识到星系可以作为量度宇宙膨胀的"检验粒子",并且在没有什么参考资料的情况下给出了红移与距离的关系中比例常数的值(即后来所称的哈勃常数)。他给的值与稍后哈勃发表的值竟如此接近,以致一位当代宇宙学家认为"这两者之间必定有某种联系”。[9]勒梅特把观测和广义相对论两方面贯通了。既然星系现在相隔很远并且在继续远离，那就必定在过去离得较近。如果向过去回溯到足够早的时候，星系之间就会没有空间。在更早的时候就会是恒星之间也没有空间，再早就会是原子之间，甚至原子核之间都没有空间。这就是勒梅特的大胆想象所能溯及的极限了。他设想，现在宇宙中的全部物质都曾集中在一个大约只有太阳30倍大的球里，并把这个球称作“原初原子”。这个原子后来向外爆炸，炸出的碎片就成为我们知道的原子、恒星和星系，而星系的相互分离就是由于宇宙的膨胀。这个过程可与作为原子弹能源的核裂变相比拟，即不稳定的放射性原子核自发分裂成碎片各自分散。这个简单的思想自20世纪30年代以来已被大大发展和修改了。但是，现代宇宙学的核心仍然如勒梅特所首先提出的，我们的宇宙是诞生于一种超密状态，我们在这个膨胀的宇宙里所看到的一切都是从那种状态里产生出来的。随着哈勃和赫马森表明宇宙在膨胀的观测，随着勒梅特关于原初原子的论文于20世纪30年代初被译成英文，现代宇宙学起步，并向前飞奔了。

当然，在20世纪20年代还有其他先驱者对相对论宇宙学的建立作出了重要贡献。美国数学家罗伯逊(Howard Robertson)扩展了德西特的工作，在宇宙学的数学基础方面很有功绩，的确值得一提。他和英国同行沃克(Arthur Walker)一起于1935年找到了一种对各向同性的均匀时空的描述，即所谓罗伯逊-沃克度规。该度规所描述的宇宙有着均匀弯曲的空间和一个对所有随宇宙膨胀一起运动的观测者都相同的宇宙时。这种理想化的宇宙，即罗伯逊-沃克模型，今天正被广泛讲述。但是关键的理论进展是来自4个人，并且正是在斯里弗、哈勃和赫马森积累宇宙膨胀证据的那10年左右取得的。这4位“宇宙学之父”就是爱因斯坦、德西特、弗里德曼和勒梅特。也许还可以加上爱丁顿，他像一位仁慈的教父，当幼儿在走向成熟的路上蹒跚起步时给予扶助。20世纪

30年代初,理论和观测已经以一种非凡的方式结合起来,坚定地朝着大爆炸的方向前进。又过了10年,曾是弗里德曼学生的伽莫夫发展出一套完整的新宇宙学。与此同时,各种不同的替代模型也纷纷涌现。除了一些在不同时候由个别宇宙学家所主张的古怪变种外,方程的解,即弗里德曼和勒梅特在20世纪20年代所找出的解,被归入3个主要类型,而这3个类型都有着有限的年龄。

宇宙的年龄

新宇宙模型在20世纪30年代没有引起科学界震动的一个原因,是从当时对哈勃和赫马森的红移资料所作的最好解释中得出的时间尺度问题。红移给出了对相隔一定距离的星系分离得有多快的量度。[10]如果作最简单的可能假设,即宇宙自大爆炸以来一直以同一速率膨胀,那就很容易计算出自大爆炸至今已经过去的时间,即"宇宙的年龄",如果你喜欢这样说的话。20世纪30年代的天文学家这样做时却遇到了意外困难。退行速度等于哈勃常数H乘以两星系间的距离。如果膨胀总是以同一速率进行,则自膨胀开始以来的时间,即自两个星系相接触以来的时间,就正是$1/H$。用哈勃自己得出的哈勃常数值,却发觉宇宙年龄只有约20亿年。

这可就使人窘迫了,因为已经有很好的证据表明地球和恒星(包括太阳)都要更古老。在此后20来年里事情变得更糟,因为各种不同的技术都清楚地指出,我们在宇宙中所见到的东西绝大多数都比那个简单估计的"宇宙年龄"要更老。地质学的证据,对地球上(还有月球上)和陨石中的物质样本里放射性原子残余的测量,都给出太阳系的年龄至少有40亿年,可能更接近于46亿年。随着20世纪30年代核物理的发展,天文学家(爱丁顿是其中突出的一位)开始找出了是什么使太阳

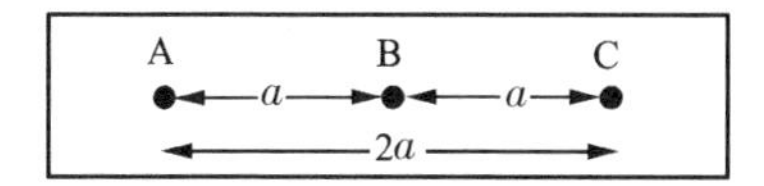

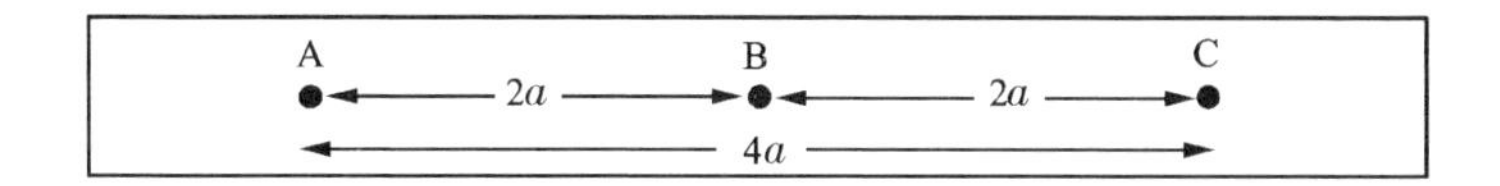

图5.3　时空膨胀就像拉伸一块橡皮。"星系"A、B和C并不是越过它们之间的空间运动。但当空间膨胀到使A和B之间的距离加倍时，其他任何一对星系之间的距离也加倍，包括A和C。从这个宇宙中的每一个星系看去，其他每个星系都在以与距离成正比的速率退行。例如，由于C与A的距离是B与A的两倍，当所有的距离都加倍（即标度因子加倍）时，就仿佛是C"离开"A的速度是B"离开"A的速度的两倍。

和恒星长期维持高温，并推断许多恒星和星系已经存在了不只是40亿年而是100亿年或更长时间。

一种绕过困难的途径是构造更复杂的宇宙模型，留出余地使一切天体得以存在。毕竟方程式中并没有什么东西要求宇宙**必定**自大爆炸以来就以不变速率膨胀。勒梅特赞成这样一种修改，即宇宙仍起始于原初原子，但宇宙学常数比爱因斯坦静止模型中的稍大一点。这样的宇宙开始时膨胀得相当快，然后就慢下来变成一种几乎静止的状态并停留一段时间，接着又重新膨胀。通过恰当地选择宇宙学常数的精确值，勒梅特模型可以做到在准静态需要停多久就停多久，以给出足够的时间让恒星和星系形成并演化。

爱丁顿有另外一个办法。他认为原初原子和大爆炸的思想有着"缺乏美感的突然性"，并提出宇宙可能从开始（不管这"开始"是何意）就处于静止状态，一直到几十亿年前某种扰动使它开始膨胀。这种想法除了提出者外几乎无人拥护。[11] 大多数天文学家认为那是人为地生造出一个不自然的模子，就像爱因斯坦当初强迫他的宇宙学方程去符合静止宇宙图像一样。[12] 结果再次是，错的是天文学家的宇宙图像，而不是宇宙学方程原来的更简单的形式。

如果宇宙的年龄的确必须是100亿年或更长，而原来对膨胀的简单解释又是对的，那就必定是采用的哈勃常数值太大了。既然宇宙年龄是 $1/H$，那么比如说将 H 减半，得出的宇宙年龄就加倍。20世纪50年代初对宇宙时间尺度就作了这样一种戏剧性的修正。

哈勃常数是通过对遥远星系红移和距离的测量而得出的。对红移从来没有什么疑问。但是宇宙距离尺度的根基就很不可靠，先用三角法直接测出很少几颗造父变星的距离，然后就用作测量宇宙距离的标尺。海尔留下的大望远镜，20世纪40年代一位德国出生的天文学家来到洛杉矶，还有美国参与第二次世界大战，这三者的结合使得银河系外所有天体的距离尺度（从而对宇宙年龄的估计）被修正得猛然大增。

巴德（Walter Baade）1893年出生于德国的希罗廷豪森，是一名中学教师之子，沿着正规的教育途径直到1919年在格丁根大学获得博士学位。在那个观测和理论双方都开始揭示我们宇宙真实本质的20世纪20年代，巴德在属于汉堡大学的贝格多夫天文台工作。但是德国政治气候的变化使他像许多同时代人一样于1931年来到美国，在威尔逊山和帕洛玛山天文台工作了27年，1958年才回到德国，1960年在格丁根去世。在旅居加利福尼亚的中期，巴德经历了一生中又一个戏剧性情节。作为一个德国公民，当美国参战时他被认为不适合直接参加与战争有关的工作，所以在大多数天文同行都被征调去搞军事研究时，他却孤独地也应该说是满意地留在天文台，因为可以无限制地使用当时世界上最大的100英寸（2.54米）望远镜。那时洛杉矶实行战时灯火管制，也没有别人来同他争观测时间，巴德在1943年把望远镜使用到了最大限度，拍出的照片里仙女座星系的内部区域也分解成了单个的恒星光点，而以前哈勃对内区只看到模糊一片。巴德从观测结果中看出，在这个近邻星系里有两类大不相同的恒星。第一类被他称为星族Ⅰ,是年轻恒星,其中许多都是高温和蓝色的,存在于旋臂之中。第二类是在星系中心部分和星系晕中的球状星团里发现的,是年老的恒星,基本上都较冷和发红,他称之为星族Ⅱ。我们现在知道这是包括银河系在内的所有旋涡星系的一个典型特征。星族Ⅰ恒星年轻,而星族Ⅱ恒星古老,两者之间还有其他重要差别。

当洛杉矶重见光明、同事们也从战时岗位上返回时,巴德仍能继续这项研究,因为200英寸(5.08米)望远镜于1948年启用了。它的大口径超额补偿了城市灯光造成的观测条件恶化。巴德很快就查明,仙女座星系的每个星族都有自己类型的造父变星。两个星族的造父变星都有很确定的周期-光度关系(即周光关系),但是这两个关系互不相同。哈勃所用的周光关系对星族Ⅱ造父变星是对的,银河系晕里的造父变星就属此类。但是这个关系被用到了仙女座星系里更高温更亮的蓝色星族Ⅰ造父变星上,而忽视了此类变星有不同的周光关系。星族Ⅰ造父变星比星族Ⅱ中的要明亮得多(这也就是哈勃能分辨出它们的原因),当巴德用正确的周光关系来重新计算仙女座星系的距离时,他得出了2 000 000光年而不是哈勃所估算的800 000光年。仙女座星系比哈勃认为的更明亮也更遥远。

由于仙女座星系的距离是哈勃估算宇宙尺度的决定性步骤,巴德就一举把所有河外星系的距离翻了一倍还多,把哈勃常数减小到不足以前的一半。既然河外星系比原来所想的还要遥远得多,它们也就必定比原来所算出的要大得多,才能表现得如地球上望远镜里看到的那么大。它们必定与银河系的尺度大致一样,其中有些甚至更大。银河系不再是宇宙中的大个子,而只是很平常的一员,大小与别的星系相近。报纸上把巴德的结果作为头条新闻,大肆宣扬“宇宙的尺度被加倍了”。但对宇宙学家来说更重要的是算出的宇宙年龄也加了一倍还多,由20亿年变成了50亿年。在20世纪50年代初，宇宙看来至少比地球和太阳系要古老。

在后来的30年中，对宇宙距离尺度和年龄的估算几乎是在不断地随着新的观测而改变。巴德的结果被证明显然只是下限。美国出生的天文学家桑德奇（Allen Sandage）于1952年加入了海尔天文台的队伍，他从用200英寸（5.08米）望远镜继续进行的观测中得出，宇宙年龄可能长达200亿年。所有这些结果都仍有一个不确定范围，这是因为那根把我们在一个普通星系边远地区的观测结果连接到宇宙深处的距离估算链条还嫌脆弱。[13]但是，今天即使有的话也只是很少天文学家会反对这样一个估计，宇宙的年龄即自大爆炸以来的时间是在130亿到200亿年之间。这里仍有相当大的余地来容纳不同意见。有的证据显示，已知最老的恒星有大约200亿年的高龄，但是一些宇宙动力学研究却给出150亿年或更低的年龄。这个争论在试图确定膨胀宇宙的终极命运时是很重要的，但在很大程度上与对大爆炸的探索无关。20世纪30年代得出的宇宙年龄与简单的大爆炸模型明显抵触，而今天的不同意见则是对精细调节的讨论。总的说来，对哈勃常数的观测和计算与用弗里德曼-勒梅特方程构造的最简单类型的模型宇宙符合得很好。

宇宙的选择

我们的宇宙在膨胀，从前比现在要更密集。通过把遥远星系的红移解释为一种膨胀效应，以及对红移极大的射电星系进行计数并与在相同大小的低红移空间里能找到的射电星系数相比较，这一思想已经得到了确认。由于光要花费时间跨越（或穿过）空间而到达地球，我们看到的宇宙的遥远部分（即高红移处）其实是很久以前的样子。如果一个星系的红移很大，以至于来自它的光在旅途中用了50亿年，那么我们所看到的这个星系其实是它在50亿年前的样子。所以已经有直接证据表明宇宙不但在膨胀**并且**来自某种高密态，简单的静态宇宙学模型被排除了。这还意味着能够排除方程所允许的所有简单收缩模型，可能与真实宇宙有关联的就只有那些至少包含有一段时间膨胀的模型。这就仍为一些相当奇怪的模型留有余地，比如说，宇宙起始于某种很低密度的状态，用很长时间收缩并减慢下来，然后再膨胀。但是如在下一章里要讲的，由于现在已经有了关于宇宙是起始于很密很热状态的很好证据，我将不再提那些古怪模型。(当然，如果刚才说的那个模型里的宇宙收缩得很厉害，达到了**极**高密度和温度的状态，然后再膨胀，那么从人类观测的角度看来这也就成了一个大爆炸模型。)

宇宙从中产生的那个极密集极高温状态通常被称作大爆炸。好像是霍伊尔(Fred Hoyle)在1950年发表的一篇科学论文里把这个词引入了天文学。许多天文学家不喜欢这个词，因为它会使人误解。它给人的印象是在真空中发生了一次爆炸，就像一枚巨大的鞭炮或是一颗放大的核弹。但既然是空间本身也在膨胀，物质是被膨胀的空间携带着，那么炸弹比喻是说不通的。即使在宇宙很密集时，它也很平稳，并没有压强差来使它膨胀，也没有声波来使"爆炸"可以听得见。膨胀是一个平稳事件，一直持续到今天。但是尽管咬文嚼字者正确地表示不满，我们现在已被大爆炸这个名称钉住了，我也就不想逆潮流而动。

可能的宇宙种类取决于时空的曲率。正曲率可以给出一个闭合面，类似于球面，但是具有正曲率的面也可以不闭合而延伸到无穷远。也许这更容易借助于线即一维情况来理解。一条线可以自己闭合，如一个圆，于是它就有一定的尺度，即圆的周长。但它也可以是开放的，如双曲线，从顶点向两侧延伸到无穷远，并有一个特征形状。我们所生活的宇宙可能是闭合的，即是圆周(或球面)的对应体，其广度是有限的。它也可能是开放的，像一条双曲线或一个双曲面大碗那样，能延伸到无穷远并能容纳无限量的物质。决定弯曲状况并从而决定宇宙究竟是开放的还是闭合的,是宇宙中物质的总量,因为使时空弯曲的引力是由物质产生的。宇宙的开闭对确定其终极命运很重要,但这几乎与对大爆炸的探索无关,因为开放和闭合的宇宙都是以同样的方式起始的。

负曲率则对应于只能开放的曲面,如鞍形面。这种情况是否出现也取决于宇宙中有多少物质(更准确地说,是取决于宇宙演化进程中任一时间即任一"宇宙时代"的物质密度)。爱因斯坦的宇宙学常数又提供了更多的变化余地,但我将只提到这些额外可能性中的一种。

能对所有这一切取得某种贯通认识的最好方式,是看看宇宙学家所称的"标度因子"的性质以及它如何随一个特定模型宇宙的演化而改变。标度因子可被认为是一对选定星系之间的间隔,它随着宇宙的膨胀而增大,用字母R表示。当R加倍时,任何一对星系之间的距离也加倍,依此类推。将真实宇宙的观测行为即其膨胀反推到所有一切都挤在一个点上,即R从零开始,也就是说宇宙从无限密集的状态诞生。如果画一张标度因子R随大爆炸以来的时间t变化的图,就能看出各种主要类型的模型宇宙如何互不相同。重要的是空间弯曲的程度,以及空间(而非时空)曲率如何随时间变化。在所有情况里(假定宇宙学常数为零)宇宙膨胀都随t增大而减慢。这很容易由引力对宇宙膨胀的阻碍作用来理解。而减慢的速率则取决于宇宙中有多少物质,物质的量又决定着宇宙是开放还是闭合。

宇宙膨胀随时间流逝而减慢,所以R在一段同样长但较晚的时间里所增大的量就较小。这种减慢过程在闭合宇宙里发生得最快。对所有正曲率宇宙,R线总是确定地向右方弯曲,最后会弯到变成描述某个收缩而不是膨胀的宇宙。这种宇宙中的物质是如此之多,以至于引力最终能使它再收缩。收缩的速率当然会越来越大,这个宇宙就会冲回到无限大密度(正如其由之产生的大爆炸)的状态。这样一个闭合宇宙的空间也像球面一样闭合，曲率随时间的变化相当于球面先长大再缩小。在一个有着负曲率的宇宙里，尽管膨胀总在减慢但将永远进行下去，宇宙就像一个鞍形面那样是无限伸展的。这样一个宇宙的空间被称为双曲型的，这种比拟方式与将闭合宇宙的空间称为球型是一样的。[14]闭合宇宙模型和开放宇宙模型都各有许多亚种，各自组成自己的家族，而爱因斯坦-德西特宇宙是正好处在正曲率模型和负曲率模型中间的特殊情况。

既然宇宙的诞生已被定名为大爆炸，宇宙学家至少对它的可能结局的命名就能一致了。收缩宇宙的结局是"大坍聚"，有时称为"奥米伽点"；而永远膨胀的结局叫什么呢？按艾略特(T. S. Eliot)很有逻辑性的说法应是爆炸的反面——"这就是世界结束的方式，不是以一声爆炸而是以一声呜咽。"所以就有两种基本选择，爆炸-坍聚宇宙和爆炸-呜咽宇宙。其余的一切就都只是微调。[15]

图5.4所示为这些不同类型的宇宙如何演化。该图还表明为什么用哈勃的参数H对真实宇宙年龄的估计必定只是一个近似值。把宇宙年龄定为$1/H$，就意味着假定膨胀总是以同一速率进行，实际上就是画出$R(t)$曲线的一条切线并反向延长到与t轴相交，即找出R为零的时刻。如果正曲率空间的膨胀是减慢的，那么$1/H$这个估计就总是会比宇宙的真实年龄更长。这就使哈勃宇宙年龄与对地球和恒星估测的年龄之间的冲突在20世纪40年代变得更使人为难，因为在哈勃年龄中总需要有合理的余量来保证宇宙已足够老，使恒星和行星得以形成。当伽莫夫于20世纪40年代中期给出第一个详细的大爆炸模型时，它没有马上被看作宇宙学家所祈求的答案并不足怪。然而，这个模型经受住了时间的考验。

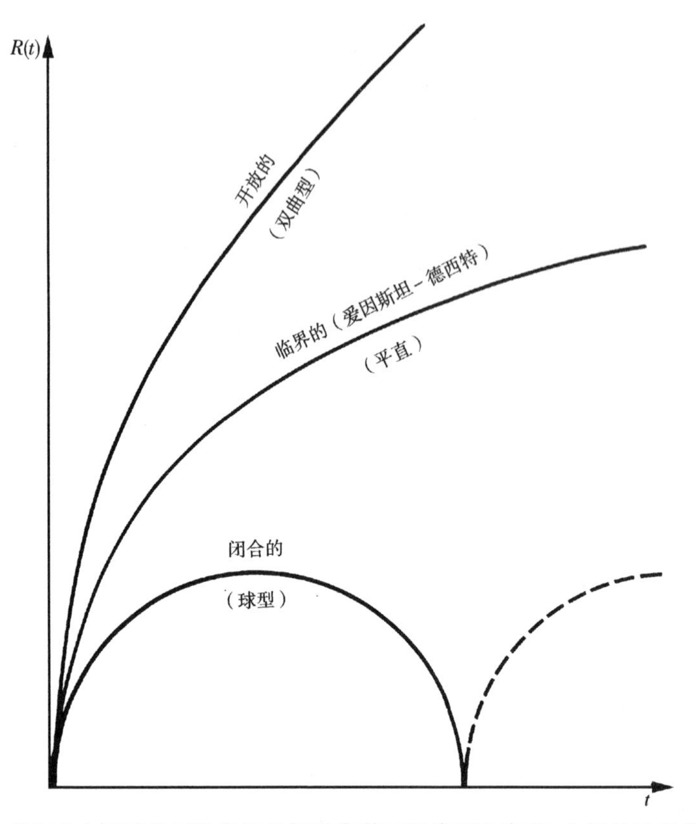

图5.4　图5.2中描述的三种空间几何对应着三种类型的宇宙，全都从致密状态开始并至少在初期是随时间流逝而膨胀。R是宇宙的标度因子，t表示时间。开放宇宙和平直宇宙都永远膨胀；闭合宇宙最后会收缩，并可能随后又进入膨胀和收缩的新循环。

大与小

勒梅特的宇宙模型首次把关于小世界和大世界的已有的最好思想合并到对现实的同一个描述之中。这在当时是很勇敢的一步，但在20世纪80年代看来，粒子物理学和宇宙学的结合是认识我们生活于其中的宇宙的唯一途径。20世纪20年代后期，当天文学家刚刚开始认识可见宇宙中的物质分布时，物理学家也刚刚开始认识原子之中物质的分

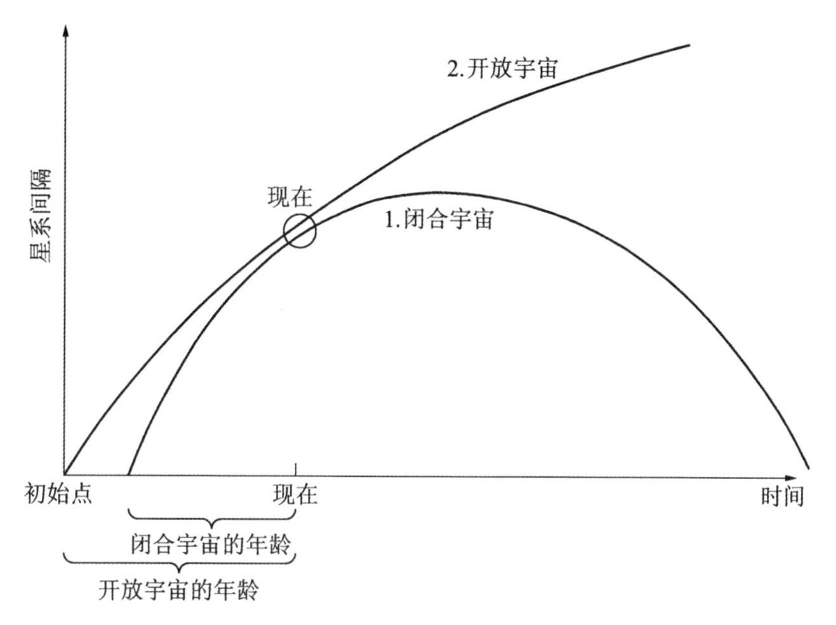

图5.5　宇宙的年龄。无论宇宙实际上是开放还是闭合，它现在的状态看起来都会是一样。但是由于在闭合模型里膨胀速率下降得更快，如果宇宙是闭合的，其真实年龄就会比对星系分离的简单测量所显示的小得多。这种简单测量给出的“年龄”是大约200亿年，而真实年龄可能是其2/3左右。

布。19世纪后期所发现的放射性给了物理学家一个探测原子内部的工具，他们用天然放射性原子中产生的所谓α粒子作为小子弹去射击晶体或金属箔中的原子。以新西兰出生的物理学家卢瑟福（Ernest Rutherford）为首的英国曼彻斯特大学的研究者运用这种技术发现，绝大多数α粒子都直接穿透薄金属箔靶子，但偶然有个别粒子会几乎沿原路反弹回来。卢瑟福于1911年对这个现象作了解释，给出了今天在中学里讲授的原子基本模型。[16]

卢瑟福意识到，原子中的绝大部分物质必定集中在其中央一个很小区域里，他称之为核，核的周围是电子的云。来自放射性原子的α粒子实际上是原子核的碎片。当这种粒子打到原子的电子云时，它一掠而过，几乎不受影响。电子带负电荷，而原子整体是电中性的，所以原子中的正电荷必定像其质量一样集中在核里。α粒子也带正电荷。当一个α粒子迎头撞上一个原子核时，同种电荷间的斥力会使该粒子停下并将它推回去。后来的实验证实卢瑟福的原子图像基本上是正确的。绝大部分质量和所有正电荷都集中在核里，核的大小仅约为原子的十万分之一。占据其余空间的是很轻并带负电的稀薄电子云。核的直径是10^{-13}**厘米**量级，而原子直径是10^{-8}**厘米**量级。粗略地讲，这个比例就像一粒沙放在卡内基大厅中央，空荡荡的大厅是"原子"，那粒沙就是"核"。

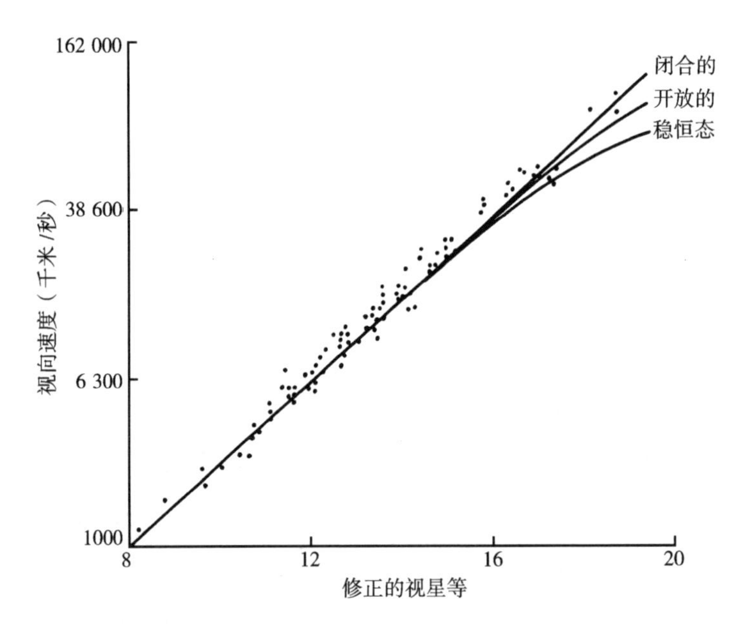

图5.6　对遥远星系的观测原则上可以揭示出我们的宇宙是何种类型。我们所看到的遥远星系是它们在宇宙更年轻也膨胀得更快时的样子，那时的"哈勃常数"值是不同的。所以哈勃图上的直线应该稍稍弯曲，弯曲量则指示出宇宙膨胀减慢的速率。可惜现有望远镜的观测范围还不能提供足够的证据来决定图5.4中的哪一个模型最值得下赌注。虽然稳恒态宇宙看来可以排除，但凭(由桑德奇用多年时间收集的)现有观测仍无法区分我们的宇宙是开放还是闭合。这样看来，我们的宇宙可能很接近于那个特殊的中间情况，即平直时空。此图中视星等实际上对应着距离，而视向速度对应着红移，所以这是图4.1哈勃图的现代的、大大扩展了的版本。

核里带正电荷的粒子叫做质子。它所带电荷的量与电子电荷精确相等，但符号相反。它的质量大约是电子的2000倍。在卢瑟福最简单形式的模型里，原子中除电子和质子外别无他物，二者数量相等，质子集中在核内，纵然它们带有同种电荷理应相互排斥（就此而言同种电荷的行为与同种磁极的行为相同）。必定有另外一种力，在很小的范围起作用，能克服电力而把核粘牢，本书第九章将详述此事。但在卢瑟福原子模型提出后的20年里，物理学家中有一种猜疑在增长，即应该有另外一种粒子，一种质子的补足物，质量与质子一样，但不带电荷。核里此种粒子存在的可能作用之一，就是使带正电的质子能聚集在一起而不被电力推开。存在这种很快就被称为中子的粒子，还能解释为什么有些原子化学性质一样而质量却稍有不同。化学性质取决于原子中的电子云，那是给别的原子看的“面孔”。化学性质一样的原子必定有着相同数量的电子，从而也有着相同数量的质子。但它们却可以有不同数量的中子，从而有不同的质量。这样的原子亲属现在叫做同位素。[17]

世界上多种多样的元素全都统一于这个简单方案之中。氢原子最简单，核里只有一个质子，核外一个电子；最常见的一种形式的碳原子是包括我们人体在内的生命物质的基础，其核内有6个质子和6个中子，6个电子的云围绕着核。有的原子核含有比这多得多的粒子（统称为核子）。铁的核里有26个质子，它最常见的一种同位素有30个中子，共56个核子。铀是天然存在的最重的元素之一，在铀235的核里有92个质子和不少于143个中子，这是一种用作核能源的放射性同位素。从很重原子核的裂变可以获得能量，因为原子核可能具有的最稳定亦即能量最低的状态是铁56。从能量上讲，铁56是在谷底，比它轻的核，包括氧、碳、氦、氢在内，在一侧向上排列；而比它重的核，包括钴、镍、铀、钚等，在另一侧向上排列。正像一只放在谷坡上的球很容易一踢就滚到谷底，而要踢得往上滚就难得多一样，重原子核在适当条件下也会分裂,"滚下坡"而变成更稳定的核,同时释放能量;同样,轻原子核也能聚合在一起而成为更稳定的核,并释放能量。[18]裂变,即勒梅特试图推广到原初原子上的过程,是原子弹的能源机制;而聚变,即伽莫夫运用到他的大爆炸模型中的过程,则是氢弹(或称聚变弹)能量之所由来,氢弹里进行的是氢核聚变成氦核的反应。但在20世纪20年代,这一切还是将来的事。尽管当时就有不少关于中子存在的证据,直到1932年才由查德威克(James Chadwick)做出了证明中子的确存在的实验。查德威克原是卢瑟福的学生,当时在由卢瑟福当主任的剑桥卡文迪什实验室工作。

所以,当勒梅特提出他关于宇宙起源的"原初原子"模型时,没有人真正知道真实的原子是什么样子。"原初原子"这个名称本身就不恰当,如果用"原初核"就好得多。当我们谈论原子"分裂"或放射性衰变时,真正的意思应是原子核破裂成两个或更多个部分,或是核喷射出一个粒子,比如α粒子,并变成一种较轻元素的核。勒梅特所设想的过程是,一个"核"反复裂变而产生出宇宙中的所有物质。但是,这不能解释(且不说此处不拟涉及的更专业性的问题)为什么恒星和星系中物质的一大半是氢这种最轻最简单的元素,而剩余的一小半里绝大部分又是第二轻的元素氦。对恒星和星系的光谱学研究确凿地证明宇宙是由两种最简单的元素主宰,即核内只有一个质子、核外一个电子伴随的氢,和核内有两个质子和两个中子、核外有两个电子的氦。把原初核全都分裂成这么简单的成分是一件过于困难的事;伽莫夫想出了一个新主意,即大爆炸可以是从最简单的粒子开始,宇宙中的重元素是后来把更多的质子和中子加到最简单的核里而形成的。毕竟,假如从氢开始,那么一下子就能解释宇宙中一大半原子核的存在。

伽莫夫的宇宙

伽莫夫是一位超常人物，有着无限的想象力，因而能从核物理转到宇宙学然后又进入分子生物学世界。他对这三个科学领域，也是20世纪的三个关键科学领域，都作出了重要贡献，却还能找出时间来给外行人写书，在书里给同行们精心搞点恶作剧，又全面地展现了20世纪中叶的科学世界。可他对拼写或日期之类的日常小事却能力甚差，甚至连简单的算术都做得不好。他1904年生于乌克兰的敖德萨，20世纪30年代中期永久移居美国之后，给朋友写信时总把自己的名字签成"Geo"，他坚持使用的这个缩写读音是"Joe"，所以对许多朋友来说他是"Joe"，直到1968年去世为止。

经历了俄国革命和内战的动荡之后，伽莫夫于1922年进了新罗西斯基大学，但很快又转到列宁格勒大学，在那里待到1928年，获得博士学位，也从弗里德曼本人那里学到了弗里德曼宇宙模型。一有了资格，他立即去了格丁根大学，然后是哥本哈根的理论物理研究所，接着是剑桥的卡文迪什实验室，又返回哥本哈根。他在1928—1931年访问的这三个科学机构正是当时发生的物理学革命的中心，标志这场革命发生的是量子物理学的出现并开始应用于对原子的认识。伽莫夫的量子物理是从该学科的首创者们那里学来的，正如他的宇宙学是从其首创者之一那里学来的一样。他在访问格丁根期间作出了自己的第一个重大的科学贡献，即用量子理论解释α粒子是怎样从原子核中逃逸出来的。

现在知道，每个α粒子由两个质子和两个中子组成，很强的核力克服了质子之间的电斥力而使这4个核子组合在一起。它们其实就是氦核，即氦原子的全部两个电子被移去后的剩余物。当一个α粒子是在一个很重的原子核里时，它被强核力束缚着。但是如果它是刚好在核外面，电斥力就会起主宰作用，因为核力的作用范围很小，于是它就被射出。把稳定态是在能量谷底的概念加以扩展，对α粒子来说核就像一个死火山口的内部。当α粒子处在火山口内深处时，它是在稳定能态；但如果它是在火山口外一点点，那就是在山峰的陡坡上并会很快地滚下来。伽莫夫说明了α粒子如何能越过那火山口的小峰而从恰在核内移到恰在核外。他对α衰变的解释是量子理论对原子核的第一次成功应用。

1931年伽莫夫被召回苏联，并被委任为科学院的研究员和列宁格勒大学的物理学教授。但他热情奔放的本性和独立的思想难以适应20世纪30年代斯大林时代的生活，当他于1933年获准参加在布鲁塞尔举行的一次学术会议时，就留在国外，去了美国首都华盛顿的乔治·华盛顿大学。1934—1956年他在该大学当物理学教授，然后去了博尔德的科罗拉多大学，直至去世。

伽莫夫对粒子如何从原子核里出来的兴趣又引导他想知道粒子进到核里面去的可能性，即粒子从外面越过山峰而进入强核力控制的区域。他作了这方面的开拓性计算，证明了如果把能量为几十万伏的质

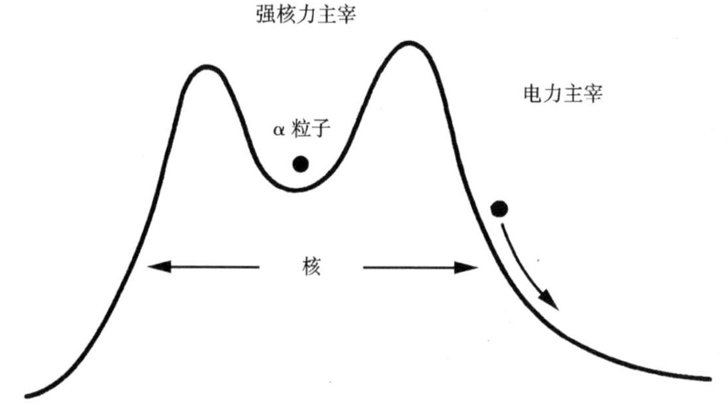

图5.7　α粒子在核内被强核力控制。但它若是恰在核外一点点，就会被电力推斥而“滚开”。但是α粒子如何能越过核内与核外之间的能量峰呢?伽莫夫对这种α衰变过程的解释是量子物理学对原子核的首次成功应用。

子射进原子中，就会引发核反应导致核裂变和α衰变。卡文迪什实验室的科克罗夫特(John Cockroft)和瓦尔顿(Ernest Walton)在1932年正是这样做的，他们创造出了世界上第一台粒子加速器，用高压电场使质子加速并撞击原子，从而引发了恰如伽莫夫预言的反应。这是第一步，继续走下去将最终导致原子弹和核电站，即从裂变过程获得能量。但这个思想，即克服长程电斥力把质子推进到短程核力控制之下从而黏结到原有的原子核上，也把伽莫夫引向了大爆炸。

中子是伽莫夫宇宙的关键成分。一个中子只要是在稳定的原子核内，它就保持为中子。但若随其自便，则单独的中子会自己衰变，每个中子分裂成一个质子和一个电子。这种衰变发生得相当快，半衰期大约是13分钟。[19]所以如果宇宙是从满含中子的高密集态也就是一种中子气开始，那么它就很快能提供出质子和电子，这两种粒子的数量总是相等的，它们又进而组成稳定的原子，于是就不会有一种电荷过剩。

伽莫夫的主意立即给宇宙提供了氢。每个氢原子仅由一个质子和一个电子组成，由异种电荷之间的吸引力维持在一起。允许一个中子衰变，就有了一个裸露的氢核和一个近便的电子，也就为构造出一个原子作好了准备。但是其他种类的原子，即氦和更重元素的原子，又是从何而来的呢？

20世纪40年代，乔治·华盛顿大学的一位名叫阿尔弗(Ralph Alpher)的研究生参加进来了，他被伽莫夫指派去详细研究在大爆炸模型中更复杂的核如何能从氢产生出来(这个过程现在称作核合成)。他们两人认为，这是依靠宇宙最初几分钟内那稠厚的物质“汤”里粒子之间的碰撞。[20]他们的计算表明，相对容易的是一个质子(氢核)和一个中子碰撞并粘在一起形成氘(也叫重氢)核。氘核再次与一个中子碰撞就产生氚核，氚核中有一个质子和两个中子。但氚核是不稳定的，其中的一个中子会很快分解出一个电子而变成质子。那个核就变成了氦的一种同位素的核，即含有两个质子和一个中子，显然应被叫做氦3。现在需要的是再把一个中子加到正在长大的核里，以得到α粒子即氦4原子的核。到目前为止一切顺利。不必担心电子，因为一旦核给造出来了，就很容易从原初浓"汤"的密集粒子里抓到所需要的电子。但是走到这里模型遇上了困难。

氦4核即α粒子特别稳定。它既不愿意碎裂成小部分，也不肯接受新增成分而长成更复杂的核。更糟的是，核里含5个粒子的元素并不天然存在，当这种核在实验室里通过由中子轰击氦4而人工合成时，它立即又分裂成为氦4。伽莫夫和阿尔弗只好绕过这个困难，设想一个氦4可能偶然地同时碰上两个粒子，并将它们都捕获过来而形成一个有6个粒子的核。即使这真能发生，同样的问题又会在包含8个粒子的核中产生，它们会非常快地分裂成2个α粒子[21]。而随着大爆炸的超密态向外膨胀，宇宙很快地变稀疏，到氦形成时那种双重碰撞的机会就很小，而且迅速地变得更小了。在20世纪40年代，尽管由一次捕获两个粒子来越过鸿沟的指望看来未必靠得住，也应看到正是由于对早期宇宙条件和那些核反应发生速率的无知，才使得伽莫夫和阿尔弗把这个猜想用作一个起作用的假设。伽莫夫毕竟告诉了所有感兴趣的人，他的理论解释了宇宙中所有的氢和所有的氦是从哪里来的，而这两样已经占了恒星和星系中可见物质的99%以上。尽管他的理论不能恰当地解释重元素（天文学对除氢和氦以外的任何元素都这样称呼）的合成，那也只是不到1%的问题。

关于核捕获中子或质子能力的详细计算（计算出来的量叫做捕获截面）就成为阿尔弗于1948年提交的博士论文的基础。这结果显然应该让更多的人知道，于是阿尔弗和伽莫夫写了一篇文章准备提交《物理评论》(*Physical Review*)发表。这时候伽莫夫那喜欢嬉闹的本性又占了上风，于是就有了他那个最著名的科学玩笑。他后来在《宇宙的创生》

(*The Creation of the Universe*)一书中写道[22]:“按希腊字母顺序,一篇文章只由阿尔弗和伽莫夫署名是不公正的,所以贝特(Hans A. Bethe)博士的名字在准备付印的文稿里加到了中间。贝特博士也收到了一份文稿,没有表示反对。”于是这篇标志着现代大爆炸模型诞生的经典性论文就以阿尔弗、贝特和伽莫夫三人的名义于1948年4月1日发表了,这个巧合更使伽莫夫很高兴。*直到今天,它都以“αβγ”论文而知名**,这倒是恰当地反映了它论述的是事情的开端这一事实,也反映了粒子物理学对宇宙学的重要性[α粒子已经讲过了,β粒子是电子的另一个名称,γ射线是一种强电磁辐射脉冲(一种高能光子)的名称]。

就在同一年,即1948年,霍伊尔、戈尔德(Tommy Gold)和邦迪也提出了他们的稳恒态膨胀宇宙模型。这两个对立模型在专业人士中激起了辩论,辩论贯穿了整个20世纪50年代并延续到60年代,霍伊尔和伽莫夫分别为两派之首,展开友好竞争。有趣的是,将要由霍伊尔来指出如何解决伽莫夫模型的最大困难,因为他是恒星合成重元素过程的发现者之一,而大爆炸只要能完成制造氦的最初工作就够了。但是在整个故事里还有一个更大的嘲弄,它是科学史上误失最重要机会的事例之一,并且着重表明了连宇宙学家当时都没能认真看待他们自己的方程。

两个问题

在那些日子里,宇宙学在很大程度上是一种游戏。竞争的模型被提出来并互相检验,几乎是一种抽象的数学斗智,没人想到这些模型可能有一个会是我们宇宙的正确数学描述。即使是伽莫夫,他爱他的宇

---

* 4月1日是西方风俗中的愚人节。——译者

** αβγ分别是三位作者姓氏的谐音。——译者

宙理论就像是自己的儿子一样,也落入了这个陷阱。

在大爆炸中仅造出氦(现在且别操心重元素)所需要的条件就包括极高密度和极高温度这二者。虽然也可以设想一种冷中子汤从极高密度态向外膨胀,相当简单的计算却表明这种冷中子汤会很快地几乎全部转变成氦。只有在热大爆炸中大部分物质才能保持为氢,而且(这很奇怪但仅是此类奇事之一)在创世瞬间之后几秒钟模型宇宙的密度究竟是多少并不会造成太大差别。只要宇宙是热的,结果总是大约1/3的物质变成氦,其余的保持为氢,一直到随着宇宙的演化而在恒星里有新过程启动。

大部分氢被阻止变成氦,而宇宙中则密集着大量的高能辐射。这种电磁辐射可以看作一种叫做光子的粒子。阿尔弗和另一个年轻的研究者赫尔曼(Robert Herman)按照宇宙物质大约1/3是氦而其余是氢这一事实来计算宇宙中应该有多少光子,结果是令人惊愕的,每个核子(即每个质子或中子)都对应着10亿个光子。辐射即光子是一种能量形式,辐射的密度(即单位体积空间中的辐射能量)可以用温度来表示。阿尔弗和赫尔曼把弗里德曼的解用到宇宙的最初几秒钟,证明必定有过这样一段时间,其辐射能量密度大于由爱因斯坦的著名公式$E=mc^2$所给出的物质的能量密度。伽莫夫宇宙诞生于一个辐射火球,随着膨胀而迅速冷却,只是在膨胀并冷却到一定程度以后才变成由物质主宰。但是辐射仍在那里,充满着整个宇宙,只不过随着时间进程而变得更稀、更冷、更弱。1948年,阿尔弗和赫尔曼发表了一篇文章,其中给出现在这种残余辐射的温度必定大约为绝对零度以上5度,即5开。[23]

伽莫夫在他于1952年出版的科普书《宇宙的创生》里对今日宇宙的温度作了一个稍有不同的估计[也许还因为不满于赫尔曼固执地拒绝把名字改成德尔特(Delter)*。他推出了一个公式,即温度等于1.5×10^{10}

* 希腊字母表上第四个字母δ的谐音。——译者

除以以秒为单位的宇宙年龄的平方根，这就给出约为50开的结果。在20世纪50年代初，他和同事们还得出今日宇宙温度是在5开到50开的范围内，这要看对宇宙的早期状态和年龄作什么样的假定。今天的粒子物理学家作了更精确的计算，表明伽莫夫公式中的1.5×10^{10}应修正成简单的10^{10}，而且估计的宇宙年龄也增大了，这两方面都使对当今宇宙温度估计值的上限降低。那个公式只是近似的，还有更好的方法来计算宇宙在任何时期的温度。但它仍不失为一个很有用的约略估计量，比如说，它告诉我们宇宙在创生瞬间后1秒时的温度是100亿开，100秒时已降到10亿开，1小时时是1.7亿开。作为对照，据计算太阳核心的温度约是1500万开。

热大爆炸理论就作出了一个清楚的预言，即整个宇宙应该是辐射的大海，其能量相当于几开的温度。这种辐射应该可以在射电波段探测到，而20世纪50年代初射电天文学正在起步。但是没有一个射电天文学家注意了这个预言并去检验它，而伽莫夫和他的小组又转到了别的研究领域（他自己对揭开DNA遗传密码的问题着了迷），再也没有重拾原来的兴趣，也没有去鼓励或是迫使射电天文学家采取适当行动。这失误是怎么造成的呢？最好的解释是由物理学家温伯格（Steven Weinberg）在他的《最初三分钟》（*The First Three Minutes*）一书中作出的。他写道，在那时候“对物理学家来说认真地看待任何关于早期宇宙的理论都是极其困难的”，“我们的错误不是把我们的理论看得太认真了，而是没有足够认真地看待它们。我们总是难以意识到，我们在桌面上玩的这些数字和方程式竟然当真会与真实世界有关联。”[24]

1956年，当伽莫夫去了科罗拉多而他的小组也就此解散时，热大爆炸模型的早期版本留下了两个问题，对它们的回答将成为继续发展的基础。第一个问题是普遍认识到的，对它作出解答的努力在20世纪50年代后期和60年代初期取得了巨大进展。那就是重元素若不是在大爆炸中产生又是从何而来呢？第二个问题却一直埋藏在文献里而无人注意，到1964年才纯属偶然地对其作出了回答。那就是关于今日宇宙的背景温度问题。这两个答案都导致了诺贝尔奖的授予，它们与伽莫夫宇宙的结合开创了宇宙学的现代纪元。

第六章

宇宙的两把钥匙

20世纪30年代的天体物理学家对太阳和恒星的兴趣比对宇宙起源要大得多。创世的奥秘似乎仍然更多的是形而上学家沉思的课题，而较少是科学研究范围内的事情；恒星怎么发光的问题倒是既很有吸引力，又正好能运用20世纪20年代物理学的革命性新发现来探索。但结果却是，对恒星如何保持高温的研究直接导致了对宇宙整体和大爆炸本身的更好认识。

太阳是离得最近、我们也知道得最多的恒星。如果天文学家想要有什么希望能够对恒星是怎样工作的有一个总的认识，他们就必须先对太阳有至少是大略的了解。但是在开始时，似乎连新物理学即量子物理学都不足以胜任此项任务。

所有关于地球已存在了40亿年到50亿年的证据都清楚地表明太阳也应该有相似的年龄。19世纪的物理学家已经认识到通常的化学燃烧过程不可能使太阳在这么长时间内维持高温。例如，让一个像太阳那么大的煤球在纯氧中燃烧，并且每秒钟产生的热量与太阳现在所释放的相同，那么这个煤球在大约1500年里就会烧光。19世纪后半叶，德国物理学家亥姆霍兹(Hermann Helmholtz)和英国物理学家威廉·汤姆孙(William Thomson，即后来的开尔文勋爵，绝对温标就是为纪念他而取名的）首次试图运用天体物理学过程，即在恒星里而不是在地球上发生的过程，来解释恒星如何能维持高温如此之久。

亥姆霍兹和汤姆孙都是当时科学界的大人物，兴趣范围都很广，而地球的年龄乃至太阳的年龄是他们共同关注的问题。亥姆霍兹于1854年得出该年龄是25 000 000年，汤姆孙稍后得出的要长些，他认为最可能值是1亿年。现在知道即使汤姆孙的估计也小了好几十倍，但这些结果已是从当时一些教堂仍认可的世界创始于几千年前的观念走出来的很有意义的一步（达尔文的《物种起源》是1859年发表的；亥姆霍兹和汤姆孙所作的地球年龄估计远不是什么小圈子里的科学资料，而是与当时那场最重大的科学和哲学争论直接相关）。问题是，即使太阳只保持高温1亿年，其能量又从何而来呢？

答案似乎是"引力"。如果太阳开始时是空间中的一团稀薄气体云，然后在自身引力作用下收缩成较密集的球，那么它就会随着收缩而升温。当你拉伸一根弹簧时，你必须做功（加进能量）以克服弹簧的弹力；当你松开弹簧时，能量就释放出来。当你把一个重物从地面上举起时也是同样情形。你把引力势能形式的能量加给了重物；当你松手时，能量随重物的降落而转变成动能，当重物的降落被地面阻住时动能又转变成热能。所有组成太阳的粒子都"想要"落向中心，落向由它们组成的系统的质量中心。如果它们果真降落，它们就将释放出引力势能并最终转变成热，就像下落的重物以热的形式放出能量一样。一颗较致密的恒星比一颗较疏松的恒星处在更低的能量状态，因为前者的组成粒子更靠近质量中心。[1]所以如果开始时有一颗与太阳相似但稍大一些的恒星，让它在自身引力作用下缓慢收缩，就可以预期会产生出热来。

太阳的年龄

天文学家能从太阳系中天体的轨道运动、地球上潮汐的强度及其他途径很好地计算出太阳的距离(即天文单位)和质量。他们知道太阳每秒钟辐射多少能量,因为他们知道它必须实际上有多亮才能在天空中如看上去的那么亮。它释放的能量是每秒 4×10^{26} 焦,即每年约 10^{34} 焦。当亥姆霍兹和汤姆孙计算一颗像太阳这样的恒星若缓慢地收缩将释放多少能量时,他们得出从稀疏气体云到恒星的收缩所提供的能量能使恒星维持上述强度的辐射1000万年到1亿年之间,然后恒星内部就会冷下来并发生另一种猛烈的收缩。这个时间尺度现在称作开尔文-亥姆霍兹时标,这无论是从姓氏字母顺序或是作计算的时间先后来说对亥姆霍兹都有点不公正。这种收缩在恒星生命的早期无疑是重要的,正是这个过程的引力加热作用使恒星升温到开始发光。但到20世纪20年代已经清楚,地球和太阳肯定(因而恒星也应该)比开尔文和亥姆霍兹所想的要古老得多,即不是几千万年而是几十亿年。那么能量究竟从何而来以维持每秒 4×10^{26} 焦的辐射如此之久,使太阳今天依然光芒万丈?[2]

开尔文对地球年龄的估算是基于地面温度与很深的矿井下温度的比较。热在从地球内部泄漏出来,通过估计这种热散失的速率并沿时间反推,他推断我们的行星是在几千万年前融合成的。开尔文和天文学家们都认为这个地球年龄与开尔文-亥姆霍兹太阳年龄的相符是有说服力的。但即使在19世纪后期,地质学家们已经有清楚的证据表明地球年龄必定远大于10 000 000年,否则就没有时间形成像阿尔卑斯山的那种很厚的褶层岩石结构,而且进化论生物学家也宁愿地球有更长时间的历史,演化进程才能产生出今天地球上复杂的生命形式。开尔文所估计的地球年龄是错的,其原因在世纪之交由于放射性现象的发现而变得清楚。放射性元素天然存在于世界各地的普通岩石中,放射性活动的机理是原子核分裂成两个或更多个部分并射出α粒子或别的粒子而转移到较低的能态。放射性核衰变时的能量改变也表现为热,流过地壳岩石的热中大约有90%来自放射性活动。所以开尔文的地球年龄必须扩大10倍到100倍,才能对太阳和行星已经存在了多久给出一个更精确但仍嫌粗糙的指引。

20世纪20年代有几项进展使得对太阳和其他恒星的内部活动开始有了较好的认识。第一,光谱分析显示出太阳物质中约70%是氢,28%是氦,仅2%是重元素。然后爱丁顿几乎一手创立了天体物理学这门学科,并从对双星的研究中发现恒星的光度与其质量直接相关。这一于1924年宣布的发现是认识恒星怎样工作的关键一步。1926年爱丁顿的里程碑式著作《恒星的内部构造》(*The Internal Structure of the Stars*)出版,其中论述了如何能用描述一个巨大热气体球行为的基本物理定律来解释恒星的这一性质和其他性质。与此同时,继卢瑟福的先驱性工作之后,对原子的探测和对放射性的研究,使物理学家开始熟悉了(或至少是不再那么陌生了)1905年就已发表的爱因斯坦狭义相对论的一个更惊人的预言。

这就是质量与能量的等价和可以相互转变,也就是$E = mc^2$。随着物理学家能够更精确地测量原子(从而测量原子核)的质量,随着他们对使原子核保持在一起的力的逐渐认识,终于清楚当一个重核分裂成两块较轻的碎片时,所释放的能量是精确地由碎片质量的损失来补偿的。当核A分裂成B和C时,B和C质量之和小于A的质量,差额正好是按$E = mc^2$的定则提供了裂变释放的能量。在20世纪20年代,更多的是在30年代,用新的量子理论同时也用相对论武装起来的物理学家,开始理解了爱因斯坦理论对核世界的意义。

使能量之得与质量之失相当的规则，同样可以应用于处在稳定性峡谷另一侧的核。当然在这种情况下是两个较轻的核合在一起形成一个较重的核，这个过程也有质量损失和相应的能量释放。例如，一个氦4核由两个质子和两个中子组成。物理学家以碳12原子的质量来计量原子和核的质量，该原子含有6个质子和6个中子(加上核外6个电子的云)，其质量被定义为12个原子质量单位。按照这种单位，质子质量是1.007 275，中子质量是1.008 664。把两个质子和两个中子加在一起“应该”得到总质量4.031 878。但是α粒子即氦核的质量是4.001 40个原子质量单位。稍多于0.03个单位的质量“损失”了，并且每次都在那4个粒子结合成1个氦核时以热能的形式放出。转变成能量的质量大约是初始总质量的0.75%，由于这个质量要乘以光速的平方，而光速是3×10^8米/秒，结果就非常可观，但前提是要找到在恒星内合成氦的途径。[3]

在20世纪20年代后期和30年代初期，爱丁顿和他的同行们并没有得出一个关于4个氢核怎样转变成1个氦核的详细理论。但他们知道在这个过程中质量将损失并转变成能量，也知道太阳每秒钟辐射多少能量。运用爱因斯坦公式就很容易算出，太阳要维持现在的亮度就得每秒钟把4 000 000吨的物质转变成能量，也就是说每秒钟要有稍多于6亿吨的氢(质子)转变成氦(α粒子)。这听起来很多，但其实是太阳质量的很小的一部分。太阳质量若取整数是2×10^{33}克，或2×10^{27}吨。太阳每秒钟把6亿(6×10^8)吨氢转变成氦，也就是每年“烧掉”不到2×10^{16}吨的燃料。它在1000年里烧掉2×10^{19}吨氢，在1 000 000年烧掉2×10^{22}吨。即使以这种速率烧100亿年也只用掉2×10^{26}吨氢，即太阳总质量的10%。这些燃料的0.7%即1.4×10^{24}吨的物质在这个过程中全都转变成了能量。在氢以这种速率“烧”成氦的过程进行了约100亿年后，太阳的物质成分才改变到使其外观发生重要变化。这样，地球年龄和太阳年龄立即再次调和了。如果地球已是40亿或50亿岁，而且太阳这样的恒星稳定地燃烧氢能达100亿年之久，那么太阳处在我们现在所知这种状态的时间就正好大约过了其全部时间之半。

尽管这个理论的大致轮廓看上去的确很好，当爱丁顿提出氢聚变成氦的过程必定是太阳和恒星的能量源泉时，与他同时的物理学家中却有许多不予理睬。这在当时是有缘故的。爱丁顿将基本物理定律应用于太阳和恒星结构时包括了这样一项计算，即太阳中心必须保持多高温度，才能提供它那可见的表面光亮，并产生足够强的压力来对抗向内的引力以维持它的稳定。该温度大约是15 000 000开。温度就是为大量粒子均分的动能的量度，我研究的空气温度就表征了空气中一个典型分子平均说来运动得有多快。在太阳中心，温度就是一个典型质子与其近邻反复碰撞弹来弹去的运动平均来说有多快的量度。温度越高，质子的速度也越大，它们相互之间的和施于恒星上层物质的压强也越大，这当然也就是爱丁顿的温度计算的思路。问题是，他得到的15 000 000开的温度似乎并未高到足以使聚变过程发生。

两个质子(且取最简单的情况)的聚变只有在它们有足够高的能量克服电斥力而碰撞时才会发生。回到那个火山比拟，两个粒子必须具有足够大的速度从山峰的相反两侧冲上山坡、越过峰顶，才能落到火山口内，即进入强核力支配的范围。一个温度为15 000 000开的质子海，即使有着太阳核心的密度，也并不具有足够高的能量使次数足够多的碰撞发生从而为太阳提供热量，当物理学家起初计算时，情况看来就是这样。要么是那些物理学家错了，要么是爱丁顿的计算错了。

爱丁顿对自己的那些数字很有信心，据广泛报道他曾告诉那些抱怀疑态度的同事“往前找更热的地方”(换句话说是往地狱去)。难题很快就将解决，这在很大程度上要归功于伽莫夫得出的描述α粒子怎样从大质量核的势阱(火山坑)中**出来**的方程。改变对聚变过程的认识的关键是一种称为不确定性的量子物理现象，这在下文中将会更详细地叙述。简括地说它的意思就是,如果两个质子靠拢发生碰撞,它们并不是必须要越过由电力造成的势垒。只要它们是在势垒顶峰的附近,就有可能沿一条隧道穿过去而落到势阱内,哪怕它们并不十分具有足够的能量来翻越峰顶。隧道效应提供了即使在15 000 000开的温度也能有效地发生聚变的途径。

于是在20世纪30年代中期,理论站住了脚。至少对专家来说已经清楚,太阳能量的来源必定是核聚变及相随的质量到能量的转变。由于太阳是由70%的氢和28%的氦组成,又由于氦核特别稳定,看来关键过程必定是每4个氢核(即4个质子)转变成一个氦核也就很清楚了。但是没有人确切地知道质子是怎样转变成氦核的,直到1939年才由贝特(后来以αβγ论文的"缺席"中间作者而名垂不朽的那位)找到了一条巧妙途径。他的工作开创了天体物理学的一个新领域,即研究怎样在恒星内部制造元素(恒星核合成)。这个领域是(在第二次世界大战造成的短暂延误之后)由新的一代天体物理学家承担起来的,并且导致诺贝尔奖于1967年授予贝特本人,又于1983年授予福勒。

恒星中的循环和链条

贝特1906年出生于斯特拉斯堡(当时属德国,现在是法国的一部分),在法兰克福大学和慕尼黑大学学习,1928年获博士学位后在德国的大学里教物理学并从事研究直到1933年。由于纳粹在德国的兴起,他去了英国,在曼彻斯特大学待了一年后又去了美国的康奈尔大学,并加入了美国国籍。20世纪40年代,贝特参与了曼哈顿计划即第一颗原子弹的设计和制造,是该计划的理论物理学家组组长;后来又作为代表参加了日内瓦的第一次国际禁止核试验会议,为在核大国间达成禁止大气层核武器试验的协议出了力,在相应的条约签署之后仍继续做核裁军问题上的顾问。他一生中获得了许多荣誉。他的主要科学贡献则是于1938年作出、1939年发表的工作，其中论证了在恒星内部怎样通过制造氦来产生能量。主要是这项工作使他获得了诺贝尔奖。[4]

贝特提出的恒星内部产生能量的第一个机制，除氢以外还需要重元素尤其是碳的存在。他计算出，在适当条件下一个质子与一个碳12核的碰撞能生成一个氮13的核，然后又放出一个正电子变成碳13核。碳13又与一个质子（氢核）碰撞生成氮14，再与一个质子碰撞生成氧15，然后又放出一个正电子变成氮15。当又一个质子加进来时，最可能的结果不是生成一个氧16核，而是4个核子作为一个α粒子分裂出来，形成一个氦核并留下一个碳12核，正好又回到了起始条件。在大约1000次氮15与质子的碰撞中有一次会生成氧16，即使如此，当又有2个质子先后加进来时，就会放出一个α粒子而衰变成氮14，也加入了循环。净效果是4个质子转变成了1个氦核，并释放出相应的能量。由于碳12本身并不消耗，而只是作为催化剂来使聚变循环不断进行，所以只需要很少一点碳就能进行大量的核聚变并产生大量能量。

这个过程除氢和氦外还有碳、氮、氧核加入，循环进行，起点和终点都是碳12，把4个质子转变成1个氦核，于是就很自然地被称作碳氮氧循环或CNO循环。[5]贝特和他的一位同事克利奇菲尔德（Charles Critchfield）后来又提出了恒星中氢聚变的另一种可能途径。这是一个逐步发生的过程，从氢核开始，先造出氘，然后是氦3和氦4；这两种氦核又可以碰撞生成有7个核子的核，再加上1个质子就转变成两个α粒子。这个过程在上一章中讲过，它从两个质子碰撞生成氘开始，而以氦4核告终，称为质子-质子（或pp）链。

贝特的计算表明，这些反应可以在爱丁顿已经证明恒星内部必定具备的温度和压强条件下进行。太阳中主要的产能过程被认为是pp链，它以所需要的效率在约15 000 000开的温度下运行；而CNO循环则更适于在更高的温度即20 000 000开以上运行，因而在更大质量的恒星中更重要，因为这些恒星内部的温度必须要更高才能抵抗住引力收缩的可能性。不过这些有趣的细节并不与探索大爆炸的故事直接关联。

表6.1　CNO循环

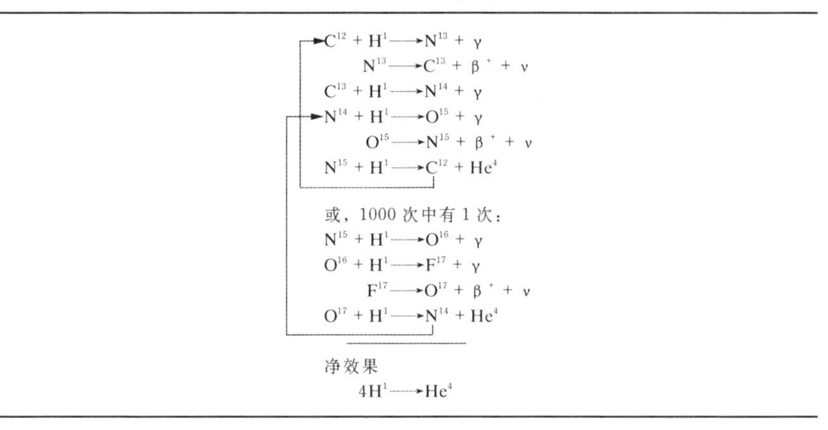

$C^{12} + H^{1} \longrightarrow N^{13} + \gamma$
$N^{13} \longrightarrow C^{13} + \beta^{+} + \nu$
$C^{13} + H^{1} \longrightarrow N^{14} + \gamma$
$N^{14} + H^{1} \longrightarrow O^{15} + \gamma$
$O^{15} \longrightarrow N^{15} + \beta^{+} + \nu$
$N^{15} + H^{1} \longrightarrow C^{12} + He^{4}$

或，1000 次中有 1 次：
$N^{15} + H^{1} \longrightarrow O^{16} + \gamma$
$O^{16} + H^{1} \longrightarrow F^{17} + \gamma$
$F^{17} \longrightarrow O^{17} + \beta^{+} + \nu$
$O^{17} + H^{1} \longrightarrow N^{14} + He^{4}$

净效果
$4H^{1} \longrightarrow He^{4}$

表6.2　pp链

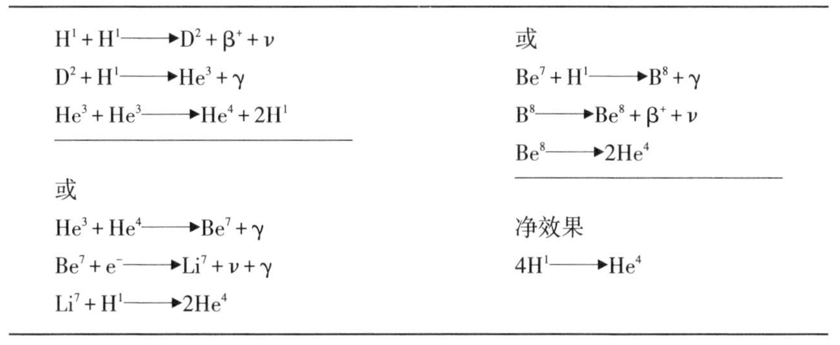

$H^{1} + H^{1} \longrightarrow D^{2} + \beta^{+} + \nu$
$D^{2} + H^{1} \longrightarrow He^{3} + \gamma$
$He^{3} + He^{3} \longrightarrow He^{4} + 2H^{1}$

或
$He^{3} + He^{4} \longrightarrow Be^{7} + \gamma$
$Be^{7} + e^{-} \longrightarrow Li^{7} + \nu + \gamma$
$Li^{7} + H^{1} \longrightarrow 2He^{4}$

或
$Be^{7} + H^{1} \longrightarrow B^{8} + \gamma$
$B^{8} \longrightarrow Be^{8} + \beta^{+} + \nu$
$Be^{8} \longrightarrow 2He^{4}$

净效果
$4H^{1} \longrightarrow He^{4}$

烹制元素

贝特的工作并没有解释恒星中的碳起初是怎么来的，但的确解释了太阳这样的恒星怎样从氢到氦的转变过程中获得能量。他的计算所依据的是在实验室条件下对粒子相互作用的能力即截面的测量，然后测得的这些截面又必须外推到按照物理定律在恒星内部必定存在的条件下去。这在科学上是巨大的一步，不仅在于表明了实验室里测量的粒子行为能够外推而揭示出恒星如何工作，而更在于改变了天体物理学的整个观念。由于爱丁顿和贝特，天体物理学成了一门实验科学，地球上的粒子束碰撞实验现在可以揭开恒星核心核聚变的秘密。当贝特的第一篇关于CN循环（当时就是这样）的论文于1939年出现在《物理评论》上时，[6]在加州理工学院凯洛格辐射实验室工作的一群核物理学家感受到了这样一种冲击。

在那个实验室里，资深物理学家查尔斯·劳里森（Charles Lauritsen）和两个年轻人，一个是他儿子托马斯·劳里森（Thomas Lauritsen），另一个就是福勒，正在测量碳核和氮核受质子束轰击的作用截面。贝特的论文使他们知道自己是在实验室里研究太阳和恒星中发生着的过程。44年后，福勒在他的诺贝尔奖演讲[7]中说"它给了我们持久的印象"。这个印象的确很深，以致当1946年实验室恢复对原子核的基础研究工作时，老劳里森决定集中力量研究那些据信在恒星中发生的核反应。福勒接受了任务，并成为该项研究的领头人。

福勒是一位热情奔放的外向型人物，今天依然在学术上非常活跃*。他在自己被授予诺贝尔奖的决定宣布时曾对记者说："我想要保持活跃，直到我被送走为止。"他1911年生于匹兹堡，在俄亥俄州立大学学物理，1933年毕业，然后去了加利福尼亚，1936年在加州理工学院获博士学位。从此以后他的主要根据地就在那里，尽管也时常在世界各地的其他研究中心待上几个月。福勒和凯洛格实验室对认识恒星核合成和对精确计算大爆炸生成的氦的数量都起了关键作用。但是正如福勒在他的诺贝尔奖演讲中承认的，恒星核合成的"主要概念"来自霍伊尔（现在的弗雷德·霍伊尔爵士）** 于1946年和1954年发表的两篇论文。

---

* 福勒已于1995年逝世。——译者

** 霍伊尔已于2001年逝世。——译者这两个时间是重要的，尤其是对霍伊尔来说。当宣布福勒被授予诺贝尔奖时，许多有关报道都提到了霍伊尔的贡献，其中有些报道很快还指出，找出在恒星中合成元素的途径，是对这位稳恒态理论创立者之一的明显需求。要知道，如果没有大爆炸，稳恒态宇宙就必须在恒星中造出元素。由于稳恒态理论已经失败，那些报道便说，霍伊尔是以错误的动机得到了正确的结果，并且暗示这或许就是他没能与福勒共享诺贝尔奖的缘故。但是如霍伊尔在福勒获奖时对我指出的，稳恒态理论直到1948年才被提出，而他关于核合成的第一篇论文是写于1945年、发表于1946年。[8]除此之外，大爆炸理论家的确无论如何也不能在大爆炸中造出任何比氦更重的东西。

霍伊尔给人的表面印象是易于动怒，不能容忍庸人。这使得他不为自己的工作机构所喜爱，并于1973年58岁时就过早地从剑桥大学的职位上退休。但实际上他羞怯、内向，竭尽全力于工作，又显然善于把自己的重要思想传达给别人。他1915年出生于约克郡的宾利，有时他的反对者说他因此养成了“约克郡的生硬言谈”习惯，实际上有些似乎粗鲁的表现应该被视为北方人传统的直率而予以谅解。但是，英国的学术机构没有能充分认识他的研究和他关于科学应该怎样发展的思想的功绩，这显然使他深受伤害。假如他真如有些人想象的那样厚脸皮和不敏感，他将肯定会在剑桥任职更久。

不过，他的早期生涯也是沿着常规路线，从家乡的中学到剑桥的伊曼纽尔学院，然后于1945年成了圣约翰学院的研究员。他于1958年成为普鲁密安教授，并且是1967年建立的剑桥理论天文学研究所的鼓动者和首任所长，但这是他在学术机构职务的顶峰。尽管他还在许多高级委员会任职（同时还能有时间写科学普及和科学幻想著作），并被选为皇家学会会员和被授予爵士称号，他却在关于剑桥大学天文学研究的地位和如何发展的问题上与校方闹翻了，还在应如何资助和发展整个科学研究的问题上与英国科学管理官员持强烈不同的意见，并且在20世纪70年代和80年代，由于其普遍被认为荒谬的关于生命起源的主张而疏远了许多同事。但是所有这些，或是天文学家们对稳恒态模型和他关于宇宙本质的其他任何观点所作的任何评价，都不可能贬低他对发现恒星内部如何烹制元素所起的关键作用。

元素生成问题使天文学家开始感到紧迫，并不是因为他们对宇宙的大爆炸或稳恒态模型的什么兴趣，而是因为他们在20世纪40年代和50年代不断改进的恒星光谱观测日益清楚地表明，不同的恒星含有不同数量的不同元素。可以设想恒星形成的材料是来自大爆炸，也可以设想那些材料是在星系之间的空间不断地被创造出来。但既然发现恒星的成分有系统差异，有的恒星重元素含量比其他恒星多，那就得开始考虑有些重元素是在恒星自身内由原初材料（不管它们可能是什么）制造出来的。

霍伊尔1946年的文章首次在公认的恒星结构和演化的框架内，采用当时有关核反应速率和截面等的最佳资料，对核合成的基本思想作了清楚的说明。就在伽莫夫小组为找到在大爆炸中生成比氦更重的元素的方式而奋斗时，霍伊尔也在努力寻求在恒星内合成重元素的途径，他于1953年首次访问了加州理工学院，并很快就与福勒通力合作。关键问题是如何越过不稳定的硼8核。唯一的途径是仰仗一种三体碰撞，即三个α粒子几乎同时碰到一起形成一个碳12核。伽莫夫不可能让大爆炸来这样做，因为即使在创世瞬间的几分钟后，宇宙中的物质已铺散得太稀薄，温度也太低，不足以使这种碰撞多到能生成今天宇宙中的重元素。但在恒星内部就既高温又密集，并且这种条件能保持成百上千万年之久，于是就提供了好得多的机会使相对罕见的三体碰撞能多到足以产生所需数量的碳。

想法看来挺好，但也遇到了问题，与爱丁顿在物理学家告诉他太阳温度不足以使氢聚变发生时所遇到的问题有点相似。一位物理学家萨尔皮特(Ed Salpeter)在1951年访问凯洛格实验室时作了计算,发现截面仍不够大,固然可以在恒星内生成一些碳12,但数量不够。就在这时霍伊尔作出了戏剧性的贡献,他在1953年来到加州理工学院时已经相信所有重元素都是在恒星内生成。他从另一头出发作了计算,由恒星中重元素丰度的观测结果(来自光谱分析)来推求三体碰撞反应必须进行得有多快,结果是必定要比萨尔皮特计算的快得多。于是他预言碳12必定能以一种所谓激发态存在,即有着高于最低能态的能量。只有存在这种有着恰当能量的激发态时,三个α粒子的碰撞才足以生成在恒星光谱中观测到的所有的碳。反应是由一种在三个α粒子的能态与碳12核的能态之间的所谓共振过程来促进的,而共振只有在碳12处于恰当能级时才会发生,这也就是霍伊尔何以能预言碳12必定在某种激发能态的缘由。

霍伊尔于是去纠缠加州理工学院的物理学家,直到其中一组人开始去寻找碳12的激发态为止。他们所采用的反应是氘粒子与氮14核碰撞生成碳12和一个α粒子,结果与霍伊尔所预言的几乎完全一致。

但这离证明碳12激发态能由三个α粒子的反应生成还差一步,现在轮到福勒和劳里森父子还有库克(Charles Cook)来由硼12的衰变制造出激发态的碳12了。他们发现,尽管有的激发态碳12能落回到最低能态(即基态)并保持为碳12,另一些却又分裂为三个α粒子。反应是可逆的,既然激发态碳12能衰变成三个α粒子,无疑三个α粒子也能结合成激发态碳12。这就证明了如同燃烧氢生成氦一样,恒星也能燃烧氦来生成碳。氦燃烧过程解释了被称为红巨星的大个子恒星如何保持高温,并且也使天体物理学家越过了核合成进程在第8号元素处的障碍。当然,它还提供了使CNO循环运转所需要的碳。通过查看恒星光谱学资料,霍伊尔正确地预言了物理学家在地球实验室里将会得到的结果。这又使他们有了信心去继续在实验室里测量反应速率，并利用所得结果去计算出生成天然存在于恒星中的所有元素的所有同位素的整个反应链。

作为对恒星核合成认识进程的简略评述，碳12以后元素的生成就都可以一笔带过了，正如在霍伊尔和福勒及其同事已经做好的蛋糕上加点糖。概而言之，现在已经容易理解所有的元素如何在恒星里造出来。将α粒子加进核里，每次都使核的质量增加4个单位，核又会衰变射出电子、正电子或中子，成为其他元素和同位素。对很重（比铁更重）的元素来说，捕获单个中子使核质量每次增加一个单位也是重要的。再也没有像从α粒子造出碳12那样使天体物理学家苦恼的大裂口。剩下的事只是辛苦地、仔细地找出所有需要的截面和反应速率，使之与恒星内的温度和压强条件，以及由恒星光谱观测得到的元素丰度相符合。

截面测量并非易事；把测量结果从实验室加速器里碰撞的相对较高能量条件外延到恒星内粒子间碰撞的低得多的能量条件，更需要很高的技巧；而观测家们也得很紧张地查明宇宙中物质的成分。但所有这些都在20世纪50年代中期完成了。福勒在剑桥度过了1954—1955学年，与霍伊尔还有玛格丽特·伯比奇（Margaret Burbidge）和杰弗里·伯比奇（Geoffrey Burbidge）一道工作，后两位是英国的一对天文学家夫妇。在福勒返回加州理工学院后合作又继续了很久，霍伊尔或伯比奇夫妇或三人一起也去过凯洛格实验室。1956年，天文学家聚斯（Hans Suess）和尤里（Harold Urey）发表了所有天然存在元素相对丰度的最好资料；那4位合作者则于同年在《科学》（*Science*）上刊登了一篇关于元素起源的短文，接着就是登在《现代物理评论》（*Reviews of Modern Physics*）上的那篇至今被视为科学经典的论文。[9]论文作者按姓氏字母顺序是伯比奇、伯比奇、福勒、霍伊尔，所有天文学家都知道该文被简称为B^2FH，引用时无须多作说明。文章描述了除氢和氦以外所有天然存在的核是如何在恒星内生成的,用瑞典科学院宣布福勒获诺贝尔奖时的话来说,该文“仍然是我们对这个领域知识的基础,核物理学和空间研究的最新进展已经进一步证实了其正确性”。我的一本个人笔记使我回想起1966年作为研究生第一次读那篇文章时的激动和敬畏之情,因为我知道那些方程式解释了我体内除原初的氢以外的所有原子是从哪里来的,这些原子又怎样在恒星中被烹制出来。如同任何一项科学研究最终所能企及的,这篇文章为一个研究篇章画上了句号,对一个不只是科学上而且是哲学上的重大难题作了完整解答。从霍伊尔发表他关于这个课题的第一篇标志性论文算起,他和合作者为这个解答奋斗了整整10年。

除了一些细节有待进一步搞清楚外,B^2FH论文标志着恒星核合成难题的终结,但是它并不标志着所有核合成难题的终结。从宇宙中第一代恒星中的70%—75%的氢和25%—30%的氦出发,天体物理学家能够说明所有的重元素是怎样合成的,还能猜测这些重元素是在一些年老恒星作为新星或超新星爆发时散布到空中,并加入到形成新恒星的气体之中。我们的太阳是相对年轻的,它含有进入再循环的很久以前死亡的老恒星里的物质,这就是它的2%重元素以及组成地球和我们人体的材料之由来。人体重量的65%是氧,18%是碳。这都来自恒星内的3α粒子捕获过程及其他反应。但是恒星核合成不能解释为什么宇宙中有这么多氦。20世纪50年代后期和60年代初期的天体物理学家为这个“氦问题”而苦恼,尽管有此前伽莫夫和阿尔弗在大爆炸中造出氦的成功。也许是因为他们原来的由大爆炸制造出所有元素的意图的失败,他们对氦的成功也被忽略了;无论原因是什么,把改进的核反应速率知识运用到被认为在宇宙创生后的头几分钟里应有的条件中去的任务,又留给了福勒和他的学生瓦戈纳(Robert Wagoner),还有再次出场的霍伊尔。[10]福勒小组在计算中包括了由他们自己测定的将近

100个核过程的反应速率，并且用实验证明了其他反应都不重要，从而确认了大爆炸不可能产生出足够数量的任何一种比氦重的元素，而且由大爆炸生成的氦4的比率应该是25%，相随的还有氘、氦3和微量的锂7，这几种元素的比率都与在太阳系里观测到的类似。

瓦戈纳、福勒和霍伊尔在1967年发表了他们的结果。这里又有我个人的一次重要经历，我第一次去剑桥就是去听该小组关于那些结果的报告，我现在能清楚地回忆起当时不为人知的研究生霍金在会场上所提的尖锐问题。那次访问和会议带给我的兴奋，促使我从萨塞克斯大学转到了剑桥，并打算做宇宙学研究。虽然我后来是以关于恒星结构的工作而告终，[11]但我仍然认为那次旅行很有价值。当然更重要得多的是，瓦戈纳、福勒和霍伊尔的成果给了宇宙学一个重大冲击。正如威廉·麦克雷爵士所说："正是这篇文章使许多物理学家承认热大爆炸宇宙学是一门严肃的定量的科学。"[12]

科学的确是"认真"的，还能提出一个比宇宙中的氦丰度精细得多的问题。氦是由氘核即重氢核的聚变生成的。几乎全部的氘核都这样用掉了，但是根据对恒星和星系的光谱研究，现在宇宙中氢的总量里看来有很小一部分，即0.01%到0.001%之间，是以氘的形式存在。虽然由大爆炸产生的氦的比率并不很敏感地与大爆炸产生的物质总密度相关，氘丰度却是物质密度的一个很敏感的指示器。计算中用的模型的密度越大，反应就进行得越快，氘核就消耗得越快。瓦戈纳、福勒和霍伊尔所作的计算表明，宇宙中常见物质的密度小于使宇宙闭合并有朝一日坍缩回到火球所需要的临界值。这是有利于宇宙开放并将永远膨胀下去这种可能性的最强证据。但这并不是最后结论。本书后文将要介绍的宇宙学最新认识中就有宇宙里存在着大量其他物质这种可能性，那些物质并不参与瓦戈纳、福勒、霍伊尔及他们的后继者所描述的核反应，这就有可能使宇宙由引力来"闭合"，而无论由氘所指示的来自大爆炸的普通物质(我指的是原子和原子核)是多少。但对20世纪60年代后期来说,这是后来的事情。

核合成研究到那时已经提供了一对吻合得极好的证据支持热大爆炸模型。自伽莫夫以来的所有研究都表明,任何比氦重的元素都不可能在大爆炸中生成,那些元素就必须以别的途径制造出来。恒星核合成的反应式表明,所有比氦重的元素的确能在恒星中生成,但在宇宙中观测到的氦却不可能是由此而来,它们必须来自别处。大爆炸理论需要恒星核合成,恒星核合成也需要大爆炸。热大爆炸与恒星内的核合成结合在一起,描绘出了一幅一切从何而来的完美图景。

在那篇1967年的论文中还有另一段"定量科学"使物理学家对大爆炸理论突然关切起来。瓦戈纳、福勒和霍伊尔首次把对宇宙微波背景辐射的新发现定量地运用于确定他们的模型参量。这个宇宙背景就是伽莫夫及其同事在20世纪50年代部分地预言过但后来被遗忘的辐射。这是宇宙的确从一个火球中产生出来的第二个强有力的证据,也是宇宙的第二把钥匙。

失落的年代

测量宇宙的温度并从中找出有关宇宙从中诞生的大爆炸的更多信息的思想,是太难以要求20世纪50年代的物理学家和天文学家去认真看待了。但这并不意味着这个思想被完全忽视,不止一位天文学家颇为悔恨地回顾过那个10年,并自责没有能把这个思想推进到其合乎逻辑的结论。的确,伽莫夫、阿尔弗和赫尔曼必定有这样的感慨,因为一些清楚地提示宇宙具有大约3开背景温度的天文观测在20世纪30年代就已经作过,而在50年代伽莫夫和他的同事肯定是知道这些观测的。

这些观测与其他许多来自空中的信息一样，也依赖于光谱学。20世纪30年代的天文学家已首次识别出与星际空间分子对应的光谱特征。恒星光携带着存在于恒星大气中的原子(更准确地说是离子，即失去了一些电子的原子)的光谱印记。那些电磁谱中的特征线是明亮的发射线(辐射能量)或暗黑的吸收线(吸收来自恒星下层的能量)。那些谱线的强度和由谱线显示出的电离程度使天文学家得以推断遥远恒星的温度并确定其化学成分。但是有些光谱中的有些谱线却对应着在恒星表面温度下不可能稳定存在的化合物。其中最早证认出的一个是氰即CN，由一个碳原子和一个氮原子稳定配对组成的原子团。这种化合物不可能在恒星中存在，因为那里的高温会使它们很快分解成原子，但可以存在于恒星之间的冷暗气体和尘埃云中。当远处恒星的光穿过这些云时，那些化合物就会在恒星光谱中加进暗线，它们的存在就是这样揭示出来的。

正如恒星光谱能展示恒星的温度一样，那些吸收谱也能展示星际物质云的温度。1940年，威尔逊山的亚当斯(W. S. Adams)观测到了一种较高能态氰的星际谱线，加拿大自治领天体物理台的麦凯勒(Andrew McKellar)从中得出星际云的温度约为2.3开。到1950年这个结果已写入光谱学的标准教科书中，[13]并广为天文学家所知，包括伽莫夫在内。但是没有人想过把空中这些寒冷物质云的温度理解为“宇宙的温度”。最堪称擦肩而过的一次失误是在1956年，当霍伊尔和伽莫夫坐在一辆崭新的白色凯迪拉克牌有篷汽车里，在南加利福尼亚的拉霍亚一带行驶的时候。

霍伊尔在1981年出版的《新科学家》杂志的一篇文章里细述了这个故事。[14] 1956年夏天他去见福勒和加州理工学院的其他同行，伽莫夫从拉霍亚打电话，邀请福勒、霍伊尔，还有伯比奇夫妇去做客。伽莫夫那时在拉霍亚做两个月的一般动力学顾问，那份差使很赚钱(两个月顾问费买了那辆白色凯迪拉克小汽车），而且显然几乎不用真干什么事，但他必须待在拉霍亚的什么地方（哪怕是在海滩上）以备不时之需。B^2FH队伍不算太勉强地向南进发了。当时伽莫夫对现在宇宙温度的估算是在5开到几十开之间，而霍伊尔作为稳恒态派则认为根本就没有什么背景辐射。真理这次真是从他们两位的鼻子下滑了过去。霍伊尔写道：

> 有时乔治和我想出去，就两个人谈谈。我记得乔治开着那辆白色凯迪拉克带着我兜风，他向我解释他为什么确信宇宙必定有一个微波背景，我告诉他宇宙不可能有他所主张的那么高温度的微波背景，因为麦凯勒已经由对CH和CN原子团的观测为任何此类辐射的温度给定了一个3开的上限。也许是凯迪拉克车里太舒服了，也许是乔治要一个高于3开的温度而我要的是绝对零度，我们失去了机会……我的过错还在于后来又失去了一次，那是在1961年关于相对论的第20次瓦伦纳暑期讲习班上，当我和迪克（Bob Dicke）作完全同样的讨论的时候。就微波背景而言，我显然是太拙于"发现"了……

那个1961年在瓦伦纳同霍伊尔讨论过的迪克，更是一位误失良机者的典型。除了那次讨论之外，他误失在历史上成为"测定宇宙温度的人"的机会不是一次而是**两次**，第二次时他竟忘记了自己以前关于这个问题的工作！迪克于1916年出生在美国密苏里州的圣路易斯，比霍伊尔小1岁，在20世纪30年代后期毕业于普林斯顿，1941年在罗切斯特大学获得博士学位，第二次世界大战时在麻省理工学院研究雷达，1946年到普林斯顿任教，此后就一直在那里，还当了物理系主任和爱因斯坦科学教授。迪克是别人骗不了的，但他在20世纪40年代也没能看出现在事后看来似乎很明显的东西。

迪克在麻省理工学院曾制造过一种仪器，用于测量电磁谱微波部分波长很短的射电辐射。这种仪器现在就叫迪克射电仪，其原理仍被用于派同样用场的现代仪器中。他和三个同事把这种仪器中的一台朝向天空，想看看是否有来自河外星系的微波辐射背景。表示这种辐射强度的一种方式是用温度。迪克他们得出，有一种温度在20开以下的背景辐射，这是他们的仪器所能给出的限度。他们写了一篇文章报告这个结果，并在《物理评论》上发表，在那家刊物的同一卷里还登有伽莫夫1946年的那篇关于核合成的论文。迪克小组的文章在前（第70卷340页），伽莫夫的稍后（第70卷572页）。两篇文章的写作动机毫无关联，却在同一卷刊物上出现。20世纪50年代，每一个查找伽莫夫这篇文章的学生或更年长的研究者，也许是要从αβγ论文或阿尔弗和赫尔曼的工作来回溯这个故事，以便手中持有宇宙火球曾经真实存在的文字证据。而霍伊尔、伽莫夫或是某个无名学生，在查找伽莫夫的这篇文章时，应该会碰上迪克小组的文章并因而作出点推理，但这种事从未发生。有时科学发现似乎有自己的意愿，要等到时机成熟时才出现。

到20世纪60年代初时，迪克自己已经完全忘记了那次测量，但他的思想却转向了宇宙学。他令人吃惊地似乎完全不理伽莫夫、阿尔弗和赫尔曼的开创性成果，自己独立研究这样一个模型宇宙，它从很大的尺度坍缩成为火球，然后从高密态反弹并膨胀。迪克所迷恋的想法是，现在的宇宙是在永久振荡的膨胀阶段，宇宙的每次循环都是膨胀后收缩，收缩后反弹并重新膨胀。他需要坍缩来产生高温高密的状态，然后才有反弹；在坍缩的宇宙里所有物质都终将分解成中子和质子，然后是新一轮膨胀开始。没有任何"信息"能从宇宙的一次循环传到下一次，于是对任何一个生活在膨胀宇宙中的人来说，宇宙就正像是从大爆炸中产生出来一样。

这一切在很大程度上仍是把宇宙学作为一种游戏、一种智力练习。

但是迪克作为一个观测者的经验(尽管是已被部分遗忘的经验)使他和他的同事最后还是走上了正确的道路。他交给普林斯顿的一名年轻研究者皮布尔斯(P. J. Peebles)一项任务,算出在那个振荡模型里宇宙的温度如何随其演化而改变。皮布尔斯自己也不知道他是在重复阿尔弗和赫尔曼15年前就已做过的计算,他得出,如果我们生活的宇宙是从热大爆炸开始的,它现在就应该充满着一种温度约为10开的背景辐射。迪克于是在1964年鼓励普林斯顿的另外两个研究人员去寻找这种辐射。罗尔(P. G. Roll)和威尔金森(D. T. Wilkinson)就装置了一台探测器(迪克射电仪的一种变体),并开始在普林斯顿物理实验室屋顶上装一个小天线,以探测那温度只有几开的宇宙背景辐射。就在已经迈出划时代发现的最后一步时,普林斯顿小组脚下的地毯被抽掉了。迪克接到了贝尔研究实验室一个年轻人的电话,那实验室是在新泽西州的霍尔姆德尔,离普林斯顿仅30英里(约48千米)。打电话的人叫彭齐亚斯(Arno Penzias),他和同事威尔逊(Robert Wilson)用自己的射电望远镜,也就是一个以前在通信卫星实验中用过的20英尺(约6.1米)号角状天线,得到了一些很古怪的结果。有人提议迪克可能能解释这种费解的宇宙背景辐射,大家还是一起来讨论一下……

创世的回声

彭齐亚斯来自慕尼黑的一个犹太人家庭。他生于1933年,正好是盖世太保成立的那一天(4月26日)。他家是1939年离开纳粹德国去英国的最后一批家庭之一,他和弟弟是春天去的,然后是父亲,最后是母亲。全家团聚后于1939年12月乘船去纽约,1940年1月到达并定居下来。教育使这个已经穷困的移民家庭的儿子有机会在世界上发展,彭齐亚斯于1954年从纽约城市学院毕业,得了一个物理学学位。作为通信兵在军队服役两年后，他进了哥伦比亚大学当研究生，1962年获博士学位。

彭齐亚斯在哥伦比亚大学的导师汤斯（Charles Townes）是一位对微波激射和激光的发展有关键性贡献的物理学家，1964年获诺贝尔奖。[15]微波激射能用作探测弱射电发射的放大系统的基础，彭齐亚斯造了一个21厘米波长上的微波激射接收器，希望能探测到星系际氢，因为氢气体的辐射就在这个波长上。但他失败了，主要是因为并没有什么星系际氢可观测，他只能给出一个星系之间可能有的氢数量的上限。这种"失败"对一个博士生，甚至对其他大的研究规划来说都不罕见，哥伦比亚的考官们显然很高兴彭齐亚斯能有效地工作，尽管得到的是否定的结果。但是他对自己工作的看法就要严厉得多。他对《零上三度》（*Three Degrees Above Zero*）一书的作者伯恩斯坦（Jeremy Bernstein）说过："我在哥伦比亚侥幸过关……那是一篇糟透了的论文。"无论是否糟透了，同汤斯一起工作和在射电天文学上的首次尝试都深刻地影响了彭齐亚斯此后的生涯。

汤斯是1948年从贝尔实验室来到哥伦比亚大学的。贝尔实验室原是贝尔电话公司的一个研究室，后来被AT&T吞并，最近的反垄断法规要将联合大企业分解，这使得该实验室能否继续作为一个独立的研究机构有了不确定性。无论今后命运如何，贝尔实验室有足以自豪的研究历史，其中就有射电天文学的奠基人央斯基（Karl Jansky）在20世纪30年代对来自天空的射电噪声的首次发现。由于汤斯与贝尔实验室保持着联系，彭齐亚斯于1961年即获博士学位前不久进入了坐落在霍尔姆德尔附近克劳福德山上的射电研究实验室。贝尔实验室虽然基本上是为母公司的利益搞实用研究，但也总保持学术研究的传统，这就使得第一流的科学家都愿意加入，也使得实验室的实用研究与大学和其他学术机构取得的新进展之间能充分沟通。彭齐亚斯起先是研究有关卫星通信联系的问题,后来获准回到射电天文学,但在另一个未来的射电天文学家威尔逊参加进来之前进展甚微。实验室里只有一个射电天文学职位,于是就由他们两人分担,每人都用一半时间搞射电天文学,另一半时间去干别的。

威尔逊来自一个与彭齐亚斯大不相同的背景。他1936年生于得克萨斯州的休斯敦,父母都上过大学,父亲是化工工程师。他在休斯敦的赖斯大学上学时所有科学课程的成绩都是A,1957年毕业时美国最好的两所研究型大学,麻省理工学院和加州理工学院,都愿意录取他当研究生。他选择了加州理工学院,但对作什么方面的研究却没有拿定主意。这时他受到两位英国天文学家的影响。一个是霍伊尔,在加州理工学院以访问教授的身份讲授宇宙学课程,使威尔逊喜欢上了稳恒态理论;另一个是德怀斯特(David Dewhirst),建议威尔逊去同一位当时在该学院的澳大利亚射电天文学家博尔顿(John Bolton)一起做研究。于是威尔逊就去和博尔顿一起对银河系作射电巡视,绘出其中的氢气体云。结果倒并不是特别重要,氢气体云图是绘出来了,只是证实了澳大利亚一个小组绘制的一幅同类图的准确性。威尔逊也像彭齐亚斯一样对自己的第一个研究课题的完成质量表示不满:“坦率地说,我认为我的论文没有多大科学产出,尽管它是一个很好的练习,而且我有机会见到了世界上大多数射电天文学家,他们来学院访问过。”[16]彭齐亚斯在完成博士论文前不久就离开了哥伦比亚大学,而威尔逊则在1962年拿了博士学位后还在加州理工学院待了一年。于是在1963年,当威尔逊得知贝尔实验室对射电天文学的关注,而且克劳福德山上有仍然比较新的号角状天线可以使用时,就断然决定去新泽西和彭齐亚斯合作。

那架天线曾用于“回波”系列卫星的工作。那些卫星只是送到轨道上的一些大金属球,用于反射世界各地的射电信号。它们只是像天空中的镜子,本身没有放大作用,所以当信号返回到地面站时就相当弱,就需要一个很好的天线系统来捕捉，并且要充分放大后才能有用。后来有了通信卫星，能把接收到的地面信号放大后再发回到别的地面站，克劳福德山天线原定的作用也就完结了。彭齐亚斯和威尔逊才获准把通信接收器拿掉，把天线变成一架射电望远镜，这需要几个月时间。他们想要把新接收器做得尽可能地灵敏，能探测非常弱的天文射电噪声。这样他们就得先尽自己所能消除所有用于放大空中射电波的电器系统本身产生的噪声。这有点像调幅收音机里的静电干扰，那些嘶嘶的背景噪声有的来自偶遇的射电波（包括来自天空的射电波），有的则是由于接收器本身的效能不够。这种静电干扰或背景噪声可以用温度这个量来衡量，而那些把克劳福德山天线用于"回波"卫星工作的工程师已注意到，整个系统的静电干扰比他们能找出原因的还要稍多一点，或者说，天线温度过高。一位名叫欧姆（E. A. Ohm）的工程师，曾在1961年的《贝尔系统技术杂志》（*Bell Systems Technical Journal*）的一篇文章里报告过，在减去了所有能够解释的噪声之后，还有相当于温度约为3开的额外辐射噪声。这并不足以破坏"回波"系统，所以工程师们也不怎么担忧。但彭齐亚斯和威尔逊却必须在开始既定的射电天文研究之前跟踪和消除它，至少也要能加以识别。

于是彭齐亚斯和威尔逊就忙于探查自己系统中那令人恼火的噪声源。他们做得如此之彻底，甚至去清扫那号角状天线上的鸽子粪，但都没有效果。与此同时，普林斯顿小组正在平静地制造仪器以探测宇宙背景辐射。也是在那个1964年，在远处的英国，霍伊尔（又是那个人！）和泰勒（Roger Tayler）正开始沿同一条路线前进，即着手计算大爆炸宇宙今天的背景温度。而在更远的苏联也起了一阵疾风。泽尔多维奇（Ya. B. Zel'dovich）的计算表明，要解释宇宙中观测到的氢、氦和氘的丰度，宇宙就必须从热大爆炸开始，并且现在有一个几开的温度；他甚至知道《贝尔系统技术杂志》上欧姆的那篇文章，但却误解了其中的专门术语，以为欧姆的测量表示宇宙的背景温度在1开以下。苏联的另一位研究者斯米尔诺夫（Yu. N. Smirnov）计算出背景或残余辐射的温度是在1—30开范围内。依据这个计算结果，多罗什克维奇（A. G. Doroshkevich）和诺维科夫（I. D. Novikov）还写了一篇文章，从微波背景的角度来讨论已有的各种射电天文测量的作用。他们得出结论，对探测这种背景来说当时世界上最好的天线就是克劳福德山上的贝尔实验室天线，并建议把那架天线用于此项目的。所有这些工作都是在1964年完成的，并且大多数在当年发表。时机已经成熟，宇宙微波背景该向世人露出真容了。尽管至少有两大洲上这4个研究组在朝同一目标逼近，彭齐亚斯和威尔逊却仍然解不开仪器系统的额外噪声从何而来这一难题。

关于难题最后如何解开的各种叙述稍有不同，但基本上是一致的。按照其中一个版本，彭齐亚斯1964年12月去蒙特利尔参加一个天文学会议，在返回的飞机上坐在麻省理工学院的伯克（Bernard Burke）旁边。在飞行中彭齐亚斯谈到了正在和威尔逊一起消除他们系统中的背景噪声。几天后伯克打电话给彭齐亚斯，建议他去找普林斯顿小组。故事的另一版本则是，彭齐亚斯在为别的事打给伯克的电话里偶然提到了背景噪声。不管是哪种说法，总归是在1965年1月的一次电话里，麻省理工学院的伯克告诉克劳福德山上的彭齐亚斯，另一位天文学家即华盛顿特区卡内基学院的特纳（Ken Turner）曾听过普林斯顿的理论家皮布尔斯的一个报告，其中预言有一种电磁辐射的背景噪声充满宇宙，辐射温度大约是10开。按照伯克的建议，彭齐亚斯给迪克打了电话，普林斯顿小组的全部4名成员很快就驱车半小时来到了克劳福德山，要看看究竟是怎么回事。理论和观测终于会合了，2加2的确等于4。

普林斯顿小组对这项发现要比彭齐亚斯和威尔逊激动得多。对普林斯顿研究者来说观测恰与理论（他们认为是自己的理论）预言相一致,这是科学方法成功的一个很好例证。对彭齐亚斯和威尔逊来说,他们所测量的射电噪声有了一个解释固然可以宽慰,但似乎仍可能有别的解释。此外,在更多的证据到来之前威尔逊也不愿接受稳恒态假说的失败。尤其是,测量仅在一个波长即7厘米上进行,必须用不同的接收器在许多其他波长上测量,然后才能真正认识背景辐射的本质。

所以这消息虽然很快就在学术界传开,却是以一种十分慎重的形式印成了文字。两个小组商定各写一篇文章提交《天体物理学杂志》(*Astrophysical Journal*)一起发表。相比之下,普林斯顿的那一篇要更有趣和令人兴奋得多,也登在前面(第142卷414页);彭齐亚斯和威尔逊的文章紧随其后(第142卷419页),用了个很乏味的标题《4080兆赫上天线额外温度的测量》(A Measurement of Excess Antenna Temperature at 4080 Mc/s),文中只有一句话涉及这项使他们两人在1978年获诺贝尔奖的发现的真正意义:"对所观测到的额外噪声温度的一种可能解释,由迪克、皮布尔斯、罗尔和威尔金森在本卷中与本文配对的一篇快讯中给出。"但那卷《天体物理学杂志》最惊人之处也许是那两篇文章都没有提到伽莫夫、阿尔弗和赫尔曼的工作。这个失误很快就被改正了,后来的有关出版物全都给了那些先驱者应有的荣誉,但在此之前他们的工作曾长期遭受冷遇。

后来在各种不同波长上的测量确凿无疑地表明,彭齐亚斯和威尔逊所称的"额外噪声"的确是宇宙背景电磁辐射,而且正好就是关于我们宇宙起源的大爆炸模型所要求的温度近乎2.7开的"黑体"辐射。[17]这真正就是创世的回声,是我们用仪器能够探测到、摸得着的大爆炸余辉。这个发现应当列于有史以来最重要的科学发现之中,它改变了宇宙学的面貌,使宇宙学家认识到,他们不是在玩什么智力游戏,他们手中的方程式确实能够描述我们宇宙的起源和其中的一切。随着对这种剩余辐射的认识,"我们是从哪里来的?"这个问题从哲学领域转到了科学领域。这就是为什么伽莫夫和他的同事们超越了他们的时代——因为在20世纪40年代和50年代时只有他们相信那些方程。当宇宙学的确是一门科学这个认识随着背景辐射的消息传播开时，有不少物理学家转到了宇宙学，其中一位是温伯格，他作了恰当的概括：

> 伽莫夫、阿尔弗和赫尔曼应该首先享有殊荣，因为他们愿意认真地看待早期宇宙，因为他们用已知的物理定律揭开了最初三分钟的奥秘。是的，他们没能走出最后一步，就是使射电天文学家认识到应该去寻找一种微波辐射背景。1965年3开辐射背景的最终发现带来的最重要结果，就是使我们全都认真地接受了曾经有过一个早期宇宙的思想。[18]

勒梅特在1966年去世前不久才听到消息。伽莫夫也只比他多活了两年。假如他们活得稍长些，或者背景辐射发现得稍早些，他们应该能分享诺贝尔奖，因为那个发现所证实的大爆炸概念是他们提出的。诺贝尔奖从不授予死者，当诺贝尔奖委员会于1978年认定将早期宇宙的真实性记录在案的时候已经来到时，他们面临着一个看来很棘手的问题——授给谁？候选者并不缺乏。一方面是一对年轻的射电天文学家，他们发现了古怪的现象却不知道是什么，甚至别人来告诉了那是什么之后，他们开始时还不大相信。另一方面是一个小组，他们预言了那个背景的存在，制造了仪器去探测，而且在克劳福德山那次至关紧要的会见后很快就用自己的仪器证实了自己的预言。除开所有那些虽靠近而未能命中者，如苏联人、霍伊尔和泰勒等，还曾经有并仍然有第三只"手"应该考虑，就是阿尔弗和赫尔曼，他们是伽莫夫小组还活着的成员，他们首先说出了这一切，尽管曾被忽视。

获奖的是彭齐亚斯和威尔逊。在那种情况下，也很难再授给别人而不显得想要的太多反而成为笑柄。或者有办法做到？我在想委员会是否考虑过,哪怕是用片刻时间考虑这样一个有灵感的决定:为什么不能把奖授给第一个报告探测到3开背景的欧姆呢?他不知道自己发现的是什么,但是彭齐亚斯和威尔逊也不知道,而毕竟欧姆的确发现在先。

这些议论都没用了。做过的已经做过了,不可能重做了。连宇宙看来都是如此,它从大爆炸开始,此后就平稳地演化至今。有了今日宇宙的温度这样一个量来校准大爆炸,宇宙学家就能使他们的计算更精确,从而得出创生的标准模型,即宇宙从创生后不到1秒时起直到今日的整个故事。然后他们就能进而攻坚,探索到那创生本身的第1秒钟之内,以及大爆炸之前宇宙的那个奇怪的世界。

第七章

标准模型

我们生活在一个膨胀着的宇宙里,它均匀地充满着微弱的电磁辐射,物质以团块的形式(从大尺度上看)均匀地散布于各处。为了解宇宙在很久以前的状况,我们就得想象着把钟拨回,因而把模型宇宙缩小。模型宇宙缩小的结果是其密度增大。物质密度的增大是因为同一总量的物质随着时间反演而被挤进较小的体积里,辐射的密度也同样增大。辐射密度的增大表现为蓝移,即辐射的波长缩短,也可以借助于温度来表述,即从今天的3开开始,随着时间的回溯而变得越来越热。

从现在起我将讲述宇宙的标准模型,即目前宇宙学的"最佳选择",把它作为真实宇宙的写照。这是一个必要的声明,因为从现在起那种故事性的叙述将被打断,将不再总是提醒说这只是我们已有的对宇宙的最好描述,而新的进展可能取代它。如果一个模型被严格地提出来并且用方程式表达出来了,我们就能说在这个模型里随着其演化必定会发生什么。在标准模型里必定发生的事情的主要特征,看来与我们在宇宙中能看到的很相像,所以标准模型是一个好模型。我们也希望,在我们不能直接观测的地方和时候,那些按照标准模型必定会发生而我们不能直接看到的事情,也能告诉我们真实宇宙是什么样的。但是模型绝不能告诉我们在真实宇宙中必定发生什么。我将给出一个描述，把它作为我们宇宙的历史，这是唯一有条理的方式。但请保持这样的认识，即这个描述实际上只是对一个数学模型宇宙而言，这个模型宇宙与我们今天的宇宙有显著的相似性，所以我们认为能够用它来认识很久以前当我们的宇宙年轻时发生过什么。

时间上的回溯对应于模型宇宙的收缩，即目前膨胀的时间反演。如果模型宇宙的这种收缩持续得足够长久，那么按照物理定律就将成为一个物质和辐射密度都无穷大的点。但是，我们由地球上的实验和由对今日宇宙的观测得知的物理定律又显然不适于描述无限大的物质和能量密度，因而这些定律只能运用到返回创生时刻的想象旅程的某一阶段为止。如果我们暂且抛开那个在创生本身的第1秒钟之内精确地发生了什么的难题，那么对膨胀宇宙的观测又完全足以告诉我们，创世必定发生于100亿到200亿年之前。为便于论述，不妨取估计年龄范围的中间值，认为150亿年前就是$t=0$的时刻，此时宇宙以一种极高密度和极高温度的状态出现，然后描述宇宙如何自$t=0$起随时间流逝而演化至今。我们这样做是通过在想象中把时钟倒拨，从现在起拨回到尽可能靠近那无穷大能量密度的状态，然后再想象让时钟与宇宙演化进程一样走回来。所以，作为开始，我们需要检查一下对今日宇宙知道些什么。[1]

第一，我们知道它在膨胀。第二，我们知道恒星物质的大约25%是氦，其余的基本上是氢。第三，我们知道它由温度为3开的辐射所充满。电磁辐射也可以用粒子的概念来表述，那就是光子。宇宙中每立方厘米的空间大约有1000个光子。如果按观测所启示的那样，假定常见物质的密度大致对应于一个平直宇宙，即在开放和闭合状态之间的分界值附近，那么宇宙中光子的数量大约是质子和中子总数的10亿倍。这种辐射的能量大体上是由$E=mc^2$给出的宇宙可见物质能量的1/4000。今日宇宙是由物质主宰，但并非历来如此。

倒拨时钟，我们就能由简单的物理定律计算出辐射温度如何随宇宙的缩小而升高。每个质子或中子所具有的能量是不变的，但每个光子所具有的能量就随着辐射被挤压和蓝移而增大。当温度约为4000开时，每个光子的能量是每个质子或中子能量的10亿分之一，但由于光子的数量多上10亿倍，辐射的总能量就与物质的总能量相当了。对所有更高的温度，相应地也就是更早的时期和更大密度的状态，宇宙是由辐射主宰的，物质只起次要作用。于是我们就有了重新构造出大爆炸状态的公式，因为我们知道今天宇宙的温度，知道每个质子或中子所对应的光子数，还有关于状态如何随时间倒流而改变的定律。那些定律的最简单形式即弗里德曼-勒梅特宇宙学，加上关于今日背景辐射的已知事实，就是在宇宙演化的最初几分钟里把25%的原始物质烹制成氦的秘方。

宇宙火球

在对宇宙作有效的描述时，我们能把物理定律推回去多远，也就是离$t=0$多近呢？今日世界上自然存在的物质最大密度是在原子核里，在那里质子和中子紧紧挤在一起。核反应(即涉及质子和中子的反应)是我们在身旁看到的各种化学元素之所由来，而在宇宙诞生后很快就发生的核反应，确定了后来成为第一代恒星燃料的氢和氦的比例。标准大爆炸模型得益于瓦戈纳、福勒和霍伊尔对大爆炸能产生多少氦所作的计算，能够有效地列出宇宙自其物质密度与今日原子核物质密度大致一样或稍低一点的状态以来的演化史。那种状态所对应的温度约是10^{12}开，密度约是核密度即10^{14}克/厘米^3，时间则是在$t=0$之后的10^{-4}秒。

这些条件是如此之极端，在细述宇宙如何从这种状态即从大爆炸本身演化之前，有必要提一提描述这种极端条件的有关物理定律。至关重要的一点是，辐射在大爆炸中起着比在今日宇宙中重要得多的作用，这个道理很容易明白。如果让模型宇宙随时间倒退而收缩，那么在很长时间里对单个原子来说并没有什么重要的事情发生，更不用说原子核了。这是因为星系之间相隔如此之远，要经过长达数十亿年的收缩才会彼此接触。即使到了那时候，还要经过很长时间的收缩才能把单颗恒星挤压成一种无定形的团块。但背景辐射，尽管只是一种温度仅为3开的微弱嘶嘶声，却充满着今日的整个宇宙，并且总是充满整个宇宙。想象中的收缩一开始，辐射就会增强，温度就会升高。到恒星被挤压到单个原子核开始受影响时，空间每一点的辐射密度就已经增大到其能量远大于粒子所具有的能量。这时的辐射就不再是"背景"，而是一个又热又密的宇宙中进行的物理过程的最前线。

一个质量为m的粒子所等价的能量当然是mc^2，而能量为E的辐射所等价的质量也简单地就是E/c^2。$E=mc^2$这个关系式表明，一个足够高能量的辐射包(即光子)能转变成具有相应质量的物质，反之亦然(还有其他规则即量子规则必须遵守，下文很快将会谈到)。在大爆炸的高能量高密度情况，用粒子的概念来考虑辐射的确是有意义的；如我们在下面很快就会看到的，事实上在量子物理的奇特世界里，所有的粒子也都能被看成波，而所有的波也能被看成粒子。能量和质量是等价的，是可以互相转换的，粒子和波的概念也是如此。但是一个光子即一个能量包，不可能简单地为一个粒子所取代而消失。粒子都是配对的，每种粒子都有其对应物，叫做反粒子，表示是粒子的"镜像"。电子的镜像是叫做正电子的粒子，带有正电荷而不是电子所带的负电荷，故得其名。如果一个电子与一个正电子相遇，两者就会湮灭而成为高能辐射，即γ辐射。而足够高能量的γ辐射也能变成一对粒子，即一个正电子和一个电子。

在我们现在所谈的时间，即大爆炸的$t=0$之后10^{-4}秒到0.1秒之间，宇宙由辐射主宰。可以从两个途径来设想这种主宰。第一,辐射的密度(每个小体积里所包含的能量)高到如此程度,即(粗略地讲)在每个相当于电子-正电子对尺度的空间体积里就有等价于一对电子-正电子的能量。于是能量就能很容易地由电磁能转化成电子和正电子并且又可以转变回来。同样也可以用电磁能粒子即光子的概念来思考。对应于每一个核粒子(每个质子和每个中子)都有10亿个光子,那些光子中的每一个都能够,而且确实会变成一个正负电子对;而在这个原始大动荡中的电子和正电子遇上时,又会湮灭而生成新的γ光子以代替已变成正负电子对的光子。火球是由光子、电子、正电子,还有一种叫做中微子的无质量粒子所支配。或许"火球"不是对这时的宇宙的最好称呼。按照公式$E = mc^2$,$t = 0$后0.01秒时宇宙的能量密度相当于地球上水密度的将近40亿倍。好一个火球!

质子和中子(合称为核子,因为它们都是核中的粒子)即使在这样极端的条件下也相对较稳定。中子在单独存在时会在几分钟里自发衰变,变成一个质子、一个电子和一个中微子。但是火球的时间尺度只是1秒的很小部分,所以一个能稳定几分钟的粒子就等效于是永恒的。质子和中子的质量相近,即都稍小于电子质量的2000倍。要产生质子-反质子对或中子-反中子对,相应地就需要更高的辐射能量密度(更高能的光子)。在宇宙的更早时刻即$t = 10^{-4}$秒之前可以得到所需的能量,但是20世纪60年代后期的标准大爆炸模型只涉及宇宙密度降到低于核物质密度后的事情,那时质子和中子已经从辐射中凝聚出来。

在讲到随着宇宙的进一步冷却将会发生什么之前需要强调的最后一点,是关于所有这些变化所发生的时间尺度。今天的宇宙作为一个整体不会在0.0001秒内,甚至不会在1000万年内有显著变化。宇宙学家说宇宙年龄是100亿年到200亿年之间,他们对这个取值范围有一倍的可能差异并无不安。但当宇宙年轻时状态就改变得更快,1秒的很小部分对大爆炸时的事件都很重要。在宇宙演化的任何阶段的特征时间尺度，都可以取成宇宙中任一选定区域的大小加倍所需的时间(今天这就等价于任何两个星系团之间的距离加倍所需要的时间)。引力在持续地使宇宙的膨胀减慢，所以这个时间尺度本身是随时间增大的。使宇宙的整体面貌发生可观变化的时间越来越长。反过来必然是，越接近$t=0$，任何重要变化所需的时间就越短。宇宙在任一时期的特征时间尺度粗略地反比于其密度的平方根(密度越大，特征时间尺度越短)，在光子、电子、正电子和中微子主宰的时代开始时，这个时间尺度是0.02秒。

要大略感受一下这个重要的时间尺度如何随宇宙年龄变化，可以只取10的幂并沿时间反推。宇宙年龄是大约150亿年，若取10的整数幂就是10^{10}年。天文学家对他们所作的宇宙年龄估计是感到高兴的，因为所有的估计都与10的同一个幂相符，没有一个估计小到10^9年或是大到10^{11}年。如果回顾宇宙的过去，第一个重要的里程碑是在大约10^9年，那时的宇宙是它现在年龄的1/10，看去应该是显著不同。下一个里程碑将是它再年轻10倍即10^8年时，也就是现在年龄的1%，如此等等。这样看来，在从第1个1/10秒(0.1秒)到第1秒末的间隔里所发生的一切，与在从第1个1%秒(0.01秒)到第1个0.1秒末的间隔里所发生的一切大体上是同样有趣和重要的，依此类推。这种类比并不精确，但却给出了早期宇宙迅速变化的一点味道。还有另外一种透视方法。宇宙年龄若以秒为单位是数倍于10^{17}，因为1秒就是10^0秒，从现在到第1秒的间隔覆盖的广度是10的17次幂，那么如果再往第1秒的另一侧作同等程度的回溯，就会到达10^{-17}秒。在很真实的意义上，从10^{-17}秒到1秒的间隔等价于从1秒到现在的间隔。物理学家现在谈论着发生在$t=0$秒后10^{-40}秒内的事情，也就是说从$t=1$秒向创世时刻的回推相当于第1秒与现在的时间间隔的2.5倍。如此说来，从10^{-4}秒到大约4分钟之间的事件几乎就在眼前，正是这段时间的事件使我们的宇宙定形。

最初四分钟

对宇宙火球从辐射、正负电子对和中微子支配的时期起往后作出最好描述的是温伯格的书《最初三分钟》。如温伯格在书中所声明的，这个标题稍有点作者自己的随意。他所讲的大爆炸实际上是从10^{-2}秒即创世时刻后的1%秒开始，他所描述的主要活动发生在此后的3分46秒时间内。他写这本书是在1976年，当时的物理学对第1个1%秒内发生的事情还迷惑不解，所以他的起点选得是很合理的。这本书现在仍然是对那个极为重要的3¾分钟里的情况的清晰指南。[2] 所以我也就照搬温伯格对4分钟内的状态变化所作的经典性概览，在这段时间里宇宙从一团均匀而密集的辐射和物质的汤，转变成约75%的氢和25%的氦的混合，而辐射则与物质分离，并逐渐衰退而成为我们今天所知道的背景。

故事从时间$t=10^{-2}$秒、宇宙温度为10^{11}开开始。那时主宰宇宙的是辐射、由辐射所产生并能重新湮灭成为辐射的正负电子对，还有无质量的中微子及与之配对的反中微子。质子和中子对于今天的物质是如此重要，是它们组成了所有的恒星和行星、太空中的气体和尘埃云乃至我们自己体内的原子，但那时只是那团汤里无足轻重的成分，它们的数量只是光子数的10亿分之一。它们不断地遭受电子、正电子和中微子的轰击，因而不断地改变面目。一个反中微子与一个质子碰撞能生成一个正电子和一个中子，而一个中微子与一个中子碰撞又能生成一个电子和一个质子，这两种反应又都能反向进行。单个的核子被不断轰击，反复地由中子变为质子又变回来。但平均说来，只要火球的能量高得足以使所有这些反应很容易地进行，在宇宙的任何部分就总是有大致相同数量的质子和中子。但是,当温度降到约3×10^{10}开时,情况就开始变化了。

粒子物理学家常用电子伏(即eV)这个单位来量度能量和质量(若计及c^2因子这两者就是一回事)。1电子伏是一个电子被加速通过1伏特的电势差所获得的能量。这是一个很小的单位。一个典型的可见光光子所携带的能量约是2.5电子伏,一个电子的质量是510 000电子伏,即稍高于0.5兆电子伏。[3]质子的质量是935兆电子伏,中子的质量几乎但不完全与之相同。这个"不完全"相同正是宇宙演化下一个阶段的关键。

当宇宙的温度高达10^{11}开时,每个电子、光子或其他粒子所携带的典型能量约是10兆电子伏,即1000万电子伏。有的具有更高的能量,有的低些,但这是一个很好的平均值。这个值远小于核子的质量,这就是核子何以在那时能保持其为核子的缘由。而这个值又比正负电子对的质量大许多,这就是这种粒子对何以在那时能很容易地产生出来的原因。这个值还比质子与中子质量之差要大许多,因为这种差额还不到1.3兆电子伏。对一个具有10兆电子伏能量的电子或中微子来说,是与一个质子还是与一个中子发生反应几乎没有差别,质子转变成中子和中子转变成质子这两个方向上的反应都同样容易进行。但随着宇宙温度的下降,每个粒子所携有的能量也成比例地降低。由于驱动反应的能量小了,质子与中子的质量之差开始显得重要,将较轻的质子变成较重的中子的反应就变得相对难以进行。如果一个能量足够高的电子与一个质子碰撞,这种"爬坡"反应仍能发生,但是能量足够高的电子变得越来越缺乏,其数量与将中子转变成质子所需要的能量稍低的粒子就相差得越来越大。

在$t=0$后的0.1秒,宇宙温度是3×10^{10}开,能量密度已降到水能量密度的3000万倍,膨胀速率也已大大减慢,宇宙的特征时间尺度是0.2

秒，虽然核子与光子数量之比仍是1∶10亿，但中子数与质子数之比就不再是50∶50，而是38∶62。

约在$t=0$后的1/3秒，宇宙中发生了一个重大变化。在早期火球的高温条件下，粒子之间很容易发生许多反应，包括电子、正电子和中微子之间的互变，即正负电子对湮灭而生成中微子-反中微子对，以及反向转变，还有已经讲到的核子反应。但是中微子在任何我们视为正常的条件下都很难与其他物质作用。它们能直接穿过地球而不受什么影响，太阳核心的核反应产生的中微子流也径直穿过太阳而去，并不受什么影响。对中微子而言，通常物质都是透明的，这里的“通常物质”包括任何不如创世后1/3秒内那样极端的状态。从那个时刻或稍后起，中微子停止与电子、正电子或任何其他粒子反应，而是保持作为一种背景海（颇像宇宙微波背景辐射，但难以探测得多）充斥于宇宙之中，对宇宙的演化只起次要作用。[4]

于是在$t=1.1$秒时，温度降到了10^{10}开，密度降到了水密度的380 000倍，中微子停止与其他物质反应（或者说它们退耦了），宇宙的特征膨胀时间也延伸到了2秒，而中子数与质子数之比则进一步变成了24∶76。随着温度继续降到10^{10}开以下，具有足以生成正负电子对能量的光子变得更稀少，因而在宇宙演化的这个阶段，正负电子对湮灭的速率就超过了新对的生成速率。

从现在起，原先那种听得使人喘不过气的演化进度已减慢到近乎熟悉了，已经能用整秒而不再是秒的分数，而且粒子和它们的反应已经与为今天的太阳和其他恒星提供能量的粒子和反应很相似。

到温度降为3×10^9开即$t=0$后13.8秒时，再也没有新的正负电子对生成，原有的对则仍在湮灭。氘核（1个质子加1个中子）能短暂地生成，但几乎是一生成就被其他粒子碰撞而又拆开。虽然还有中子在转变成质子，但由于能量降低这个反应也急剧减慢下来，核子中仍有17%

是以中子的形式存在。从创世起的3分2秒时，宇宙已冷却到10^9开，终于可以与今日宇宙作某些比较了。太阳核心的温度是1.5×10^7开，$t=0$后3分钟时的宇宙温度已只是70倍于此。几分钟前那么重要的那些粒子反应实际上已经停止了，现在宇宙已经老到使中子的自然衰变变得重要，从现在起的每100秒内，剩余自由中子的10%将衰变成质子，而现在中子在核子中占的比例已降到约14%。但它们不会灭绝，因为随着温度降得更低，氘核能够形成而且不易破裂了。

现在，伽莫夫及其同事们概略地，而瓦戈纳、福勒和霍伊尔详细地描述过的反应终于可以发生了。核合成很快造出了氦4的核，但也基本上就到此为止，因为如前所述，不存在质量为5或8的稳定核，而如霍伊尔在20世纪50年代初所发现的，只有在恒星内部的条件下核合成才能越过那些缺口，而恒星现在还远未形成。[5]

一旦氦开始生成，所有可用的中子很快都被这样束缚起来而成为稳定的了。这发生在中子在核子总数中所占比例约在13%或14%时，而在氦4核中每个中子有一个质子伴随。于是核子总质量中转变成氦4的比例就简单地是反应开始时中子丰度的2倍，也就是26%到28%之间。核合成是在创世后3分46秒开始的，当时温度为9×10^8开。到$t=4$分钟时，标准大爆炸模型已经造就了正好产生今日宇宙中观测到的那么多氦的条件。

标准模型的这个巨大成功所依赖的关键是，质子转变成中子和中子转变成质子的反应是在进行中“冻结”的，所以那剩余的14%或15%的中子能在核反应开始时留下来。那些使质子和中子互变的重要反应和反应的冻结点，都不仅对温度而且对早期宇宙温度下降的速率非常敏感。如果冻结是发生在“宇宙年龄”还只有几秒钟时，那么宇宙中氦所占的比例就会接近30%。

但若一切都发生得稍稍再快一点，而冻结是在0.1秒时，由大爆炸产生的氦的比例就会几乎是100%(因为核合成也进行得快得多);反之若宇宙的演化慢得多,因而冻结是发生在100秒时,大爆炸中就不会有氦生成,因为在核合成开始之前所有的中子已经转变成了质子。

温度下降的速率由标准模型以一种最简单的形式给定,并且与今日宇宙微波背景的温度相配合,从这种背景温度得出的一个至关重要的估计是,宇宙中每一个核子都对应着10^9个光子。这个比数在宇宙膨胀过程中保持不变,在光子已散布在宇宙中而核子却聚集成物质团块的今天是如此,在宇宙的火球阶段必定也是如此,那时的辐射主宰着物质,并且驱动着正好生成如我们看到的那么多氦的反应。标准模型还制约了今日宇宙中其他粒子存在的可能性。中微子和反中微子也参与质子转变成中子和中子转变成质子的过程,所以下文就要讲到,标准模型的成功还在于能给出大爆炸时业已存在,因而留待我们现在去发现的中微子的数量和种类。

所以,继20世纪20年代对宇宙膨胀的惊人发现之后,标准模型已经有了第二个成功的预言,或是要求。宇宙中的氢是氦的3倍,这是大爆炸这个最简单的宇宙模型的一个特征性要求。标准模型三脚架的第三只脚是宇宙微波背景辐射。但要看清楚这种辐射的由来,从创世时刻开始的行程就不能再是以几秒或几分钟迈步,而是要一步跨越数千年甚至10亿年了。

后来的100亿年

$t=0$之后的半小时稍多一点(准确地讲是$t=34$分40秒),几乎所有的电子和正电子已经湮灭,这时的宇宙很像我们今天所知的真空。几乎所有的物质,但不是全部,已经消失。除了数量为光子的10亿分之一的核子外,在正负电子对最终湮灭时每10亿个电子中还有一个幸存下来,这正好是平衡宇宙中质子的正电荷所需要的数量,从而保证了物质最终成为电中性原子这种稳定的形式,即每个原子核中的每个质子都有核外一个电子的云相配。这个微小部分的物质是从哪里来的呢?为什么粒子与反粒子之间并不是完全对称并使一切物质都湮灭掉而只有辐射留存于冷却的宇宙中呢?答案来自对这样的粒子物理世界的认识,这个世界的状态甚至比宇宙在第一个百分之一秒后更加极端,这也是将在后面的篇章中描述的发现所解开的最容易提出却最有深远意义的难题之一。现在且只看创世半小时后的这个膨胀着和冷却着的火球。

现在火球温度已降到 3×10^8 开,宇宙能量密度已只有水质量密度的1/10。约69%的能量由光子携带,而31%是属于中微子,此时相应的膨胀时间尺度已伸长到75分钟。虽然所有可得到的中子已被装进氦核里,宇宙仍然太热而不允许稳定原子形成,因为一旦一个带正电的质子或氦4核粘上一个带负电的电子,那电子又会被高能光子撞掉。这是宇宙的“辐射时代”,残余的物质由辐射支配着,没有什么重要的粒子反应需要操心。这个时代约持续700 000年,直到温度降至约4000开时为止,那时的核和电子就终于能经受住光子逐渐减弱的打击而保持在一起了。

原子形成的时间不能精确确定。早至创世后300 000年时就有一些氢原子开始形成,并能存活一段时间而不被辐射所电离;在 $t=10^6$ 年后,几乎所有电子都已被束缚在原子里,实际上相对于每100 000个稳定原子只有1个电子和1个质子还自由存在,物质完成了从辐射的“退耦”。从这时起辐射与物质之间就几乎不再有什么相互作用,因为电磁辐射与带电粒子之间虽有很强的作用,像原子这样的中性粒子与辐射之间就几乎没有什么相互影响。就像早些时候退耦的中微子海一样,光子也离开并减弱成为一种宇宙背景。

这个退耦时期,即大爆炸后稍少于100万年时,是物质与辐射相互密切关联的最后时光，所以我们今天看到的宇宙背景实际上是宇宙那时候的风光。宇宙背景是一致的、各向同性的和均匀的这一事实表明，宇宙整体在 $t=0$ 后的700 000年时是一致的和均匀各向同性的。这是我们对大爆炸最靠近的直接观测。但不要忘记原初中微子。原则上它们是可以被探测的，按照标准模型的方程式，它们应该形成一个充满着今日宇宙的背景海，其温度是光子背景温度的70%，即约2开。它们的退耦是在 $t=0$ 后刚1秒时。如果这些中微子被探测到了，那就会是对标准模型准确性的最激动人心的证实，并能使我们看到宇宙年龄只有1秒时的那么遥远的景象。

在物质与辐射将近退耦时，整个宇宙的状况与太阳表面相似。它很热，不透明，充满着黄色的光。随着物质与辐射的退耦，它突然变得透明，大约与此同时，辐射能量密度也降到了物质的等价密度以下。从大约 $t=10^6$ 年时起，宇宙变成由物质和引力主宰。可以借助于红移获得这发生在多久以前的一点大略印象。已知红移最大的天体是几个类星体，红移 z 在3.5到4之间。[6] 退耦时期和物质开始主宰宇宙的时期都大约对应 $z=1000$。宇宙微波背景中每个光子的波长，从它最后一次与物质相互作用时算起已被拉长了1000倍。

虽然初看起来辐射时期与最初4分钟相比似乎并无建树，但却有可能正是那时的不规则性后来的增长而导致星系和星系团的出现。在辐射时期的末尾，当稳定原子刚刚形成时，宇宙中每升体积里大约有1000万个原子。今天平均说来在每1000升左右的空间才有1个原子。退耦时原子的数密度至少是今天星系中物质密度的1000倍，所以我们所知的星系显然应该是退耦后形成的。但是正在成为宇宙主宰的物质可能继承了在辐射时期的不规则性，某些地方的密度已经稍大于别处。到物质完全主宰一个透明、黑暗并正在冷却的宇宙的演化时，它已经聚成团块，而且由于自身的引力，这些团块不会像宇宙整体那样变得稀松。在这种有着上述平均密度的团块内,有些区域形成了气体云并开始碎裂和收缩,最后成为我们银河系和其他星系中的恒星。到宇宙已度过它现在年龄的一半时,银河系已经大体上是我们今天看到的这个样子;45亿年前,太阳及其行星系统形成,形成它们的星际物质已经在许多恒星内部加工过又再加工过,因而含有丰富的重元素,当然还有那从大爆炸继承来的氢和氦。

在过去100亿年的绝大部分时间里,宇宙中的绝大部分物质是束缚在恒星和星系里,仅有的大尺度变化是星系团随宇宙膨胀的平静分离,以及背景辐射平静地不断红移和冷却。但是,星系形成的详细过程仍不清楚,天文学家们提出了一些相互竞争的理论,试图解释宇宙中的物质怎样聚集成我们今天看到的景象。粒子物理学的最新进展又一次提供了线索。的确,大多数在标准模型里尚未回答的问题答案,并不能在对今日宇宙的认识里找到,但是却能在对宇宙的第一个百分之一秒,也就是对标准模型所描述的大爆炸之前的认识里找到。

留下的问题

标准模型虽然在20世纪60年代至70年代取得了巨大成功,却也留下了一些未能回答的问题。那数量很少的物质(与光子数相比)是从哪里来的?为什么宇宙是这么特别的一致和均匀,而宇宙的密度又是如此接近于使它平直?在从$t=0$到第一毫秒末的间隔里发生了什么?宇宙是怎么来的——在创世时刻本身到底发生了什么?而且,在宇宙演化时标的另一端,宇宙的最终结局是什么?

宇宙学中留下的这些大问题,关乎宇宙的真正起源与结局,即时间的始与终,也许已经被20世纪80年代出现的一个高度成功的理论回答了。这个理论名为暴胀,它还能解释宇宙的难以置信的平直特征。

我们最后又回到了形而上学的本质问题，曾被认为是超出科学范围的问题。但是现在科学已没有什么界限，而是能向所有这些问题发起进攻，即使答案尚不完整，或者尚不能被完整地理解。我们甚至有了向创世本身这一问题进攻的路线。对所有这些深刻奥秘的认识，都依赖于对在第一秒的一个很小部分里所发生事情的把握，那个时间是在由标准模型接着讲的故事之前，也就是说是在大爆炸本身之前。如马萨诸塞大学的宇宙学家哈里森所评论的，“第一个千分之一秒里宇宙史的内容比此后100亿年里的还要多。”然而，对宇宙真实本质的关键洞悉其实是来自借助最新观测技术对一个古老难题的再考查，这个问题返回到哈勃自己的时代，就是现在的宇宙膨胀得究竟有多快，由此又能对宇宙中包含的物质了解些什么。是时候来更仔细地看看宇宙学的这个关键参数，即哈勃常数本身了。

第八章

趋近关键

宇宙学最重要的观测事实是，来自本星系群以外的所有星系的光都有红移，这意味着宇宙是在膨胀，是从一个致密得多的状态即大爆炸演化而来。哈勃指出，对于一切能用其他方法（星系中的变星或明亮星团等研究）估计出距离的星系，红移与距离成正比。看来没有理由怀疑，这条定律适用于所有遥远的星系，所以那些远在变星观测技术或其他技巧的能力范围之外的星系的距离可以很简单地确定，即测量它们的光的红移，再乘以一个现在被称为哈勃常数的H。其实，即使不知道H的精确值，只要知道"距离等于常数×红移"这条定律，就能确定星系的**相对**距离，比如，一个星系的距离是另一个的两倍，第三个比第一个远12倍。这就很好了，因为H的精确值的估算自哈勃时代以来已经大大改变了，即使是今天对哈勃常数应该赋予的值也有两派观点。由于所有对银河系外距离的估算都与哈勃常数相关，结果是一派认为的观测到的宇宙大小是另一派所赞同的两倍。两派都基于同样的观测数据来作估算，但都把对方的主张视为是不可能的。这些相互矛盾的主张首次出现于1976年在巴黎举办的一次重要学术会议上，至今仍悬而未决。但如下文将要讲到的，其中只有一个主张与我们的宇宙是闭合的这种可能性充分相容，即宇宙自我弯曲而形成一个有限而无界的世界。

分量越来越重的独立证据表明,宇宙的确是以这种方式自我包容。

通向宇宙的台阶

与今日物理学家知道的诸如质子质量、引力常数等基础数值的精度相比,我们对宇宙距离尺度的认识有着一倍差异的不确定性似乎有点奇怪。但是回想一下,如在第三章讲的,只是在20世纪20年代天文学家才第一次意识到宇宙比银河系要大,并且开始估计与其他星系的距离,那么这种明显的模糊性就变得稍稍易于理解。的确,与1929年可得到的最佳估计相比,宇宙今天是那时的10倍大——至少是天文学家那时**认为**的10倍大。

天文估计不精确的主要原因很简单,因为不可能把宇宙放进实验室里来研究。在实验室里可以操控一个质子并测量其性质,但我们关于宇宙的知识却是来自对暗弱、遥远天体的观测,并且最多也是间接的。令人惊讶的是,诸如星系和类星体的距离等性质的任何看来合理的数值都出现了,而那个终极的参数,即给出宇宙大小的距离标尺,只有通过一系列的科学台阶才能得到,其中每一级都要借助于以前的所有积累。这一推理链条中任何一处差错,都会使后继步骤的所有计算误入歧途。

"宇宙的大小"这一短语其实并不妥当。天文学家感兴趣的是他们借助望远镜和其他仪器所能看到的这一小块,而他们想知道的是计算与银河系外所有星系和其他天体距离的方法。他们更愿意谈论宇宙的距离尺度,即星系之间的相对距离,恰恰因为这些相对距离具有与H的真实值同样的含义。

哈勃常数是整个宇宙学的关键数值。有了H的精确值和红移测量,就能够计算出与任何星系的距离。正是H的精确值已使专家们苦苦争论了10年。威尔逊山和拉斯·坎帕纳斯天文台的桑德奇及其同事巴塞尔大学的塔曼(Gustav Tamman),估计这个值是50千米/(秒·兆秒差距)。得克萨斯大学的沃库勒尔(Gerard de Vaucouleurs)则主张是100千米/(秒·兆秒差距)。双方都坚定不移。但即使是在这些可能值的范围内,H仍然提供了有关我们生活其中的宇宙的大量信息。

自大爆炸起已经逝去的时间,取决于宇宙膨胀得有多快,即取决于哈勃常数。所以,测量哈勃常数也能立即给出对宇宙年龄的估计。如图5.5所示,这一估计总是太大,因为引力必定使膨胀随宇宙年龄的增大而减慢,因而使现在的H小于其过去的值(这就是为什么有时是用H_0来标记目前的哈勃"常数",为什么有些学究宁愿用"哈勃参数"这个词,因为它其实并不是常数)。宇宙膨胀减缓的速率当然取决于其中有多少物质。物质越多,阻止膨胀的引力就越强。

宇宙学中把宇宙中物质的密度记为Ω。这一参数是如此定义的,如果宇宙学的Ω小于1,宇宙就是开放的,并将永远膨胀;而如果它大于1,宇宙就是闭合的,并将不可避免地终结于一个像是大爆炸逆转的大挤压(有时称为"奥米伽点")。如果宇宙的密度正好在闭合所需的最低值,也就是Ω有着临界值1,那么宇宙的真实年龄,即自大爆炸起已逝的时间,就恰好为$1/H$的2/3。

即使不知道H的精确值,其可能值的上、下限至少仍可提供一些关于大爆炸后已逝时间的信息。H的倒数称为哈勃时间,当千米被兆秒差距相除后,秒换算成年,这一时间的范围是100亿年[对应于$H=100$千米/(秒·兆秒差距)]到200亿年[对应于$H=50$千米/(秒·兆秒差距)]之间。如果Ω等于1,则宇宙可能的年龄相应范围是65亿年到130亿年之间。不确定性的出现是由于第三章中所描述的天文学家面对的困难,即得出本星系群以外的仅仅一个星系的精确距离。

如前所述,向外伸入宇宙的台阶是视差、移动星团方法(给出了到毕星团的距离）和亮度-星等［赫茨普龙-罗素图或赫罗图（HR diagram）］方法（把毕星团作为一个整体用来校准其他星团的亮度，从而确定距离）。走出银河系的关键步骤是发现造父变星能提供“标准烛光”，那些星的固有光度可以由其光变周期的长度得出。但即使是造父变星，也只能把我们带到近邻星系，即大约5兆秒差距处。恒星的爆发，即新星和超新星，能被用作更遥远星系的距离指示器。一颗超新星能短暂地如同普通恒星组成的整个星系那样明亮，这个闪耀的视亮度就能给出爆发星所在的星系有多远，前提当然是对典型超新星的绝对亮度有所了解。即使如此，但超新星却又远非常见。所以，对于最邻近星系以外的天体，天文学家不得不回到间接的距离指示器。

间接方法的可靠性要差得多。天文学家首先研究那些距离已知的星系的性质，试图找到共同的特征。然后，他们把那些特征与更遥远星系的对应特征作比较，从而估计出与后者的距离。

例如，许多旋涡星系含有很大的电离氢云，称为HII区。如果所有的HII区都是同样大小，并且可以用射电天文技术来测量那些云的直径，那么含有这种云的星系的距离就能通过比较那些云与近邻星系中云的视大小来得出。这一推理链中又有许多“如果”，也没有其他更好的间接方法。这就导致桑德奇和沃库勒尔的确可能对哈勃常数的精确值持有如此不同的观点。

具体地说，两派的分歧有几方面原因。首先，沃库勒尔假定，当通过银河系的极区来看遥远星系时，星系的光会由于尘埃遮掩而稍稍变暗。桑德奇不同意，所以他对星系亮度和距离的估计与沃库勒尔的不同。其次，桑德奇已经走出了勒维特发现的造父变星的简单周期-光度关系，认识到不同颜色的造父变星有着略微不同的周期-光度关系，这一效应是沃库勒尔所忽略的。差别起始于对毕星团距离的估算，桑德奇采用的是40秒差距，比其他任何人的都小得多，而正是毕星团的距离(通过主序法)给出了用来校准与所有其他造父变星距离的第一颗造父变星的距离。这两位专家对我们自己的天文后院的距离估计已经有30%以上的差异,当他们走出近邻星系以外时情况就更糟。宇宙的最大距离估计的进一步差异,有一部分是来自对本星系群的宇宙学运动在多大程度上因被室女座星系团吸引而改变的不同认识。在得出宇宙在大尺度上膨胀得有多快的真实图像之前,其他星系的红移和距离必须针对这个局部效应作出修正,而两派对所需修正的幅度大小各持己见。

可望解决这场争端的新技巧正在发展。超新星爆发时会炸出一个迅速膨胀的物质壳层。超新星的光实际上是来自这个膨胀壳层,光的多普勒频移能告知壳层运动得有多快,于是就很容易计算出壳层在最初爆发后的某一个确定时刻是多大。如果能够用某种方法测量出壳层的视大小,就能与已算出的真实大小联系起来,给出一个直接的、理论上坚实的、第一手的距离指示。

想法很简单,但实行起来却很复杂。例如,对于室女座星系团的距离而言,需要测量的张角小于百万分之一度。然而,如此令人惊讶的精度正在被射电天文学家运用甚长基线干涉(VLBI)技术达到。这种技术的首次成功应用是在1985年公布的,给出了M100星系中一颗超新星的距离是1900万秒差距。根据对这颗超新星膨胀壳层的观测,H的值是大约65千米/(秒·兆秒差距)。初看起来这恐怕使桑德奇和沃库勒尔都不愉快,但这一新技术的首次应用中的不确定性很大,无疑会包含使争论的某一方愉快的数值范围。尽管如此,这项技术有望在下一个10年中成为估测星系距离以及宇宙距离标尺的最可靠的手段之一。

还能怎样来核实这些数值呢?不远的未来,最有希望的路线简单地就是对更遥远星系中的造父变星进行传统观测。哈勃空间望远镜现在具有找出室女座星系团中单颗造父变星的足够分辨率,但尚未给出一个确定的答案。桑德奇和沃库勒尔不可能都是对的,他们有可能都错了。但却有一些相当独立而有力的论证有利于宇宙的较小H值即较大的年龄。

银河系的年龄

H的最初估测给出的“宇宙年龄”小于地质学家推断的地球年龄。这个矛盾强烈地激励了天文学家找出宇宙年龄估计中的错误在哪里,因为宇宙自身显然必定比其中的任何恒星或行星要老。现在的H估测值范围给出了“宇宙年龄”可能的范围,足以容纳现在公认的太阳和太阳系年龄,即大约45亿年。但是,在银河系里还有古老得多的恒星和恒星系统,其中最古老的已经足以排除一些简单的宇宙学模型版本,那些版本是由大的H值,并认为真实宇宙中的物质就是现在所见的这么多来得出的。

天文学家相信自己对恒星的运作方式已有很好的认识。对恒星内部核聚变过程的认识帮助他们理解了赫罗图的本质,该图给出的是恒星颜色与亮度的关系,这一关系对于确定银河系内天体之间的距离非常有用(图8.1)。赫罗图上明亮恒星的对角带对应着与我们的太阳类似的恒星,它们都还年轻,正在将核心区域的氢“烧”成氦。具有不同质量但都在忙着烧氢的恒星,坐落在赫罗图上这条主序带上。但是,当核心区的氢燃料耗尽时,这些恒星的外观就会变化,关于恒星如何运作的计算机模型能够透彻地阐明这些变化,并可以通过几个简单的物理论证来大致地了解。

在一颗老化的,即处于主序阶段晚期的恒星的核心,有一个由氦组成的核,周围是一个氢仍在转变成氦的壳层。随着恒星变老,这个壳层向外扩张,氦核增大。氦核又会由于自身的引力而收缩和升温,直至核

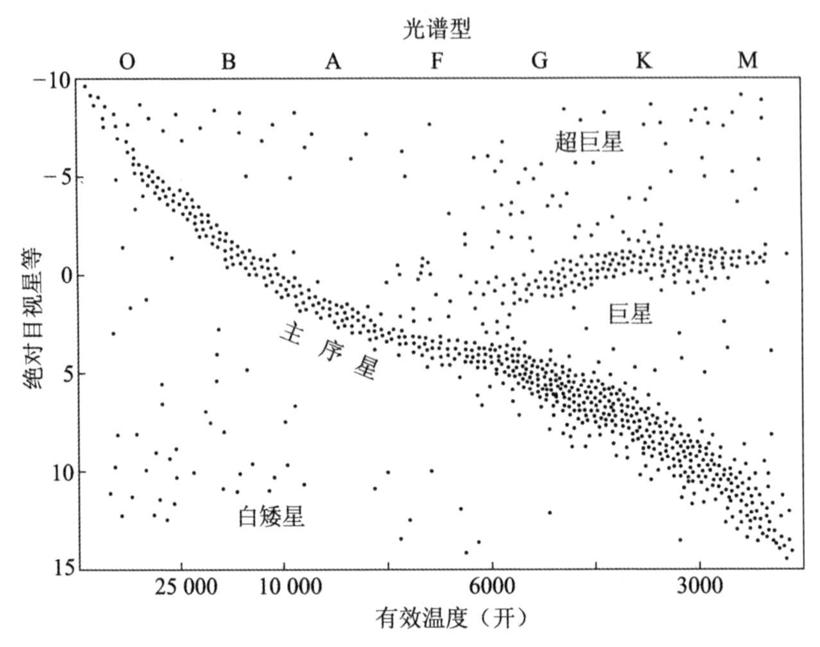

图8.1 赫罗图。一颗恒星的表观特征可由其亮度(星等)和温度或颜色(光谱型)来描述。赫罗图是一种标绘图,图中每颗恒星的位置由这两个性质来确定。绝大多数恒星坐落在一条主序带上,它们正在遵循简单的物理定律燃烧着其核燃料。大而高温的恒星位于主序带的左上方,小而暗的星在右下方。

心温度高到足以使一个新的核燃烧阶段开始,氦成为燃料而转变成碳。对太阳而言,这将在大约50亿年后发生。那时它的小而高温的核心将喷射出甚至比现在的太阳还多的能量,于是使它的外层膨胀,吞没水星和金星,并且烘烤地球。这一巨大气体球的表面温度比现在太阳的表面要低得多,因而显出红色,这样的星称为红巨星,天文学家已经知道许多红巨星[1]。

当一个星团里的恒星按亮度和颜色画在赫罗图中时,就可以看出那些恒星正发生着这些变化。主序带在图中从左上方对角延伸到右下方。红巨星处于图中主序带的右上方。虽然单颗恒星变化的时间太长以至于观察不到它在赫罗图上位置的移动,但是计算机模型能精确地表明红巨星是如何演变到那里去的。

与质量较小的恒星相比，恒星的质量越大，核燃料就烧得越快，发的光也就越强，这简单地是因为它们必须抗衡引力的向内拖曳才能让自身维持下去。大质量恒星位于赫罗图中主序带的左上方。当氢燃料耗尽时，它们会朝右上方“移出”主序带。从左上方开始，到右下方结束，主序带上的所有恒星都会随着时间推移而来到右方。这正是天文学家在银河系的星团里看到的景象：一条主序带轻快地从小质量恒星的右下角开始，但在某点中止，并向右转入红巨星分支。如果知道与某个特定星团的距离，就能简单地通过测量这个转折点所处的位置并与标准计算机模型相对照，从而得出该星团已达到的演化阶段，进而立即作出对它年龄的估计。

如在天文学中总是遇到的，这项技术实际应用时也存在不确定性。恒星光越过太空到达地球时，星际尘埃对其造成的影响必须予以修正；

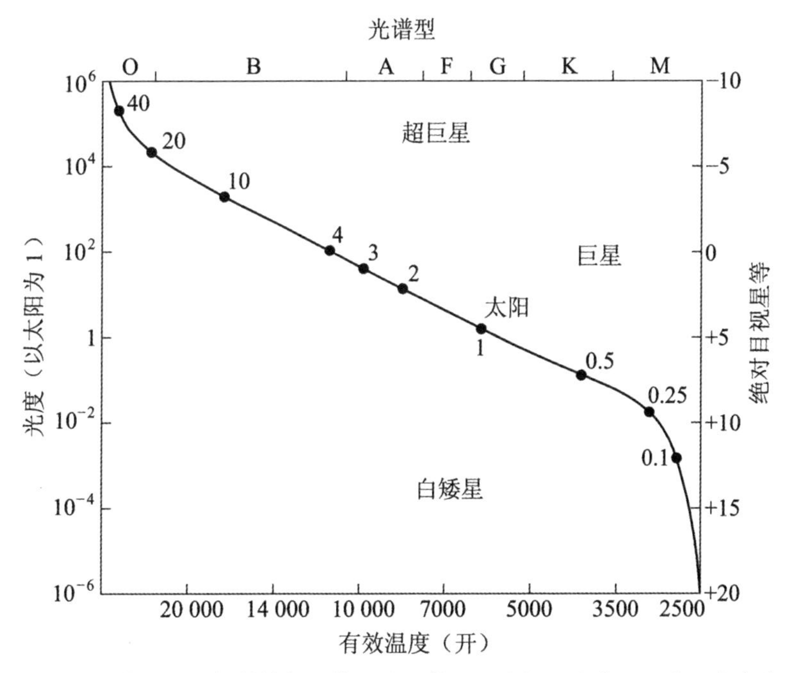

图8.2　主序带上太阳与其他恒星位置的比较。纵坐标的光度是以太阳光度为单位；主序带上的数字是以太阳质量为单位的相应恒星的质量。

主序带上的转折点从来没有如上所述的那样精准地确定;另外还有其他的困难。尽管如此,仍然清楚的是,银河系里最古老星团的年龄在140亿年到200亿年的范围之内,从而表明恒星演化的标准模型的确是对的,该模型对那些星团年龄的最佳估算是大约160亿年。

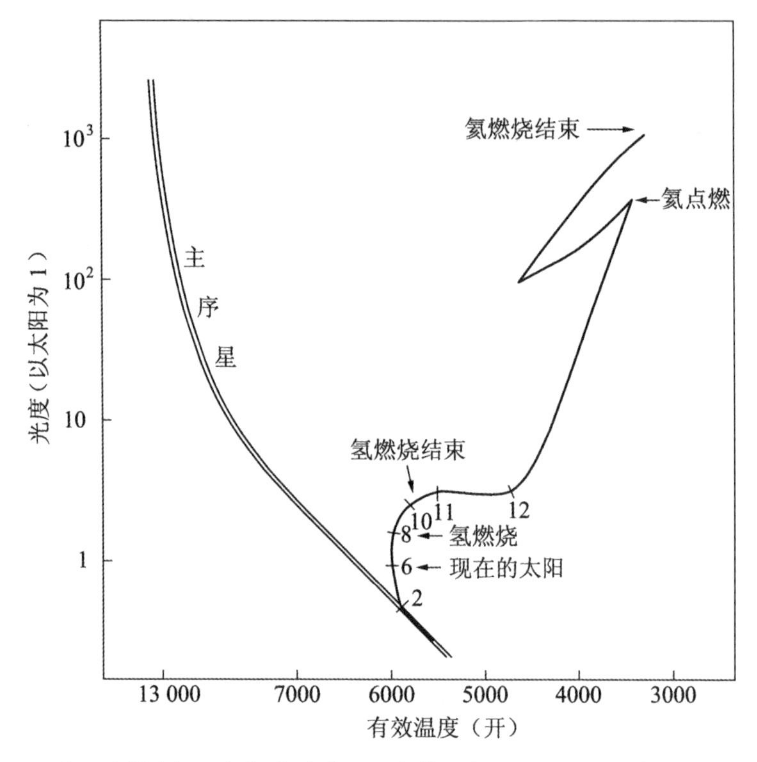

图8.3 太阳这样的恒星变老时,会离开主序带并变得更大而又更冷。实线上的数字表示一个太阳质量的恒星自形成以来的年龄,以10亿年为时间单位;事实上太阳已有40亿或50亿岁,已经开始离开主序带。

还有其他方法对银河系内的天体估算出相似的年龄。例如,在地球上和陨石里发现的放射性同位素,被认为是由银河系里的超新星爆发产生的。这些放射性同位素是不稳定的,会按照由实验室研究所熟知的精确定律而衰变成稳定元素。超新星爆发制造的不同放射性核素的比例,可以用已证实能成功解释恒星如何运作、如何由氢和氦造出更重元素的同样方法来计算。所以,今天太阳系里遗留的每一类放射性核素的比例就能用来确定银河系的年龄,只要假定超新星在从银河系形成到太阳系诞生的时间里,都以稳恒的速率制造放射性核素。这样确定出的银河系年龄是大约150亿年,与上述古老星团的证据相符甚好。

这并不足以排除沃库勒尔的$H=100$的模型。在那个模型里,宇宙

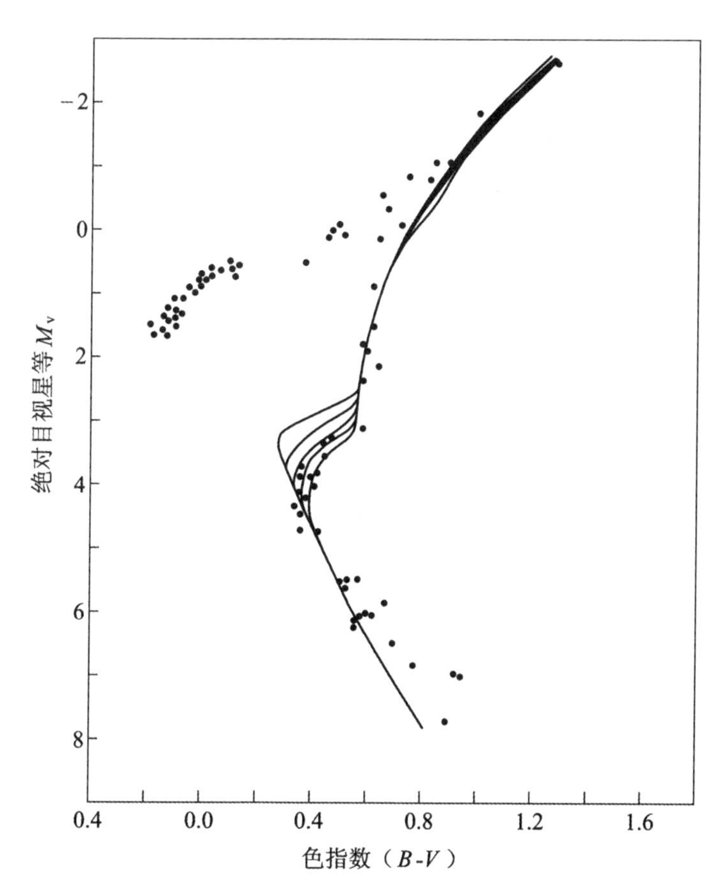

图8.4　对一群一起形成,因而全都有着大致相同年龄的恒星(星团),天文学家能通过测量这群恒星离开主序带的转折点来很好地确定它们的年龄。大质量恒星比小质量的更明亮、更高温,也更早离开主序带。图示为星团M92的情形,5条模拟转折的曲线分别表示计算的年龄为100亿、120亿、140亿、160亿和180亿年。这个星团的年龄被认为在140亿—160亿年。只有大约10个星团被较好地确定了年龄,但这个结果对于认识宇宙的年龄有着关键性的作用。

年龄的极大值恰是100亿年，对应着一个几乎是真空的宇宙，其中只有极少量的物质来使膨胀减慢。考虑到涉及的所有不确定性，100亿与150亿之间的差异不足以解决争论。但是，如果有足够的物质来使宇宙闭合，这个差异又确实令人忧虑，因为$H=100$对应的宇宙年龄只有65亿年，比已知最老恒星年龄的一半还小。按照桑德奇的模型，如果宇宙恰好闭合，$H=50$意味着130亿年的年龄，与对恒星年龄的估计接近得足以令人更舒服。在1982年3月英国皇家学会的一次关于大爆炸中元素生成的研讨会上，萨塞克斯大学的泰勒总结年龄"问题"时说"如果$\Omega=1$，H_0就必然是大约50千米/(秒·兆秒差距)"，自那时以来这一认识没有什么改变。如果H只有40千米/(秒·兆秒差距)，闭合宇宙的年龄就升到160亿年以上，与恒星年龄符合得就更好，而按照桑德奇的图像，这样的H值是肯定不能被排除的。当然，得到近乎完美一致的另一个途径是，银河系里的最古老星团实际上比现在估计的要年轻一点。那些对恒星年龄的估计会**稍稍**偏高吗？也许，这一次，宇宙学让天体物理学家了解怎样最好地改进他们的理论！

如果宇宙学家能够测量出现在宇宙膨胀减缓的速率，所有这些争论都将解决。这一速率将一劳永逸地揭示，宇宙究竟含有多少物质，它是开放的还是闭合的，哈勃常数的哪个值更接近于真实值。不幸的是，尽管这样的测量原则上是可能的，实际上在不远的将来却难以实现。

红移检验

作为宇宙学基石的哈勃定律，其实只是对膨胀宇宙的一种并不完美的描述。这虽然看似瑕疵，但宇宙学家们足够灵巧，能把对简单的哈勃定律的偏差转变为好事，只要他们能对很遥远天体进行足够好的观测。不幸的是，现有的观测尚不理想。这是因为，速度(红移)正比于距离的定律对我们的近邻而言是如此适用，并且对我们目力所及的宇宙深处几乎也是这样。正是在这个定律开始需要修正的地方，事情才变得有趣，但那样的地方太遥远了，我们还不能确定究竟怎样的修正才是必需的。

事情变得有趣的原因与空间的几何形状有关。在地面上，建筑师在设计房屋楼层结构时可以恰当地运用很久以前由欧几里得(Euclid)制定的几何定律，这些定律严格说来只适用于平面，但建筑师不必担心地面的弯曲。我们在学校里都学过欧几里得几何学，并且记得，比如说，三角形的内角之和总是180°。但如果有一支勘测队要在一块巨大、“平坦”的沙漠上(也许在撒哈拉沙漠的某处)画出一些非常大的完美三角形，然后仔细测量这些三角形的内角，就会发现内角之和总是稍稍超出180°，而且越大的三角形超出得越多。这是因为，地球表面实际上是弯曲的，是一个很接近于球面的闭合曲面，而欧几里得几何不适用于这种情况。我们曾感兴趣于宇宙是何等惊人的平直，现在是时候来看看对平直性的微小偏差将怎样揭示宇宙的可能命运了。

如果空间自身是弯曲的，其几何相对于我们熟知的日常欧几里得几何的偏差将会在适当长的距离上显露出来。这里的“适当长”指的是几个兆秒差距以上，即一千万光年或更大。这一点本身就是我们宇宙的一个有深刻意义的特征。它表明时空几何非常接近于平直，而这又意味着宇宙中物质的密度接近于使其闭合所需要的临界值。原则上，我们能够通过做相当于测量巨大三角形的内角这样的事来得知接近的程度。但是实际上，我们没有能力识别宇宙是在划分开放与闭合可能性的分界线的哪一侧。

测量出对简单的哈勃定律“红移等于常数乘距离”的偏差是困难的。这个定律本身就用来由测得的遥远星系的红移计算与它们的距离！还有别的办法来估计遥远星系的距离，以与由红移得出的距离相比较，从而看出哈勃定律的适用性能横贯宇宙多远吗？假如所有的星系都有同样的亮度，那就会没有问题。所有星系的相对距离就能简单地通过它们在夜空中视亮度的排序来得出——看起来越暗的星系必定离我们越远。实际上，即使所有星系都有同样的亮度，情况也比初看之下要稍稍更复杂。在欧几里得几何适用的范围内，每个星系的视亮度都与距离的平方成反比地减弱——星系的距离加倍，则视亮度减为1/4。当几何形状不同时，这个简单的定律本身必须修改；严格说来，应该对每一种宇宙学模型都计算出这种修改。但这只是宇宙学家试图作此检验时，面临的问题中最小的一个。

但对星系的研究表明它们并不都有同样的实际亮度，这一点是太清楚了。这种通过比较视亮度来估计距离的方法，对具有最大红移的天体即类星体的适用性也很值得怀疑。类星体被认为是星系的高度活跃的、明亮的核心，它们甚至比普通星系更亮，因而在更高红移即更远处仍能被看到，而在那里几何效应应该更显著。但是没有证据表明所有类星体都有同样的实际亮度，所以由视亮度定距离的方法并不适用。在位于加利福尼亚州的利克天文台工作的一组天文学家已试图对这样一些类星体作亮度检验，它们有着彼此相似的光谱，因而可以预期会具有相似的实际亮度。值得一提的是，这组学者通过比较得出宇宙是闭合的，并且有朝一日将重新坍缩。但是还没有其他人乐意接受对类星体证据表面价值的这种相当推测性的解释。宇宙学家被迫受限于对星系研究的技术，这比对类星体的研究更易于理解，而且这里还有着使亮度定距离方法变得有效的希望。

桑德奇及其同事已经进行了一项对星系的长期而耐心的研究，发现一些星系的确看来有着彼此相同的实际亮度，因而能被用作标准烛光。星系组成团，一个团里最亮的星系通常是一个很大的椭圆星系（以其如粗雪茄的形状而得名；我们的银河系则是旋涡型，形如水中漩涡的表面或奶沫搅入一杯咖啡时形成的图案)。以观测所能显示的最大限度,在哈勃定律精确成立的几个兆秒差距的空间范围内,任何一个星系团里最亮的大椭圆星系都与其他任何星系团里最亮的大椭圆星系有着相同的实际亮度。看来此类星系的亮度有着天然的最大值,而任何一个足够大的星系团里都会有一个星系的亮度达到这个极值。于是,仅对这些特别亮的星系画出**视**亮度(等价于距离)与红移的关系线,桑德奇就能看出这条线与直线有多大偏差,从而确定宇宙膨胀减缓的程度。

然而仍有问题。记住,当我们看到一个一千万光年远处的星系时,我们看到的是那个星系在一千万年前的样子。我们能肯定在这段时间里星系的亮度不随星系和宇宙的演化而改变吗?在这样一个时间范围里,很可能没有多大改变。但对更遥远的星系而言,我们看到的是它们年轻时的面貌,任何改变都有可能。天文学家在做计算时愿意对此认可,但是没有独立途径得知当宇宙年轻时星系在多大程度上是更亮(或者更暗)。有些专家试图作出理论上的猜测来允许这种光度演化;另一些则宁愿只保留观测结果,因为任何修正的尝试都很可能选错方向。

在择路通过这一观测雷区后,宇宙学家接着就必须将观测结果与理论模型相比较。他们计算对简单的哈勃定律的偏差时采用一个称为减速因子的物理量,通常标记为q,定义方式是$q=1/2$对应于$\Omega=1$。桑德奇的红移-亮度图曾经看来有利于q值大约为1,这意味着宇宙中的物质可能是闭合所需最小值的两倍;但是,他数年后收集了更多数据的图又显示以前的估计是过于乐观了。这一方法现在能获得的最好结果是q值很可能在0到2之间的范围内,所以仅以此为据还不能排除开放宇宙模型。

对星系红移的新巡天观测是在20世纪80年代后期由普林斯顿大学的洛(Edwin Loh)和什皮拉尔(Earl Spillar)进行的。他们报告了对1000个星系的研究结果,认为密度参数Ω非常接近于1。把这一工作视为结论还为时太早，但正因为是立足于使用光学望远镜的“老式”天文学，这个工作给观测家带来的一个强有力信息是，也许他们应该更多地关注理论家；如在第九章将要看到的，理论家已经在把事情推进到一个恰好闭合的宇宙。

新检验是原则上能基于宇宙几何来做的几个检验之一。如果星系（或星系团）是在宇宙中均匀分布，并且几何是欧氏几何，那么我们在不同红移（即不同距离）上应该看到的星系数量，就能够由在学校所学的几何定律计算出来。广而言之，相同的空间体积里应该包含相同数量的星系。但如果几何是非欧氏的，当我们试图由依据欧几里得定律的计算来确定相同体积，然后对其中的星系计数时，就会出现差异。远处的“相同体积”会比近处等价的欧氏“相同体积”包含或多或少的星系，

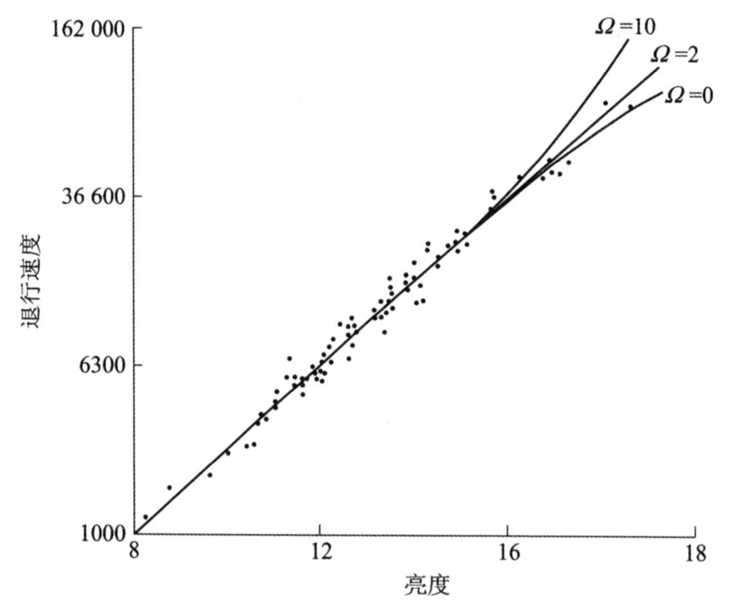

图8.5　再看红移检验。由于我们看到的更遥远星系是它们在宇宙更年轻时的样子，将它们的红移与更邻近的，因而在空中显得更亮的星系的红移作比较，原则上就能揭示宇宙膨胀减缓的程度。不幸的是，实际上这些观测仅能给出宇宙是非常接近于平直。观测仅能得出 Ω 值粗略在0与2之间。（图中所有由计算得到的曲线在红移和亮度值较小时是重合的。）

多于或少于欧氏几何预期值的精确数量将揭示宇宙的命运。特别地，如果$\Omega=1$而且宇宙并不膨胀，几何就是欧氏的；如果$\Omega=1$而宇宙是在膨胀，“计数”对欧氏几何预期值就会存在确定的、精准的偏差，因为星系已经随着宇宙的演化而分离得更远。

已经对许多类型的天体观测到计数上的这种偏差，其中包括射电星系和类星体，但要确凿地解释计数结果又很困难。宇宙大尺度动力学的所有研究都表明，几何非常接近于欧氏几何，宇宙的膨胀的确在减缓，宇宙中物质的多少必定相当接近于闭合所需的值；但只有洛和什皮拉尔的新研究能给出，究竟是何等接近于开放与闭合的分界线。

普林斯顿小组使用了最新的灵敏探测器来观察5小片天空，每片的长宽大约各为10角分和7角分(月亮的直径是30角分)，并测量每片中所能探测到的所有星系的红移。由于红移是距离指示器，他们实际上对从银河系外延到宇宙中的5个锥形体积中的所有星系作了计数。通过比较低红移星系和高红移星系的数目，他们就能够确定每个锥体的几何形状，而不必被每个星系的实际亮度问题纠缠。5个锥体的每一个都含有大约200个探测到的星系，巡天观测延伸到大约1000兆秒差距的距离，换言之，他们回顾了大爆炸至今大约1/5的时间。

如何解释这些计数依赖于选择何种宇宙数学模型。洛和什皮拉尔选择了最简单的，即爱因斯坦和德西特于1932年建立的相对论公式版本。洛和什皮拉尔发现自己对不同红移星系的计数能够完美地由最简单的爱因斯坦-德西特模型解释，相应的宇宙学常数为零、Ω值为0.9，这种方法“误差棒”为±0.3，也就是Ω值难以区分地接近于1。无论组成宇宙的材料是什么，甚至星系是否组合成团，都无关紧要。结果就是这样。

下面介绍测量宇宙膨胀速率的另一个新方法，看来是今后特别有希望的一条进军路线。它用的是空间曲率，而不涉及任何动力学。天文学家已经发现了一些这样的事例，来自遥远类星体的光线会绕着一个在视线方向位于我们与类星体之间的星系而发生弯曲，原因是星系的引力扭曲了其附近的时空。这一效应与日食时的光线弯曲一样，不过是在大得多的尺度上，它能使得从地球上看去类星体有两个或三个像；由于光绕过居间星系的两侧到达地球所用的时间并不相同，当一个像改变亮度或者闪烁时，另一个像可数年都不改变，然后在那条通过较长路径的光到达时才显示完全一样的闪烁。通过比较这些像的变化，并测量时间延迟，宇宙学家能计算出类星体的光到达地球所需的时间并得出其距离，而不需要测量红移。首次运用这一方法给出的H值为75千米/(秒·兆秒差距)，在桑德奇和沃库勒尔各自赞成的值之间不偏不倚，而又给两个阵营都带来些许愉快。但到1991年，美国马萨诸塞州布兰迪斯大学和麻省理工学院的研究者对此方法作了改进，他们分析了使用甚大阵(VLA)射电望远镜系统对已知第一个“双类星体”共计11年的观测资料。他们得出，透镜效应系统的几何学所揭示的是，如果使光线弯曲的居间星系中的所有物质都是用通常的光学望远镜能看到的发光物质，那么哈勃常数的值以惯常单位计是46和42，分别对应于Ω是0和1。两种情况的“误差棒”都是±14。但是，如果居间星系是被一个我们看不见的暗物质晕所包围，那么恰当的H_0值对$\Omega=0$是69，对$\Omega=1$是63，现在的误差棒是±21。

这一结果启发性地，如果还不是完全说服性地，开始显示对桑德奇和塔曼主张的H_0值(意味着一个更大更高龄的宇宙)的支持，因为如在后继各章里将要看到的，存在不可抗拒的理由使人相信两点，一是所有星系都被暗物质围绕，二是与洛和什皮拉尔的观测相符，Ω值的确非常接近于1。

洛和什皮拉尔采用传统的红移测量技术的工作，给一组从很不同的角度解决同一问题的天文学家带来很大的喜悦。那些学者自己也得到了$\Omega=1$的结论,并且比洛和什皮拉尔早几个月发表。那些结论起初被对由卫星提供的红外天文新方法不习惯的天文学家深为怀疑。但这一对银河系在太空中运动方式的动力学测量,其结果明确地支持正好闭合的模型,当传统技术得出同样结果时,这一结果应被认可并考虑,而且如下文很快就要讲到的,到20世纪80年代末,新分析结果已经经受了所有能够作出的检验。

室女座星系团的吸引

在有把握依据对红移-距离定律的研究来估测宇宙的距离尺度之前,必须确信已经了解地球在太空中的所有运动。我们的所有望远镜建于其上的行星地球家园,是在围绕太阳转动;太阳在围绕银河系中心转动;而银河系本身又在相对于其他近邻星系运动。所有星系,或者更准确地说是所有星系**团**,都在因宇宙膨胀而相互远离,但它们各自都还具有相当重要的"本动"速度,因为它们还在相互围绕转动。例如,近邻星系M31实际上正**朝着**我们运动,因为本星系群中的星系是被引力聚合成一个群,而不是被宇宙膨胀稳恒地相互拉开。在这一尺度上,局部引力压倒了膨胀效应。宇宙学家必须知道所有这样的局部影响,从计算中扣除,然后才能确信只剩下纯粹由于宇宙膨胀而发生的红移。我们需要一个固定的参考系,一个只随宇宙膨胀而运动的固定平台。没有这样一个参考系,至少部分红移巡天观测就只是猜测。

问题聚焦在对这样一件事的不确定的意见,就是室女座星系团(按照第三章里的"阿斯匹林"标尺是3米远)究竟对银河系和本星系群的运动有多大影响。我们肯定是在远离室女座星系团,红移表明了这一点。但是应该预期室女座星系团里所有物质的引力影响会把我们往回拉一点点,从而阻碍我们因宇宙膨胀造成的相对远离。有点混乱的是,天文学家有时把由银河系朝向室女座星系团的速度表示的向心拉动称为“下落”；他们的意思是我们离开室女座星团的速度远慢于单由哈勃定律所预期的。但是究竟慢了多少？

看看紧靠我们的星系的红移和距离，可以对事情获得一些了解。有些不依赖红移的天文学方法仍能提供那些星系距离的信息。如果在太空中的相反方向发现两个星系与我们有着大致相同的距离，但其中一个的红移比另一个的稍大，那么超出的红移必定是由于银河系或者那两个星系中的一个或两个的本动。如果以这种方式观察了足够多的星系，就能希望其他星系的所有古怪运动都相互抵消，而空中一部分的红移低于相反方向部分的一致性倾向，就表明银河系有着朝向低红移区域的本动速度。此类方法已被用来试图确定银河系“朝向”室女座星系团下落的速度，但只部分取得了成功。不同的天文学家得到了不同的结果，范围从实际上没有下落到下落速度大约为每秒500千米。差别在很大程度上是由于哪些星系群被用来校准银河系的运动，而且做此研究的学者很不安地意识到，如果所有用来校准的星系自己也都这样被室女座星系团回拉，他们得到的图像仍将变得靠不住。如果许多其他星系也都在与银河系相同的方向上运动，那是不可能通过与那些星系运动的比较来揭示银河系相对于宇宙膨胀的本动的。

尽管如此，室女座向心流的研究正开始揭示一些关于宇宙中物质分布的内容。

室女座星系团正好与我们足够靠近，使得用许多不同的次级方法估测其距离成为可能。这些方法涉及难以捉摸的天文学推理，而且不是都给出同样的“答案”——其实，两个不同的天文学家即使运用同一个方法也常常得出两种不同的距离。估测到的范围是从16兆秒差距到22兆秒差距，而20兆秒差距是两极值之间的合理折中。由于对银河系自身和室女座星系团里星系的本动速度估算的不确定性，这一结果

不能直接用来确定 H。然而,通过将室女座星系团里单个星系的亮度以及那些星系里超新星的亮度,与一个遥远得多的星系团即后发座星系团里的对应天体作比较,天文学家得出后发座星系团的距离约为室女座星系团的6倍,也就是大约120兆秒差距。后发座星系团是如此之远,其红移对应的速度是每秒7000千米,远大于银河系每秒数百千米的本动速度。于是,我们终于在这样一个尺度上,做到了或多或少是直接的对距离与红移的比较,这个尺度大到足以使我们确信,银河系的本动不可能导致比大约10%更大的误差。这条复杂推理思路给出的 H 值是在45到55千米/(秒·兆秒差距)之间。但这还不是室女座星系团故事的结尾。

室女座星系团施加于银河系的拉力的强度取决于这个星系团里有多少物质。有了 H 值,天文学家知道红移"应该"是多大,再与测量到的红移值相比较,就能知道室女座星系团吸引的效应是相当于朝向它的速度稍大于200千米/秒的运动。产生此效应所需的室女座星系团中物质的总量所对应的密度大约是宇宙闭合所需密度的1/10。即使"下落"速度高达450千米/秒,仍只"需要"室女座星系团中有足够的物质来使 Ω 值能有大约0.25,如果物质是以同样的密度均匀分布于宇宙之中的话。

这看来是支持宇宙处于开放状态的一个很有力的论证——**前提**是我们相信宇宙中的所有物质都以与明亮星系同样的方式分布(当然要假定室女座星系团在宇宙中是有代表性的)。但是,如果有任何支持宇宙闭合的独立证据,那么室女座星系团的吸引所表明的是,不仅宇宙中的大多数物质不以明亮恒星的形式存在,那些物质甚至不以明亮恒星和星系的分布方式在宇宙中分布。我们需要测量更大空间体积里物质分布的途径,那就应该看看来自不同于可见光波段的辐射,而天文学家已经对可见光依赖了如此之久。20年前,这还是一个天文梦想。而在

1986年，梦想变成了现实。

微波与银河系的运动

对银河系在空间的本动(独立于空间自身的膨胀)的测量方法原则上最好是利用更遥远星系的红移。但是，越远的星系就越难估测其距离，计算精度的可信性也越低。尽管如此，早在1976年，美国华盛顿卡内基学院的鲁宾和她的同事就曾试图测量银河系相对于由遥远旋涡星系组成的球状壳层所提供的“参考系”的运动。假定哈勃常数确是接近于通常单位下的50，那么那些星系与我们的距离都是大约100兆秒差距。它们围绕着我们，就像一只苹果的皮围绕着核；它们又是如此遥远，因而有理由预期它们自己那微小的特殊运动可以相互抵消；于是它们合起来就成为一个只随宇宙膨胀而运动的参考系。鲁宾的计算结果表明，相对于那些遥远星系，银河系(和本星系群)是在以远大于任何人所曾预期的速度运动——每秒600千米，超过了我们随宇宙膨胀所具有的速度。这一发现如此惊人，揭示的速度是如此之大，以至于大多数天文学家开始时都简单地拒绝接受。他们只能大致应对朝向室女座星系团的速度为200或300千米/秒的“下落”，因为那里能看到有明亮星系作为存在物质吸引的证据。但是，600千米/秒的速度，是在夜空中空无一物的方向上，竟然看不到任何明亮的星系团？真是荒谬！

10年之后，这一切不再显得荒谬，鲁宾的结果被证明是正确的。两个新证据组合起来改变了天文学家的观点。

第一个启示来自对微波背景辐射的研究，那嘶嘶的射电噪声是大爆炸的残余。这种辐射自创世瞬间之后的很短时间起就充满整个宇宙，但是没有被宇宙的物质成分影响，这是因为电子与爆炸火球里制造的核结合成了电中性的原子。这种辐射只能与自由带电粒子相互作用;但在创世之后的100万年内,所有带正电的质子和带负电的电子都被锁成了中性的氢原子和氦原子。从那以后,背景辐射简单地随着宇宙而膨胀、冷却和减弱,红移到越来越长的波长上,但是从来没有被物质打扰。背景辐射应该能提供膨胀宇宙中最佳的参考系,能成为对照出我们自己的本动的理想基准。确实如此。

随着对微波背景辐射的观测在过去30年中的不断改进,天文学家已经不仅仅注意到其存在,并测量其温度(这些观测对宇宙的大爆炸描述的建立起着重要作用),而且使用了灵敏度足以测量来自天空不同部分辐射强度的微小差异(即温度的微小差异)的仪器,画出了几乎整个天空多个不同波段的辐射强度图。观测来自地面、高空飞行的航空器、把仪器带到大气层以外的气球和处在环绕地球轨道上的卫星。到20世纪80年代中期观测结果已确凿地显示,在与室女座方向大约成45度角的方向上宇宙背景有一块温斑,而在天空的相反方向有一块冷斑。温斑相当于一个蓝移背景辐射的区域,那里的波长由于我们朝向入射波运动而稍稍变短;而冷斑则是一个红移区域,由我们离开入射波的运动造成。对这一发现的解释是显然的:我们确实在相对于背景辐射因而在相对于宇宙的整体膨胀高速运动。运动速度恰恰正是鲁宾在10年前得到的600千米/秒。由苏联的卫星Relict和美国国家航空航天局(NASA)的卫星COBE分别于20世纪80年代末和90年代做的太空观测,都进一步证实了背景辐射的精确温度(2.73开)、它的均一性,以及我们相对于这一平静的辐射海洋的运动[2]。

起初,有些天文学家认为,这一运动可能是由于聚集在长蛇半人马座超星系团里的物质的引力作用。如果银河系在一个方向上被室女座星系团吸引,在另一个方向上被长蛇半人马座超星系团吸引,那么总体效应应该是产生一个大致在两个方向中间方向上的运动。但是这一想法被一组天文学家的大量研究否定了,他们来自包括英国萨塞克斯的赫斯特蒙苏和美国加州的帕萨迪纳等世界上6个不同研究机构，在1986年夏威夷的一个国际会议上报告了自己对在太空中均匀分布的400个椭圆星系运动的研究。他们采用了类似于曾对后发座星系团成功的论证过程，得到了所有这些星系的距离和本动速度。他们发现，所有近邻星系和星系群都在像银河系和本星系群一样被拉动。室女座星系团、长蛇半人马座超星系团、本星系群等，全都以600到700千米/秒的速度朝着一个**超出**长蛇半人马座超星系团的区域运动。

这股星系流的区域范围到哪里为止？究竟需要多少物质才能这样强地拉动如此多星系？对这些问题的最佳答案是由红外天文卫星（IRAS）完成的遥远星系巡天观测提供的，并且也是在20世纪80年代中期公布。

掂量红外证据

所有对在可见光范围内观察到的星系分布的研究都被一个称为红化的现象干扰。它与红移无关，而是遥远天体的光由银河系自身的尘埃干扰造成的变暗和变红，与地球大气里的尘埃引起落日变红是一回事。银河系的尘埃阻挡了来自天空许多区域的光，只剩下银河系平面以外南、北两半球的部分天空能让天文学家观察得比较清楚。来自暗弱星系（一般都是更遥远的星系）的光所受的影响更糟，所以想要往宇宙深处看得更远，就必须将天文观测方向提升到南、北天空更高的纬度上，于是就产生了北方星系与南方星系的比较问题。当天文学家试图把有限的观测结合成为一个能覆盖尽可能大的天空的星系表时，他们发现不可能精确地用一个确定的标度来给出南、北星系的亮度。北方的星系只能用北半球的望远镜来研究；而南方天空高纬度处的星系只能由南方的望远镜看到。从理论上讲，按当今技术极限测量到的暗弱天体亮度与这些动力学研究所需的精度相当,都要求所有被研究的星系是由同一组望远镜和配套仪器监测。但是,无法用同一组望远镜和仪器来测量由地面上看到的每一个星系的亮度;望远镜都笨重得太难移动了。

IRAS解决了这些问题以及其他问题。红外光几乎不受银河系尘埃导致的红化的影响,而在环绕地球轨道上的同一组仪器又能用来测绘整个天空。IRAS能看到除银河本身所占据的很狭窄的天空区域以外所有方向上的星系,这些星系可以很容易地与银河系内的明亮恒星相区分。结果是能在红外波段上对数万个星系进行巡天观测,覆盖了几乎整个天空。

有些明亮的红外星系还被光学望远镜证认了出来,它们的红移也被测量出来。将这些星系的红外亮度与其他尚未进行光学研究的红外星系的亮度作比较后得出,IRAS观测的距离至少已延展到鲁宾及其同事所研究的星系距离的两倍。但这些红外星系在天空中不是均匀分布的。平均而言,在同样大的区域里天空一端比另一端有稍多的此类星系,而由IRAS辨别出的这个方向几乎正是我们相对于宇宙背景辐射运动的方向。天文学家终于真正"看到了"(用红外探测器)在确切方向上聚集的物质吸引本星系群和宇宙中我们这个部分的其他星系的证据。

这不是故事的终结。当时英国伦敦玛丽女王学院的罗恩-鲁滨逊是参与分析IRAS数据的研究者之一。他作了这样的计算,总体上必须有多少物质以与红外星系同样的方式分布在IRAS测量的宇宙区域内,才能在我们运动的方向上额外产生足以提供本星系群600千米/秒本动速度的引力。在一些近似处理带来的不确定性范围内,他的答案正好等于宇宙闭合所需的密度。对IRAS数据的最简单解释是,Ω值几乎就是1,而由地面上**可见**光观测范围内描绘的夜空中星系分布情形,并**不是**认识宇宙中物质分布方式的正确指南。

这是星系动力学研究所能提供的关于宇宙本质的最有力的证据。正是星系动力学的首次直接测量结果给出了Ω值为1。这一观点在20世纪80年代末和90年代初受到了严格的检查,并且通过了所有的检查。基本图像是清楚的,而观测结果与理论家越来越相信的$\Omega=1$很好地相符。还应记住,总是有可能在宇宙中发现比我们已知的更多的物质、更多的物质类型,但是没有办法"除去"我们已发现的物质。这是密度参数的绝对下限;Ω的赋值必定总是随着时间推移而增大,绝不会减小。大多数天文学家仍对作出任何断言持谨慎态度,但是有利于宇宙闭合的证据比以往任何时候都好。

这可真是悍然不顾近至20世纪70年代曾被广泛接受的观念。那时的大多数天文学家相信,宇宙包含的物质不超过闭合所需的大约20%。他们的错误是假定宇宙中的物质只是我们能看见的,即明亮的恒星和星系。只是在理论家提出了宇宙如何诞生的新模型,即要求Ω值不可区分地接近于1的模型时,他们才意识到宇宙中可能还有多得多的暗物质。

第九章

需要暴胀

有点滑稽的是，正是宇宙热大爆炸模型的巨大成功，使天文学家在几十年里误以为明亮的恒星和星系占据了宇宙物质的绝大部分，尽管有些学者在红移与距离的关系发现后不久，就猜想宇宙中存在比眼睛看得见的更多的东西。20世纪30年代初，荷兰学者奥尔特(Jan Oort)就作为先驱者之一，通过研究可见恒星的运动方式来推测银河系的本质。正是那个时候的观测结论性地表明，银河系的恒星全都在围绕一个远离太阳的中心转动，使人联想起行星围绕太阳的转动。

太阳系处于这个旋转系统中距离中心大约2/3的地方，即这个星系的郊区。我们能够比较仔细地研究近邻恒星的运动。它们并不完全是在一个平面上运动，而是在围绕银心转动的同时还上下晃动，时而稍高于或稍低于银河系的主平面。以一定速度运动的一颗恒星在被主平面里其他物质的引力拉回之前所能偏离该平面的高度，当然取决于那颗星周围的所有物质的质量。主平面的物质越多，对每颗恒星的引力约束就越紧。奥尔特通过研究银河系平面附近恒星的分布证明，太阳附近的物质必定是可见的恒星物质的三倍。

当然，奥尔特不能看到单颗恒星穿越银河系平面的上下运动。这种变化历时数千到数百万年。但是恒星的整体分布，即该平面上方和下方不同高度处恒星的相对数目，是能够确定并且与由轨道动力学定律得出的分布相比较的。这些数目给出引力控制恒星运动方式的可信图像。这类研究表明，恒星是被数倍于可见明亮恒星本身的物质维持在适当位置。自20世纪30年代以来，大约与太阳附近可见恒星同样多的物质已经被证认为散布在那些恒星之间的冷气体和尘埃云，但是这些云和恒星加在一起，仍只占解释银河系局部动力学所需物质量的2/3。

质量与光

这种不可见的暗物质可以借助于一个称为质光比即*M/L*的量来量度。太阳的质光比等于1，即恒星形式的一个太阳质量的物质产生一个太阳光度的辐射。在银河系里太阳系附近的区域，奥尔特的结果是*M/L*大约为3。这看似不是很戏剧性的发现，但在他得到宇宙中我们家门口暗物质（“短缺质量”）证据的几乎同时，一位终生研究遥远星系的瑞士天文学家兹威基（Fritz Zwicky）发现了暗物质在更令人惊叹的程度上的证据。

兹威基研究的是星系团，即多个像银河系这样的系统在太空中聚在一起的组合。银河系是一个称为本星系群的小星系团的成员，这个星系群只有很少的成员，有些星系团则含有数以百计的星系。天文学家认为，这些星系团里的星系由引力维系在一起，相互围绕转动，同时又作为一个整体在太空中运动，就像一群蜜蜂。但当兹威基用普遍存在的多普勒频移来测量后发座星系团中单个星系的速度时，他发现那些星系相互之间的运动太快了，以至于该星系团中所有星系的所有恒星的引力不足以使它们维系在一起。那些飞快运动着的星系看似在很久以前宇宙年轻时就应该分开，使星系团瓦解。而且他对其他星系团的观测也发现了同样的情况，那些星系团里的星系的运动速度全都比可见恒星的引力所能维系的运动要快得多。

这一方法中有许多不确定性。例如,星系的质量只能由其亮度来估计,又假定遥远星系里恒星的平均亮度与银河系里的恒星一样。那些星系团与我们的距离也不确定,这也会影响论证。但是,如此后的许多类似研究所证实的,兹威基发现的效应的变化幅度是如此之大,以至于所有诸如此类的可能误差都显得不重要。总而言之,使星系团避免瓦解所需的物质的总量大到 M/L 上升为大约300,也就是星系团中有比明亮恒星物质多300倍的暗物质。作为对照,在空中均匀分布的使宇宙闭合所需的物质的总量也只是三倍于此。如果宇宙是闭合的,其整体 M/L 大约是1000。

在20世纪30年代,甚至40、50和60年代,这些都不会使天文学家很担忧。宇宙膨胀的性质,甚至宇宙延展到远在银河系之外的事实,对数十年前的天文学而言都是新鲜事,有足够的余地来考虑怎么解释这些观测事实。奥尔特的发现的变化幅度小,很难有理由相信天文学家已经找到了银河系中可能存在的所有种类的天体,他们很容易想象,可能有许多很暗的星(“棕矮星”)或者像大行星那样的天体(“类木星”)来给银河系贡献很多的质量但很少的光。如下文要讲的,这些假设已被最近的观测证实。兹威基的证据就更令人费解,但在没有相反证据的情况下,理论家可以设想,星系团中星系之间的空间可能充斥着气体的海洋,其引力足以维持住星系。这些猜想没有得到后来观测的证实,但那些先驱们对此是不知情的。只是在大爆炸理论被确立为对真实宇宙的很好描述时,短缺质量的难题才回到天文学的最前沿。20世纪40年代的研究看似是大爆炸模型的一个缺陷,实则提供了对宇宙本质如此深刻的洞察,因而自20世纪60年代以来已能非常精确地揭示出所有恒星和星系中“应该”有多少物质,至少是普通原子形式的物质有多少。

重子与宇宙

我们的日常世界是由原子组成的。原子有许多种类,称为元素,如氢、氧(它们有时结合成为水分子)、碳、铁,等等。物理世界和生命本身都依赖于原子的相互影响,它们以不同方式结合并相互作用,成为多种多样的物质,如细胞中携带遗传密码的DNA,以及因其美丽颜色和稀有而珍贵的黄金。但是,这些原子从何而来?为什么地球上黄金很稀少,而水很丰富?这些看似哲学性的问题都能由天文学家用宇宙大爆炸模型来很详细地回答。

我们的行星家园远不是宇宙中的具有代表性的部分。从赖以组成的原子看,它甚至也不是太阳系中的具有代表性的部分。太阳系的绝大多数物质集中在太阳里,所有行星围绕着太阳运动。太阳本身含有多至333 400倍于地球这样的行星的物质,而太阳系里所有行星的物质加在一起只有不到地球物质的450倍,也就是不到太阳物质的0.15%。太阳在宇宙中远比地球有代表性,它看来与组成银河系的亿万颗恒星基本相似,而银河系又与组成宇宙可见部分的亿万个星系基本相似。太阳和恒星并**不**含有与地球上相同种类和丰度的元素。

天文学家能够由恒星发出的光来判断它们由什么组成。每类原子,或每种元素,都会在恒星的光谱里产生出各自特征样式的条纹谱线,这些谱线的相对强度就显示出每种元素的含量。运用射电天文技术,甚至也可以这样来探测恒星之间冷气体云的成分;总的说来,无论天文学家观测宇宙中的何处,所得到的光谱图像都是一样的。所有星系中恒星和云的全部物质的主体都是氢,即最简单的元素。恒星物质还有一个重要成分是氦(约占25%),即第二位最简单的元素,但任何恒星中都最多只有百分之几是更重的元素,如碳、氧、铁,以及其他在地球上是很重要的元素。在有些恒星里,只有不到万分之一的物质是重元素形式,其余都是氢和氦。其他证据表明,银河系里含有最少重元素的恒星总是最高龄的。

这些发现必定会对宇宙的本质作出意义重大的揭示。氢是所有元素中最简单的,一个氢原子里只有一个质子和一个伴随的电子。氦的最常见形式是,两个质子和两个中子合在一起成为原子核,核外有两个电子。宇宙的绝大部分是由这些最简单的原子组成的。在恒星内部,电子被与核剥离而更独立地存在,但仍然是氢核(即质子)和氦核(也称α粒子)构成了宇宙可见物质的绝大部分。[1]

弗雷德·霍伊尔爵士和他的同事证明,重元素确实能由恒星内进行的核聚变按照正确比例制造出来,他们还证明,必须由大爆炸产生的只是氢和氦,以及微量的少数几种其他元素,如氘。第六章里讲过,大爆炸造出的这些其他元素的精确数量是宇宙中物质密度(或者更准确地说是**重子**物质密度)的非常灵敏的指针。情况确实如此。气体膨胀时会冷却,高温的辐射火球膨胀时也会冷却。在这一点上,可以把光子看作是辐射气体的"粒子",像膨胀气体云那样损失能量。但对辐射而言,损失能量的效应是改变辐射的波长,即造成一定量的红移,伽玛射线或X射线形式,或更高能形式的能量,逐渐地红移而降低,经过紫外和可见光,进入红外,然后进入射电波段。辐射的精确温度与其能量在不同波段分布的精确方式相关联,也与辐射峰值强度处的波长相关联。这种辐射称为黑体辐射,其能量在各个波长上的分布方式称为普朗克分布,以纪念量子理论奠基者之一的普朗克(Max Planck)。

在第六章已看到,创世时刻的几秒钟后,宇宙温度大约是100亿开,火球里已经交织了微量的中子和质子形式的重子物质。由于电子也存在,两类核子在一定程度上会相互变换,因为一个质子和一个电子在高能条件下会被迫结合为一个中子,而一个中子在自由状态下又会衰变为一个质子和一个电子。前一个过程,即质子和电子结合为中子,随着宇宙的降温会变得越来越少,当温度降到大约10亿开,也就是宇宙年龄大约是3分钟时,平衡点已改变为每16个核子中有14个质子和2个中子。在这个温度,单个质子和单个中子能粘在一起成为氘(也称重氢)核。在温度更高时,氘核也能形成,但立即就会被高能光子撞碎;但在"仅只"10亿开时,氘核就不仅能稳住自己,而且能迅速成对结合为氦4的核,也就是由两个质子和两个中子组成的核。每16个核子中,4个组成了氦核,占25%。余下的质子随着宇宙进一步冷却而捕获电子成为氢原子。最高龄恒星里大约存在25%的氦,这一事实与背景辐射一起,成为大爆炸模型确能很好描述宇宙演化的最强有力的证据。

不过,核聚变反应实际上比前面所讲的要稍许复杂一点。这一过程不是由两个氘核直接结合成一个氦4核,而更可能是它俩先作用而生成一个氦3核和一个单独的中子。这个"多余的"中子几乎立即与另一个氦3核反应而生成氦4。而这时故事还没结束,虽然不存在包含5或6个核子的稳定核,但在宇宙冷却到没有聚变反应再发生之前,氦3核和氦4核能聚合生成少量的锂7核。但在创世后的4分钟内,所有这些过程都结束了,原初的元素丰度已经确定。

如果能测出最高龄恒星里所有这些元素的丰度,就能了解由大爆炸生成的物质的组成。因为除了别的因素外,生成的每种元素的精确比率依赖于制造元素的火球密度;所以如果宇宙仅由重子组成,这就能立即揭示出宇宙是处于开放还是闭合状态,从而知道其最终结局如何。

在所有最轻的元素中,氦4的产生是对密度的敏感性最低的。但是,生成的氦4的量关键性地依赖于宇宙曾经(和现在)的膨胀速率,所以,对氦4丰度的测量仍然至关重要。这个测量是所有比氢重的元素中最精确的,其结果正好符合标准大爆炸模型的要求。现在,最佳的估算给出的比率是,高龄恒星所有物质的大约23%到25%是氦4。氘在原则上也同样重要,但实际上很难测量。按照现代核物理学的知识,氘根本不是在恒星内部制造的。在恒星内部的温度下,氘实际上会被毁掉。所以,今天任何对宇宙中氘丰度的测量结果必定低于大爆炸产生的真实丰度。测量虽然困难,但对陨石样本中氘含量的测量和对木星云的光谱学研究等工作都得出,宇宙中与每10万个氢原子对应的只有两三个是氘原子。天文学家相信,大爆炸产生的氘也许是两倍于此,也就是对应于每10万个氢核有5个氘核,但是有一半已经在恒星内被毁灭了。

对恒星发出的光的光谱学研究指出,大爆炸产生的氦3的数量大致与氘相同,而锂7就更稀少,也许对应于每100亿个氢核才有5个锂7核在大爆炸中产生。所有这些元素的丰度值都能由标准大爆炸模型来解释,条件是宇宙中重子的总密度远小于宇宙闭合所需临界值的1/10。

以最简单的方式作出论证最好是借助于氘。在早期宇宙里氘核很可能相互碰撞而生成氦核。如果氘核的密度低,它们就很少而且相隔很远,那么碰撞就少,因而就会有较多的氘留存到今天被探测到。如果密度高,碰撞就多,今天能看到的氘核就少。如此说来,即使每10万个氢核才有5个氘核已经是很高的量。对现在氘丰度的测量给出早期宇宙中,因而当今宇宙中重子密度的很强的限制,而这个限制远低于临界值。

当这种方式的大爆炸核合成计算于20世纪60年代首次作出时,似乎已经提供了结论性的证据表明宇宙是开放的,并将永远膨胀。这种认识在宇宙学家中一直保持到20世纪70年代,因为从来没有人正式提出,宇宙可能主要由不同于我们周边所见的其他形式的物质组成。重子被理所当然地认为是宇宙中最重要的物质形式。更准确地说,不是重子,而是以明亮恒星和星系形式存在的可见重子。直至1981年,当我和美国史密松天文台的胡赫拉(Jorn Huchra)讨论问题时,他评论道:

"从哲学的观点看,如果宇宙是由光学观测者看不到的东西支配,那么他会很快失去对观测宇宙学的兴趣。"好啦,胡赫拉对宇宙中大量暗物质存在的哲学反对观点看来是被否定了,观测家们没有失业,而是忙于研究可见星系的动力学以试图间接地探测宇宙中暗物质的分布:暗物质根本就不是重子。宇宙由可见恒星和星系支配的假定,现在看来只是一种重子沙文主义。正如碳、氧、铁等元素在地球上常见的事实,并不意味着它们是更大的恒星和星系的主要成分一样,恒星主要由重子组成的事实也并不表示更大的宇宙也主要由重子组成。即使以前的质光比图像不作这样的提示,后来理论家在20世纪80年代也对认真考虑非重子物质起到新的推动作用。

将由测量最轻元素丰度限定的重子密度变换成质光比,如果宇宙中绝大部分物质是重子形式,则整个宇宙的 *M/L* 值**必定**小于72。[2] 但

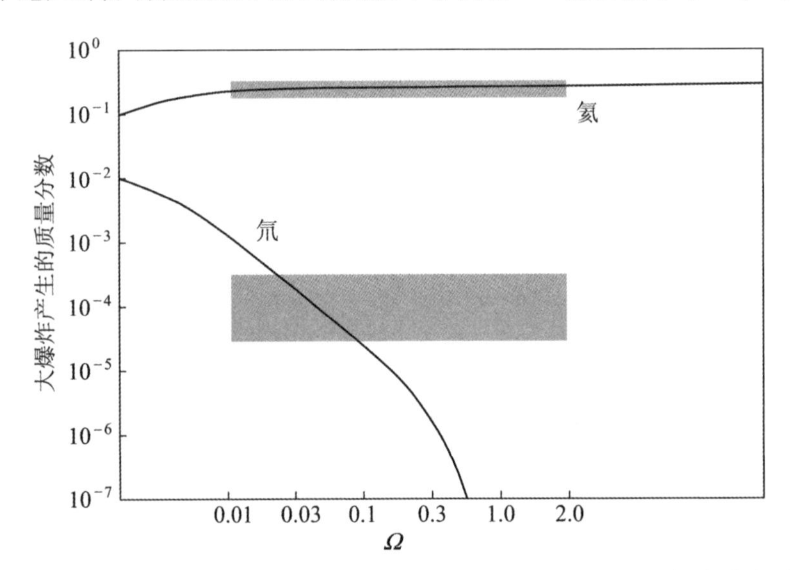

图9.1　短缺的质量。假定宇宙中的物质主要是重子形式,标准大爆炸模型对能够产生多少氦和氘所给出的限定,以对氢的比率来表示。阴影方块表示与当今对宇宙的观测相符的可选范围。此图显示,宇宙中的重子物质不多于宇宙闭合(即 Ω=1)所需量的大约1/10(0.1)。其他证据还表明,宇宙非常平坦,含有多得多的物质。短缺的质量不可能是重子;那是什么?

是，已知的星系团的M/L值远大于此，为300左右。自然的结论是“那里”还有大量不是重子的物质，这是宇宙学家在以往大约20年里被迫得出的结论，他们起初并不情愿，但是热情在增长，现在看来已准备全心全意地接受。毕竟，如果必定存在某种非重子物质，而且可能是大量的，那就甚至有可能足以把Ω值推进到接近于1，而现代最好的宇宙学理论也认为应该如此。

大爆炸的问题

第七章中概述的标准模型，尽管对解释膨胀宇宙的主要特征取得了惊人的成功，却仍存在几个重要的缺陷。首先，有一个被称作“视界”问题的困难。它的出现是因为宇宙在所有方向上看来都是一样的。由星系和星系团在天空中的分布看来，宇宙是很均匀的；但真正体现宇宙均匀性的是背景辐射，它是各向同性的(即在各个方向上都一样)，偏差小于0.5‰。来自天空中一处的辐射怎么“知道”必须有多强，才能与来自天空中相反位置的辐射(其实也与来自两者之间任何一点的辐射)如此精确地相等呢？我们今天所做的观测是我们与来自宇宙的相反“两侧”的辐射的第一次接触，而按照标准模型，这些区域从来没有相互联系过，因为它们总是相隔得比光在宇宙年龄这么长的时间内所能走过的距离还要远，迄今为止在宇宙的每一历史时期都是如此。如果，如标准模型所给出的，3开辐射是$t=0$之后500 000年时发出的，那么，从地球上看来，天空中就只有张角不到2度的区域在当时有相互联系。所以，背景辐射就“应该”是拼凑成的，有着尺度为2度左右的颗粒状结构。但宇宙看来却是以一种完全平滑的状态从火球中诞生出来的，到处都“内置”了精确相等的能量密度(即同样的温度)，即使那些相隔太远、连以光速传播的信号都来不及穿越其间的区域也是如此。但是，大爆炸中温度的这种均匀性又是怎么来的呢?

视界问题直接引出了第二个问题,即星系的存在。宇宙既是诞生于如此平滑的状态,星系这么大的团块又怎么能形成呢?在一个均匀地膨胀着的完全平滑的宇宙里,每个物质粒子都会离其他每个粒子越来越远,根本就没有能在引力拉拢下长成更大物质团块的种子。并不需要很大的种子,在$t=0$后500 000年时,只要有某些区域的密度比平均值高出0.01%的不规则状态存在就够了。但即使这么小的不均匀性,又怎么能从完全平滑的大爆炸中形成并显现出来呢?

但是,激发了新的研究浪潮并导致关于宇宙在10^{-30}秒之前演化的一种新理论的问题,是所谓"平坦性"问题。这要回到对星系、红移和宇宙膨胀的老式研究中。事情是这样的,我们可以算出宇宙膨胀的速率,还可以通过对星系计数来估计宇宙中物质的数量,或者更准确地说是物质的**密度**,密度才是重要的。爱因斯坦方程允许的可能性是,宇宙处于开放状态,从而注定永远膨胀;或者处于闭合状态,从而终将坍缩回火球。或者,仅作为一种可能性,宇宙是平坦的,正好在前两种可能性之间的引力刀锋上,如在第五章中已讨论过的。

但是,按照第八章中所描述的论证,观测所确凿显示的宇宙实际密度,肯定是在使宇宙闭合所需的临界密度的0.02到10倍的范围内。宇宙学家在对实际密度究竟是在临界值的哪一侧的争论中慢慢意识到,有争论的余地这一事实本身,就是宇宙最值得注意的特征之一。为什么密度观测值不是使宇宙闭合所需临界值的10^{-4}倍,或10^{6}倍,或其他与1相差很大的倍数,从而由观测就能明显地作出结论呢?今日宇宙实际上是非常接近于似乎最不可能的状态,即绝对平坦。而且,这意味着宇宙必定是诞生于一种甚至更为平坦的状态,这一点是由两位与发现3开背景辐射有关的天文学家,即普林斯顿的迪克和皮布尔斯于1979年指出的。

发现今日宇宙是处于一种即使是近似的平坦状态的可能性,甚至比发现一支铅笔笔尖朝下倒立几百万年不倒的可能性还要小。如迪克和皮布尔斯所指出的,宇宙在大爆炸时对平坦状态的任何偏离,都会随着宇宙的膨胀和年龄增长而不断显著变大。就像在笔尖上平衡的铅笔受到极小触动时会发生的一样,宇宙也会很快离开完全平坦的状态。完美的均衡态是一种平衡,但却是不稳定的平衡,任何微小的偏离都会给其带来灾难。我们可以想象把时钟倒拨,计算出宇宙在火球时期必须有多平坦,才能在今天仍有如此接近临界值的密度。迪克和皮布尔斯,后来还有其他人,已经为我们作了这样的计算。如果宇宙现在的密度是恰使它闭合所需值的1/10(大多数天文学家会同意这是依据可见星系和大爆炸中重子产量的计算所作的合理估计),那么在创世后1秒时宇宙的密度与当时的临界值在$1/10^{15}$的精度内相等。如果进一步退回到10^{-35}秒时,那时的密度必须只比临界值小10^{49}分之一。[3]这不可能是一个巧合,而是必定意味着物理定律要求宇宙从大爆炸中诞生时是处于某种极其平坦的状态。

1979年春,迪克在康奈尔大学作了一个报告,讨论了平坦性问题,指出宇宙是何等接近于不断膨胀与猛烈再收缩之间的平衡态。听众中有一位年轻的研究者古思,他是个不怎么情愿的宇宙学家,被他的朋友,也是在康奈尔的同事泰伊(Henry Tye)拖到这个领域里进行研究。古思后来回忆说,他开始搞宇宙学完全是被泰伊所迫,泰伊“不得不施加许多压力,因为那时我很坚决地相信,宇宙学是这样一种领域,任何人想说什么都行,没有人能证明他错了”。[4]

尽管开始时是抱着如此怀疑的态度,古思后来却发觉宇宙学的那些思想很有吸引力,于是逐渐深入到研究之中。他用了几个月时间,把迪克在报告里讲述的思想,与自己从宇宙学和粒子物理学(他原来的专业)里得来的其他思想结合起来,到了1979年12月,他脑海中开始有明确的想法成形。12月6日的下午、晚上并直到深夜，古思把他的想法整理成了自伽莫夫30多年前的工作以来对早期宇宙学的第一个重大的理论新贡献。他把一个全新概念引入了宇宙学，这一步的意义如同宇宙蛋的思想一样深刻。

最后的免费午餐

古思是沿着常规途径在20世纪70年代进入物理学研究的。他于1947年出生在美国新泽西州的新不伦瑞克，3岁时随家人移居到新泽西州的海兰帕克，在那里上中学，1964年成为麻省理工学院物理系的新生。他完成了物理学学士和硕士学业，1972年又得了博士学位，接着就碰上在物理学界找一个稳定研究职位的问题。我可是太知道20世纪70年代初的那种问题了，因为我是在1971年完成博士学业的。那时有大量才拿到物理博士学位不久的年轻人，其中大多数比我强得多，而稳定的工作职位却很少。唯一的办法是一边在一个短期职位上干着，一边找下一个，盼望着有一天能得到长久职位。我没有这么苦干，而放弃做研究专事写作。古思显然比我更能坚持（也更有才干），他在普林斯顿大学和哥伦比亚大学工作之后又到了康奈尔大学，就在那里听了迪克1979年春天关于平坦性问题的那个报告。1979年10月，他又离开了康奈尔，去斯坦福直线加速器中心工作了将近一年。就在那里，由迪克的报告播下的种子开始生长了，古思自己在那些日子里收集的宇宙学和粒子物理学资料则提供了所需的养分。

古思清楚地记得那一天，汇集在他脑子里的各种思想突然一下子涌现出来了。那是1979年12月6日星期四，突破是由下午与一位来自哈佛的访问者科尔曼（Sidney Coleman）的谈话开始的，他俩讨论了有关的最新进展。到了晚上，古思觉得脑子里有什么东西要成形了。在家里吃过晚饭后，他坐下来，试图把在脑子里奔涌的想法用数学式子写在笔记本上。妻子早已入睡了，他一直工作到深夜，写下了一页又一页整洁而细致的计算过程。在我写这本书时，古思给了我那一本和后来一本笔记上几页的照片。在笔记本上，从12月6日到12月7日凌晨所写部分的末尾，有一页的上方是一个仅5行的小段落，周围仔细地用双线画上了方框，标题是大写的"惊人的认识"，内容是："这种过冷却能够解释为什么今日宇宙平坦得难以置信，因而解决了迪克在爱因斯坦纪念日报告中所指出的微调佯谬。"古思所发现的是对极早期宇宙描述的基础，即所谓暴胀，这个模型名称是他自己在作出发现后不久取的。几星期后，这位在宇宙学领域显然还称不上是专家的古思，在同斯坦福直线加速器中心一位物理学家温斯坦(Marvin Weinstein)的谈话中首次得知，宇宙学家还在为宇宙大尺度的均匀性即视界问题所困扰，他意识到自己的新模型也能对此作出解释。他虽然在后续的研究中发现自己的模型至少在一个方面有缺陷，但还是写成了论文发表，并且在文中明确表示，[5]希望有人能弥补那个缺陷，并把基本思想向前推进。紧随关于暴胀的工作之后，古思当上了麻省理工学院物理系的访问副教授，接着在1981年6月又成了全职副教授，至今仍在该职位上工作。

为什么这个模型，不论是否有缺陷，会使得古思如此兴奋，并且在20世纪80年代带来了宇宙学的一场革命呢？因为它是从这样一个思想出发的，在创世后的一个极短时段，在标准模型讲述的大爆炸故事开始之前，宇宙可能经历过一种称为相变的变化，即从一个高能状态变到一个较低能量的状态。古思把初始的高能状态称作"假真空"，把对应于今日宇宙的**低**能量密度的状态称作"真真空"。他的这个思想并不是凭空而来的；有关于高能粒子相互作用方式的坚实理论依据表明，相变的概念是可信的，不过那些粒子物理学的细节无须我们在此关注。

可以用一只光滑大碗里的弹子来作一个形象的比喻。如果弹子是快速地从碗边滚进碗中的，也就是说有着很高能量，它就能在碗里边滚动边上升，就像杂技表演的飞车走壁一样。最低点的位置，或碗的深度，对弹子的行为没有影响。但是，随着能量的减小，弹子在碗里会滚得越来越慢并往下落，最后停在碗底，也就是最低能量状态。现在，最低点的位置就是最重要的了。与此类似的事情在宇宙从10^{-43}秒冷却到10^{-35}秒（那时宇宙的温度约是10^{27}开）的过程中也曾发生。宇宙也逐渐地下落到一个最低能量状态。但究竟是哪一个？假设是落到一个对应于假真空的状态，那就只是一个局域最低能量状态，像火山口的凹坑那样（图9.3）。

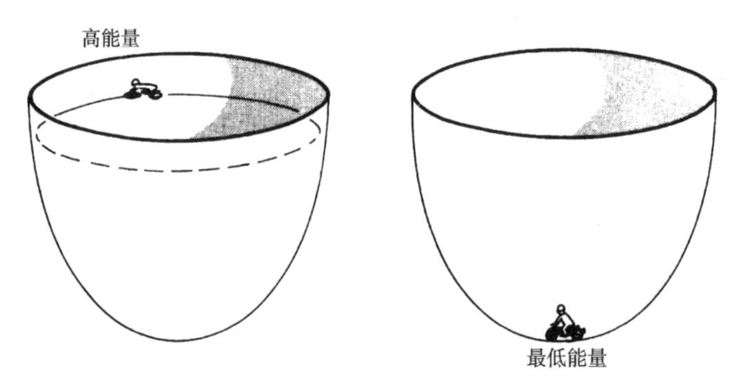

图9.2　宇宙的能量可以用走壁的摩托车来比拟。车子能量足够大时，可以边旋转边升得很高，这相当于宇宙创生时的高能量密度状态。随着能量减小，车子会不可避免地落到最低点。但宇宙在冷却和能量密度减小时，却有不止一个最低点可供选择。

这种状态与水的过度冷却（冷到0摄氏度以下而不结冰）相似。随着不断地冷却，水最终会突然地结成冰，并在这个过程中释放出熔化状态时所包含的潜热。在0摄氏度以下，冰是能量更低因而更稳定的状态，但是，伴随着潜热能量释放的向更稳定状态的转变过程，并不总是发生在0摄氏度。古思认为类似的事情也可以在极早期宇宙的真空中发生。当宇宙持续地冷却到10^{27}开以下时，它会在假真空态停留一段时间，就像过冷水在冰点以下仍保持为液态一样。只有在宇宙能够以某

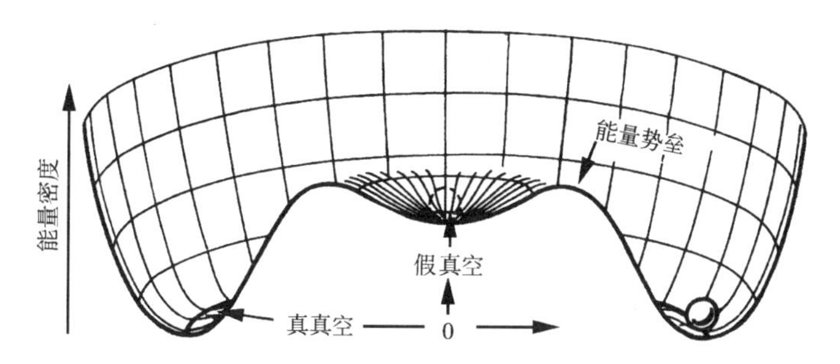

图9.3　在第一个版本的暴胀模型里，宇宙先被囚禁在“假真空”态，然后像α粒子逃出原子核那样，穿过能量势垒落到真真空态。这个过程中释放的能量驱动宇宙快速“暴胀”。

种方式穿过能量势垒并达到真真空态更深的最低点时，真正的最低能量态才能实现。

与火山的比拟当然也是大家熟悉的，我曾用它来描述囚禁在原子核里的α粒子。正如α粒子能借由不确定原理之助逃出束缚那样，早期宇宙也能依靠不确定原理而从假真空态穿出。但古思惊讶地发现，宇宙被囚禁在假真空态或过冷态时所具有的巨额能量密度，能够给宇宙一个强大的外推力，使它膨胀得比标准模型里快得多。这个效应在短时间内就好像有一个比爱因斯坦的任何想象都有力得多的宇宙学常数。结果是，宇宙作指数型膨胀，每过10^{-34}秒其尺度就增大一倍。这个膨胀速率听起来似乎不大。但**每**过10^{-34}秒就增大一倍，也就是在10^{-33}秒内加倍10次，尺度就增大到2^{10}倍，在10^{-32}秒内就增大到2^{100}倍。[6]在比一眨眼短得多的时间里，一个尺度只有质子的10^{-36}倍的区域能够暴胀（模型因此得名）到直径大约10厘米，也就是一只葡萄柚大小。暴胀把极早期宇宙那个非常亚微观的世界很突然地带到了我们所熟悉的宏观尺度世界。

但是一旦宇宙到达了真真空态，快速的指数暴胀就停止了，能量转为产生出巨大数量的粒子对，并把它们再加热到将近10^{27}开。实际上我们所知道的宇宙中**所有**的物质和能量，可能都是这样由暴胀产生出来的。这种可能性的出现是因为宇宙的引力能是负的，而且引力能越负则宇宙越大。古思指出，暴胀过程中能量应该是这样守恒的，即宇宙的物质能量增大，而其引力能变得越来越负，两者几乎精确地抵消，用他的话说，这是宇宙“最后的免费午餐”。随着宇宙膨胀减慢到大爆炸标准模型的正常步调，此后的事情就都如第七章中的标准模型所述了。暴胀在远未到 $t=0$ 之后的 10^{-30} 秒就结束了，但它已经解决了视界问题和平坦性问题。

视界问题的解答简单地说就是，今日宇宙中“相反两侧”的区域在宇宙刚诞生时确实是“相连”的，然后才由于暴胀而相互分离。我们今天看到的宇宙之所以特别均匀，只因为它全都是由一粒极小极小的种子变来的，在那粒种子里所有能量是均匀分布的。平坦性问题的解答只是更精巧一点。吹胀一个气球时，气球表面的弯曲程度越来越小，越来越接近于平面。暴胀过程中时空曲率的变化也是如此，无论开始时曲率是多大，到时空已膨胀了 10^{50} 倍时就与平坦宇宙不可区分了。再弯曲的宇宙，当它膨胀到一只葡萄柚那么大时，在我们的任何观测所能揭示的程度上，就已经变成平坦宇宙了，其密度已非常接近于临界值。

但是，这就意味着，在我们可见的宇宙之外的确可能还有**其他**的时空区域，那些区域不是在与我们的宇宙“泡”同样的时刻，也不是以同样的速率暴胀出来的。我们生活其中的这整个可观测的宇宙，可能只是某个大得多的总宇宙的“局部”区域。但是，其他那些区域有可能被观

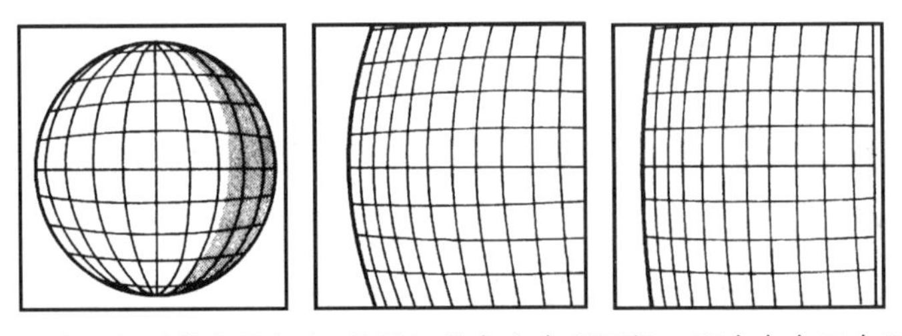

图9.4　无论开始时曲率是多大，暴胀都使宇宙变得平坦。图中自左至右3个球的半径依次增大到3倍，故总效果只是“平坦”到了9倍。而暴胀使宇宙平坦了 10^{50} 倍。

测到吗？这可就的确是最初暴胀模型的一个严重缺陷了。

如古思所意识到的，整个时空都可能随机地发生从假真空到真真空的转化过程。于是就可能有许多暴胀出来的时空泡，每个都有自己特定的希格斯场值，每个都有着稍稍不同的物理定律，因为在每个泡中对称性的破缺方式都稍有不同。在最初的暴胀模型里并没有什么精巧的办法能使暴胀平稳地发生，相反倒是能有许多不同时空区域的暴胀泡以不同方式从假真空中穿透出来。这类泡也会成团，就像池塘里成团的青蛙卵，或者像海绵里的孔，而泡之间的边界应该是非常高能的，从而具有可探测的特征。但我们的宇宙看来完全不是这样子。所以，古思最初的模型的这个预言显然是错了，模型出现了缺陷。但是，它的指数暴胀特征是这么合适，解决了这么多问题，使得许多宇宙学家都愿意它是正确的，而不管它有什么明显缺陷。对这种可能解决宇宙学主要难题的撩人而又有缺陷的苦恼，是由莫斯科列别杰夫研究所的林德为我概括的，正是他在1981年取得了下一步重大进展。

林德于1948年出生在莫斯科，在莫斯科大学学物理，后来到列别杰夫研究所做研究，起初是在基尔日尼茨(David Kirzhnitz)的指导之下工作。林德研究的是包含希格斯场的高能相变的本质，他知道了古思的工作感到很高兴，因为他和基尔日尼茨一起研究的课题看来可能具有宇宙学重要意义，但他对解释如何能由假真空平稳地转变到真真空状态的困难颇感懊丧。他在1985年3月给我的信中写道："一直到1981年夏天，我都觉得浑身不适，因为我看不出有什么办法能把情况改善，而我又不相信上帝会误失这么一个使创造宇宙的工作简化的好机会。"但就在1981年夏天，他想出了对问题的一种解答。他的建议简单说来就是，假真空态并不是处在一个像火山口那样的深阱，而是处在一个平缓的能量高原，它在边缘处缓慢地滑出去，最后落到真真空态。在这样一个高原上的假真空态会很从容、很平稳地"滚动"而进入真真空态，不会出现那种与穿过能量势垒相伴的一系列局域量子跃迁造成的混乱。这一过程的结果就造成了一个平滑均匀的宇宙，一个像一团果冻而不是一撮青蛙卵的宇宙。这个观点后来被称为"新暴胀模型"，尽管还需要一些时间来理解，但到20世纪80年代中期它已是大受欢迎。

林德版本的理论首次公布，是在1981年10月莫斯科的一次国际研讨会上。当时在场的剑桥大学的霍金曾予以"驳斥"。但重新考虑之后，他发觉林德的想法是有道理的，于是后来在费城大学作的一个报告中提及自己的看法，并就此课题与一位同事合写了一篇论文。费城的两位研究者，阿尔布雷克特(Andreas Albrecht)和斯坦哈特(Paul Steinhardt)，独立地得到了与林德同样的结论，并于1982年4月发表了他们的论文，其中引用了林德的独立工作。大致就在这时，"新"暴胀假说才得到重视(科学家总喜欢对一件事听说了两次后才相信)，而这一古思主题曲的林德变奏此后数年在众多的暴胀模型中，也就居于领先地位。

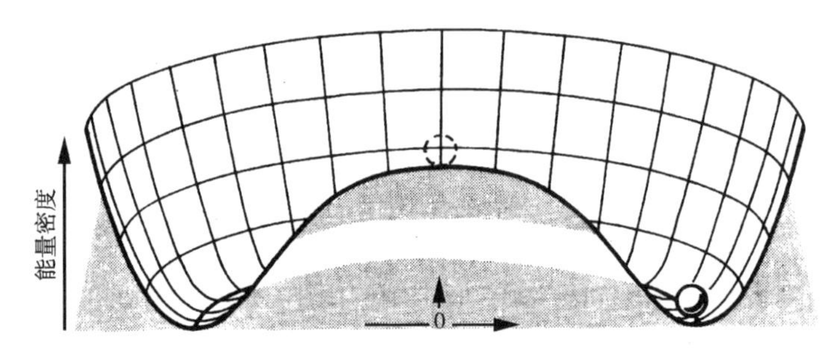

图9.5　按照第二种暴胀模型，宇宙从能量高原顶部缓慢地滚落到真真空态。有关方程式再次表明，伴随的能量释放能够驱动整个宇宙的短暂而又极快的指数式膨胀。

新暴胀假说在1982年后，又被作了进一步的修订，试图把它微调得能与宇宙的观测特征相符。有一种修订是这样的，假真空态先由围绕"高原"中心的小能量势垒包围着，然后穿出形成许多泡，这些泡先在高原上各自演化，然后逐个地缠在一起，平稳地滚落到真真空态。每个时空泡只要还在高原上，就保持加速膨胀，每个泡都能很容易地增长到可观测宇宙的尺度大小。在这一切发生的时候，也就是在相变开始的时候，光从 $t=0$ 起已经过的距离（即"视界距离"）约为 10^{-24} 厘米。在暴胀 10^{50} 倍后，同一个区域就会大到直径 10^{26} 厘米，全是由那个几乎完全均匀的小时空点演变来的。[7] 这样一个暴胀宇宙的尺度是1亿光年。但在暴胀结束即 $t=0$ 后 10^{-30} 秒时，这个暴胀宇宙巨大体积里的空间区域（后来增大成我们今日可见宇宙）还只有10厘米，也就是一只葡萄柚那么大。我们今天所能看见或知道的一切，都只是从暴胀宇宙中的一个泡里演变而来的。

暴胀方案的许多细节还有待研究。今天的研究现状，颇像伽莫夫在20世纪40年代研究标准大爆炸宇宙学时的状况。指望所有的答案都同时涌现是不现实的。宇宙学家正在两个主要研究方向上作出努力。一个方向是试图解释极早期宇宙中的量子涨落怎么能在创世后几分钟时增长成为星系的种子。从引力的角度讲，还有关于星系在宇宙中究竟有多重要的有趣问题。这是因为，按照对可见星系计数基础上的密度估计，使宇宙平坦所需的物质只有不超过20%是以星系的形式存在。标准大爆炸模型的计算结果，即要求使宇宙闭合或平坦所需的物质只有10%或20%具有重子形式，仍然成立。暴胀模型说时空必定平坦，那么所需物质的另外80%（或更多）是在哪里？可能是非重子物质。好戏来了，如第十章将要详细讲述的，天文学家在用计算机模拟宇宙中星系的形成，也就是看引力如何随着宇宙的老化和膨胀而把物质团块拉到一起时发现，要与观测到的物质成团性相符，在超星系团之间就必然有大量寒冷而黑暗的物质。这种冷暗物质的粒子每个都有1吉电子伏（大约是一个质子的质量）或更大的质量，它们组成了宇宙中引力质量的主体，而且它们不是重子。但正是这些粒子的引力，解释了为什么组成可见恒星和星系（还有我们自己）的重子是以我们所见到的方式分布。在我细说对这种暗物质的寻找过程之前，值得探讨一下由林德提出的更近期的暴胀理论版本,它是关于极早期宇宙的众多理论中目前的佼佼者。

原初混沌与终极秩序

尽管古思的工作代表了观念上的突破,但即使是"新暴胀"理论也只是因为对参数作了很精细的调节才有效,而之所以允许"微调"又只是因为我们并不真正知道假真空态的行为,这确乎有点诡辩的味道。这套技巧只有把参数事先恰当设定才管用,因为我们知道想要得到的"答案",而理论的创立者们自己也认为这样做并不合理。

对暴胀的新探索追溯到创世时刻,直面按照广义相对论宇宙产生于一个奇点,或者说产生于"虚无"的难题。但是,林德、古思和其他人意识到,这还不是事情的全部。按照20世纪物理学的另一个伟大理论即量子力学,根本就没有虚无这种事。由于量子不确定性(同样是这个不确定性允许α粒子钻出原子核),你我所认为的"虚无空间"或完美真空,其实是一大群沸腾的量子涨落,其中粒子对不断地突然出现,又相互湮灭而消失,而时空自身会在10^{-35}米的尺度上消失为量子泡。在量子力学里,任何短于这个"普朗克长度"的长度都是没有意义的,任何短于"普朗克时间"即10^{-43}秒的时间间隔也是没有意义的。所以,尺度为10^{-35}米、延续时间为10^{-43}秒的高能真空泡,会不断地从虚无中出现而又再次消失。

许多这样的量子泡会立即消失,但不是全部。如果暴胀是发生在量子泡消失之前会怎样呢？如林德认识到的,在这个尺度上谈论任何具有确定状态的真空是没有意义的,它只能被描述为一团由相互作用的量子场组成的混沌。由于这种混沌和量子不确定性,真空泡开始时"并不知道"它"所属"的最低能量态在哪里,所以就只是很缓慢地"滚落”进真真空态，来自虚无的微小量子泡就变成了整个暴胀宇宙。这一条就足以保证暴胀式膨胀的出现，而无须相变或“过度冷却”。

一旦量子场到达其最低能量态，曾经驱动暴胀的条件就不再存在了。场会在最低点附近来回振荡，就像弹子在碗底附近来回滚动那样，在这个过程中所有的能量都转变成粒子对。弹子慢慢地停在碗底的最低能量态是因为摩擦将它的动能转变成热能，而振荡场慢慢地停在最低能量态是因为其“滚动”能量被转变为成对产生的粒子。如早期的暴胀模型一样，宇宙被再加热到接近于10^{27}开，然后就开始以标准模型的更安稳的方式随着膨胀而迅速冷却。如果这个图像正确，那么我们今天看到的秩序就是由暴胀从原初混沌中创造的；林德把他这个改进的暴胀理论版本称为“混沌暴胀”。

以暴胀为主题的变奏曲之纷纷涌现，既表明新思想涌现后呈现出丰富多样的可能性，也反映了宇宙学家和粒子物理学家对这个基本思想的重视。现在看来已经足够强大、已经建立得足够好，因而能像50年前伽莫夫接受大爆炸思想那样有信心地予以接受的基本思想就是，宇宙早期确曾有过一个暴胀阶段，正是暴胀使一粒不大于普朗克长度即10^{-33}厘米的种子长成我们所能看到的一切。但是，要说现有的各种详细方案中哪一个（如果有的话）会被最终证明是反映了真实世界，实在还为时太早。我想还是让这个领域的两位开拓者古思和林德自己来说为好。林德很相信这一领域正在朝正确方向取得进展。他告诉我：“老模型死了，新模型老了，而混沌模型状态良好。”古思曾经认为宇宙学是一个你说什么都行、没人能证明你错的领域，现在的观点则稍有不同。他说：“现在看来很容易证明一个宇宙学模型是错的，而建立一幅完全自恰的图像要比我原来设想的困难得多。”

也许暴胀模型还没有做到“完全自恰”。但那些模型已经描绘出一幅有效而且十分重要的图景，一幅创世时刻的图景，我们所知的整个宇宙那时还被装在普朗克长度的范围里。如将在第十一章要看到的,这就使得对创世时刻本身作出数学描述和获得对宇宙最终命运的新洞察两者都有了可能。但在推出压轴戏之前,我仍必须说明是什么组成了宇宙的90%或者更多。那使得宇宙的曲率如此接近于临界值的暗材料究竟是什么?那短缺质量是在哪里?

第十章

寻找短缺质量

我们现在知道,元素其实并不是最基本的物质单元。原子由重子(具体而言是质子和中子)和电子组成。由于电子质量远小于核子质量,日常物质常被视为重子物质,而在依据大爆炸中最轻元素的生成方式来计算宇宙的密度时,也不必费神加入所有电子的质量。这是足够合理的,因为尽管宇宙中每个质子都有一个电子相对应,但一个质子的质量大约是一个电子的2000倍。用常用单位,电子的质量是9×10^{-28}克,也就是小数点后27个零再加一个9。常用单位对这么小的质量显得不大适用,物理学家更愿意采用电子伏为单位。严格说来,这是一个能量单位。但质量与能量是可以相互转化的,因为有$E=mc^2$关系式,而c^2是一个常数。用这个单位,电子质量是稍大于50万电子伏,或写为0.5兆电子伏,而质子质量是938.3兆电子伏,中子质量是939.6兆电子伏。

正是这三种微小粒子作为基石构建出了常见物质,包括组成我们身体和地球的所有原子、组成太阳和空中可见的所有恒星的材料。但是常见物质中还有一个成分是尚未恰当地予以介绍的,那就是中微子。

在20世纪30年代,物理学家意识到,必定还有第四种粒子参与了核反应。例如,当一个中子衰变为一个质子和一个电子时,这些粒子所携带的运动能量,还有它们的质量能量,都是可以由适当的实验来测量的。实验发现,质子和电子的总能量(质量能量+运动能量)小于原来中子的总能量。必定有某种粒子带走了一些能量。这种粒子早在1931年就被泡利(Wolfgang Pauli)称为中微子。但中微子直到1956年才由实验直接探测到。

用了这么长时间才直接探测到中微子的原因是,这种粒子与常见物质仅有非常微弱的相互作用。例如,在太阳核心区的核反应中产生的中微子,它们穿过整个太阳比光穿过一片玻璃还容易。中微子在核反应中很重要,在如恒星核心或大爆炸本身这样物质或能量密度很高的任何地方也是如此。而它们穿过行星和人体这样的常见物质时,却如入无物之境。但是,仍然需要中微子来平衡核反应的能量守恒,而且它们的存在也确实已被实验证实。它们还成就了一个对核物理学很重要的令人愉快的粒子图像对称性。

超越重子

质子和中子都是重子家族的成员,而宇宙中现在的重子数保持不变似乎是一条基本自然定律。当一个中子衰变时,它并不完全消失为一股能量,也不是变成一个不同类型的粒子,而是变成一个不同的重子,但是,同时还产生了一个电子。所以,电子显然并不以重子的方式守恒,然而,中微子的出现又恢复了平衡。电子和中微子都是一类被称为轻子的家族的成员。正如宇宙中的重子数守恒那样,轻子数也守恒。

可以用两种方式来描绘中子的衰变。第一种方式,一个中微子(轻子)被一个中子(重子)吸收,然后衰变为一个质子(重子)和一个电子(轻子)。一个轻子和一个重子转变成一个不同的轻子和一个不同的重子。另一种方式,一个中子自己衰变为一个质子(重子数守恒)和一个电子,再加上一个反中微子。正如电子有着对应的称为正电子的反粒子一样,中微子也有对应的反粒子。在累计宇宙中轻子的总数时,必须把反粒子数从粒子数中减去才能使账单平衡。所以,通过"产生"一个轻子(电子)和一个反轻子(反中微子),中子衰变保持了宇宙中的轻子平衡。这是一个重要的认识,因为自然界似乎确实偏爱这种对称性。在过去50年里,物理学家发展出了能更完整地描述粒子相互作用的数学定律,从而对粒子世界的探索更加深入,他们在每个层次上都发现了对称性和平衡——的确,存在着一些或至少一个超越了重子的层次。

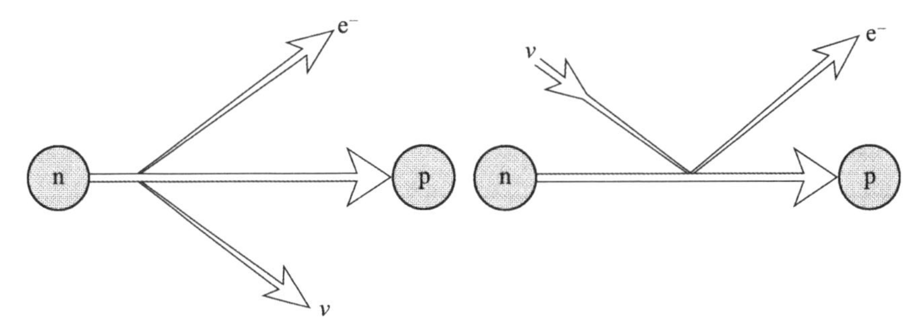

图10.1　需要中微子。一个中子"衰变"为一个质子和一个电子时,只有把另一个粒子即中微子包括进来,才能使方程式平衡。准确地说,一个中子衰变生成一个质子、一个电子和一个电子型反中微子;也可以说,一个入射的中微子与中子碰撞后,转变为一个电子,而这个中子转变为一个质子。

所有证据都表明,轻子确实是基本的粒子。电子或中微子没有内部结构,不能被分解为更小的成分。而重子却不同。物理学家在20世纪60年代确认,可以这样来最好地说明重子(还有其他种类的粒子,但不必在此费神)的行为,即每个质子或中子都由三个被称为夸克的更基本的粒子组成。只需要两种夸克就能描绘核子的性质。它们被随意地命名为"上"和"下",一个质子能被最好地设想为两个上夸克和一个下夸克的紧密结合体,而一个中子则由两个下夸克和一个上夸克组成。这两类夸克的其他组合,包括夸克对,与轻子对一起,能够说明常见物质的所有行为。虽然单个夸克不能独立地存在,但上/下夸克对的基本性质却与电子/中微子对有许多相似之处。像轻子一样，夸克没有内部结构，看来确是基本的粒子。在20世纪70年代初，物理学似乎已很接近于只借助四类真正的基本粒子就能说明物质世界。自那以后，事情已变得更复杂一些，但即使是那些复杂的情况看来也维持着夸克与轻子之间的基本对称性。

这些复杂的情况能被最合适地视为自然界在重复其夸克和轻子的话题——不是一次，而是两次。早在1936年，研究宇宙线的物理学家就发现了一种粒子，其他性质都与电子一样，只是质量大了200倍。这种粒子被取名为μ子，常被视为"重电子"，但此后40年里无人知晓关于它在粒子世界所扮演的角色。到了20世纪70年代中期，粒子物理学界被一种质量大于其"第一代"对应体的新粒子的革命性发现所震惊。[1]这种粒子及其行为只有借助于两种比上/下夸克对更重的夸克的存在才能说明，那两种新夸克被标记为"粲"和"奇"。正如上、下夸克和电子、中微子轻子组成一个家族那样，粲、奇夸克和μ子及其对应的中微子也组成一个家族。这种"新"一代粒子的发现为物理学家提供了检验自己理论的场所，这种理论本是针对第一代粒子建立的，却在新的检验中大获全胜，预言或解释了新粒子的性质及其家族的相互关系。[2]没有人知道为什么自然界要重复自己，不过物理学家还是很高兴有机会来证实和精炼自己的模型。但是，当他们遇到更多的事要想时，他们就不那么认为了。

如果能存在一种重电子，为什么不会有更多种存在？当粒子物理学处在20世纪70年代中期的骚动中时，斯坦福大学的一个小组在寻找超重电子存在的证据，并且发现了它：一种"新"轻子，其他性质都与电子相同，但质量却是惊人的2000兆电子伏，一个"电子"的质量竟是质子的两倍！新粒子被起名为τ，而且如所预期的有自己对应的中微子种类。现在有三代轻子，却只有两代夸克。意思很明显，科学家对更重的第三代夸克的寻找开始了。一种被称为“底”的夸克的踪迹在1977年被找到,另一种名为“顶”的夸克存在的证据也在20世纪80年代中期CERN的实验里得到。夸克-轻子对称性恢复了,物理学家喜爱的理论被再次检验,而且好得出乎意料。我们再次有了一幅平衡的图像,现在需要6种夸克和6种轻子来说明物质世界的一切,而只需要其中的两种夸克和两种轻子就能说明日常世界的一切物质。但是终点将在哪里?如果自然界能够满足于允许比两种基本夸克和两种基本中微子的更重的复制品,只要有足够的能量就能再造出第三代粒子,那么这一过程恐怕是无穷尽的。为什么会停止在三代、四代或五代呢?但是,正当我们看似深陷粒子沼泽而无望逃脱时,宇宙学前来援救了。有很好的理由说明为什么不能再预期粒子物理学家会发现或造出更多代更重的夸克和轻子,而这些理由都与大爆炸里最轻的元素被合成的过程中中微子的影响有关。

中微子宇宙学

“额外”的各代粒子并不在今日宇宙中存在,除非在高能事件中被制造出来。一旦它们被制造出来,又很快就会衰变成日常世界里熟知的粒子。所以没有这样的可能性,即由较重夸克(粲、奇、顶和底)组成的粒子会在大爆炸生成的重子质量之外,再为宇宙提供占重要份额的质量。[3]但是,额外的各代粒子可以存在于有足够能量之处,而在大爆炸过程中确曾有足够的能量使它们得以参与其中,那就是创世时刻后大约三分钟时,恰在重子安定下来成为大约75%是氢、25%是氦4,以及微量氘、氦3和锂7的混合物之时。较重夸克的存在完全不影响宇宙后来发生的故事,在现实意义上可以忽略它们。但是,在大爆炸早期出现的三种中微子却对决定宇宙膨胀的速率有非常重要的作用,因而也就影响着宇宙的最终命运。

重要之点是所存在的轻粒子的独立种类的数目。这里的"轻"是指质量小于大约1000电子伏。电子中微子原来被认为根本没有质量,因而肯定符合这个要求;但如下文将讲到的,后来又有这样的观点,即电子中微子可能有着几个电子伏的质量,而且它们可能足以提供所有短缺质量。这已不再被视为暗物质的最佳候选方案,但中微子的确非常轻。这种轻粒子有时还被称为"相对论性"粒子,因为它们是以非常高的、接近于光速的速度从大爆炸中出现[4],而按照相对论理论,光速是宇宙中的速度极限。又由于与热气体中高能粒子快速运动特征的相似性,这种轻粒子还被称为"热"粒子。采用这一术语,大爆炸留下的、有着微小质量的中微子就表示宇宙中存在热暗物质。

但那是后来发生的故事。对原初核合成尤其是氦4而言,重要的是确有三种不同的中微子,这在地球上的实验里已经得到显示。前面讲到一个中微子与一个中子作用生成一个质子和一个电子时,已经注明那是一个**电子**型中微子。于是可以预期,如果是一个μ子型中微子与一个中子作用,就会生成一个质子和一个μ子。物理学尚不能说明这三种味的中微子是怎么"知道"各自的搭档的。但它们确实知道,味也确实不同。有了这些信息,宇宙学家就能对大爆炸生成的氦4数量给出非常精确的限值。

宇宙的密度对大爆炸核合成所生成的氦4数量并无关键性的影响。对一个很宽的可能密度范围,都有大约25%的氦从大爆炸中出现。但是,产生的氦4数量却依赖于宇宙在核合成阶段膨胀得有多快,即宇宙膨胀得越快,产生的氦4就越多。这是因为,如果宇宙膨胀得快,更多的中子还没来得及衰变成质子,就被囚禁在氦核里。如果宇宙膨胀得慢,更多的中子就会在温度降到使氦核稳定下来之前衰变。核合成阶段宇宙膨胀的速率,取决于那时有多少种不同的相对论性粒子。这就像是有一股压力在驱使宇宙膨胀，如同圆筒中气体的压力会驱使活塞随着气体膨胀而外移，起初装在圆筒里的气体越多，压力就越大，活塞就移动得越快。这个比拟不是很准确，因为在早期宇宙中这个特定的“压力”并不涉及像质子这样的大质量粒子，而只有相对论性“气体”的轻粒子，包括光子、电子和正电子，还有三种中微子及其对应的反中微子。计算得出的氦4丰度预言惊人地准确。

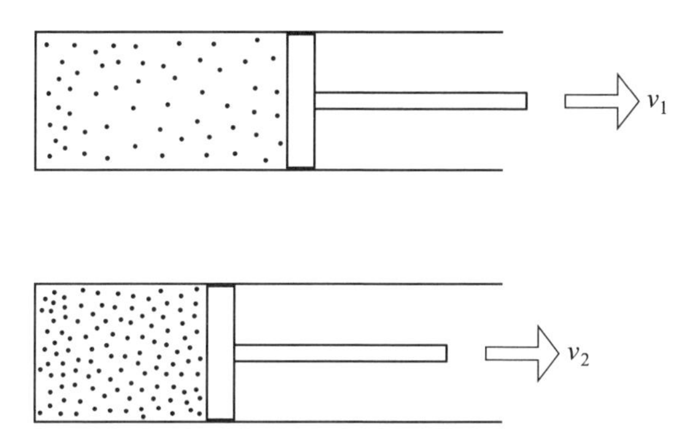

图10.2　宇宙压力筒。推动活塞向内压缩得越紧，被囚禁的气体向外的推力就越强。高度压缩的气体（v_2）会比低度压缩的气体（v_1）使放开的活塞运动得更快。大爆炸时宇宙膨胀的速率取决于有多少中微子（以及其他轻粒子）在“推”，而大爆炸造出的氦的数量则取决于这个“压力筒”机制延续多久。依据这两个关系并测量今日古老恒星中氦的含量，天体物理学家得出，中微子的类型一定不会多于四种，很可能就只有已经发现的这三种。

当然可以确信，大爆炸中光子和正负电子对是存在的。对此念及之后，就能用存在的中微子的味数来表示预期的氦4的丰度。如果在计算中只允许有两种中微子（及其对应的反中微子），就只有少于23%的重子物质是氦4。如果是三种中微子，氦4的比例就提高到24%；而四种中微子就会使预期的氦丰度高于25%。总之，每增加一种中微子，就会使氦与氢相比的含量增加一个百分点。对现实宇宙中氦丰度的最新测量给出的结果是23%至25%，与如果只有三种中微子所作的预期结果精确相符。观测结果不能排除有四种中微子的可能性，但绝不可能更多;来自宇宙学的证据最好地表明,宇宙中存在的所有中微子类型都已被找到。

宇宙学对粒子物理世界的这种超常洞察力可以由这样一个事实看到,即粒子物理学家要依据在地球上做的实验来确定应该有多少中微子种类,是多么困难。20世纪80年代初期,物理学家在经过许多间接论证和精打细算之后只能说,中微子的类型必定少于737种。经过后来几年的奋斗,他们把这个限额先降到44种,又降到30种。20世纪80年代中期,CERN的高能实验结果显示,限额有可能降到6种或7种。直到80年代末,CERN实验才把中微子种数确定为3,而这个结论当然是宇宙学首先得到的。这一切的美妙结合令宇宙学家和粒子物理学家双方都深信,标准大爆炸模型是正确的,宇宙中有三种类型的中微子,宇宙中重子物质的数量只够使Ω值大约为0.1。但是,在某种意义上,**任何**重子物质存在的事实本身就是一个谜。大爆炸火球起初就是一片能量(即辐射)的海洋,今日仍以宇宙背景辐射的方式显示其存在,随着电磁能量按照爱因斯坦方程式$E=mc^2$和量子力学定律而转变为粒子对,这片海洋中诞生出了重子物质。为什么这样产生的粒子不是都与其对应的反粒子一同湮灭,而只留下辐射呢?

制造物质

如果哈勃的红移观测和爱因斯坦的广义相对论的推论真能够回溯到那么远,那么量子定律看来表明,宇宙是在"年龄"为10^{-43}秒时"诞生"的。创世时刻本身是下一章的主题。但是,在一个起初充满能量的宇宙里,粒子的存在只是粒子对的生成所导致的结果,一个如夸克这样的物质粒子总有其对应反粒子相伴随,怎么能有物质留存下来形成中子和质子呢?为什么当宇宙冷却时不是所有夸克/反夸克对(还有电子/正电子对)都湮灭、不再有粒子对产生呢?

对这一问题的解答是在1956年由杨振宁和李政道这两位华人物理学家的工作开始的。哥伦比亚大学的李政道和普林斯顿的杨振宁,从数年前他俩在伯克利时相识后,就一直保持联系共同探讨粒子物理学问题。那时,已知的粒子种数(有时被称为"粒子动物园")在迅速增长,一些新发现的粒子的行为令人困惑。有一族粒子,即K介子,它们的行为似乎不当,它们衰变成稳定粒子(如电子和中微子)的过程似乎违反了粒子物理学的某些规则。李政道和杨振宁找到了一个解决办法,即提出某些相互作用会偶然地违反所谓宇称守恒的定律。按照这条定律,自然定律在镜子里反射时是不变的,也就是自然界并不区分左与右。但这只是一个假设,从来没有真正验证过。李政道和杨振宁指出了这一点,并提出K介子衰变不遵守宇称守恒(简记为P)。这使物理学界大吃一惊。几个月后,另一位华人物理学家吴健雄(1912年也出生于上海)就用实验证实了这个预言。于是,李政道和杨振宁分享了1957年的诺贝尔物理学奖,那是在他们的论文发表仅仅一年之后。授奖之快表明了物理学的某个基本思想被推翻所带来的巨大冲击。物理学家去除了一个障眼的老教条,看到了一条研究粒子世界的新途径。

1964年,普林斯顿的两位美国物理学家克罗宁(James Cronin)和菲奇(Val Fitch),把李政道和杨振宁的工作推广到包括另一种形式的不守恒。他们用实验证明,K介子衰变还会非常偶尔地允许粒子变成反粒子。这一过程打破了称为电荷共轭的守恒"定律"(记为C,这一所谓的定律其实只是一种基于"常识"的成见)。克罗宁和菲奇还得出,C有时会自我违反,而且C和P结合在一起的CP,在有些反应里也会被打破,即C的改变并不总能抵消P的改变。克罗宁和菲奇理所当然地获得了1980年的诺贝尔奖。[5]但这给物理学留下了一件有趣的怪事。除了镜中反射和正反粒子交换外,唯一还能使粒子反应"逆转"的途径就是使时间倒流，比如说，拍摄一个粒子反应的影片再倒着放映。C和P的不变性再加上时间(T)的不变性一起，就构成一条称为CPT对称的定则。在20世纪50年代初，物理学家就已经知道，此后的许多实验也已证实，如果拍一个粒子反应影片，把所有粒子换成反粒子，再把左右互换，**然后**把影片倒着放映，那么最后的结果与最初的影片看起来完全一样。物理定律对一个完整的CPT变换是不变的，这就是对CPT的每个成分在适当意义上"对称"的假定曾经看似自然的缘故。但事实上，这

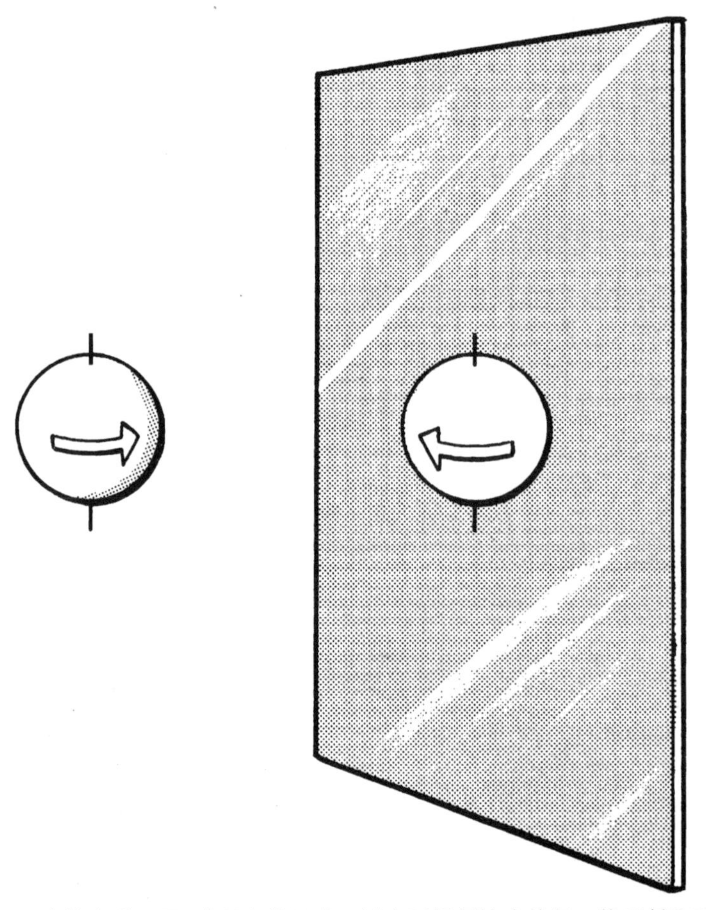

图10.3　在镜中世界里，球原来的运动可以由时间倒流来恢复。镜反射和时间流两者都是不对称的，但它们合在一起能产生对称性。CPT对称也是这样由无须单独对称的多部分组合而成。

三个成分的每一个,即C、P或T,都能分别被"破缺",而联合的CPT对称性则在任何情况下都保持不变。例如,由C破缺造成的改变,可以由同一个反应里P破缺的改变来抵消;但如果CP不变性也破缺了,唯一能保持整个CPT系统对称性的途径是T也破缺,并且是以正好抵消CP破缺的方式。

可以通过再次由K介子,更确切地说是一种称为K_L^0的K介子,来了解以上所述的实际意义。这是一种像光子那样的中性粒子,其反粒子也是自己。它能以两种重要方式衰变。一种方式是变成一个负π介子、一个正电子和一个中微子。另一种方式是生成一个正π介子、一个电子和一个反中微子。不必担心π介子,它们与光的"粒子"即光子相似,不受守恒定律支配。但是,那些守恒定律在任何时候都能运用于轻子和重子吗?如果物理定律是对称的,那么在大量K介子中这两种衰变方式就应该各占一半,以保持宇宙中电子和正电子(即电子的反粒子)之间的平衡。但事实上,第一种衰变方式更多一些。K介子的衰变使宇宙中正电子的含量有微小的增加。

这是该水平上物理定律对称性的第一个缺口。宇宙似乎表现出有一些偏向于左旋,至少在涉及电子时是如此。但是,对重子又如何呢?在20世纪60年代中期,没有关于重子的关键相互作用即所谓强力的恰当理论,所以就无人能对质子和中子作出堪比李政道和杨振宁那样的计算。夸克思想在理论家眼里至多还只是一丝闪光,当时和后来都看不出有任何希望能用地球上的实验来直接检验强相互作用理论。然而,就在这样一个看似难有作为的背景下,卓越的苏联物理学家萨哈罗夫(Andrei Sakharov)于1967年定出了必能应用于早期宇宙中优先生成正物质粒子的过程的基本原则。[6]他说,要使大爆炸产生的正物质多于反物质,有三个条件必须满足。第一,必须有非重子生成重子的过程。第二,这些重子反应,至少是其中有关的那些,必须违反C和CP守恒。

否则，即使重子由某种过程产生了，也会有等效的反过程产生相同数量的反重子，结果粒子和反粒子还是会相遇并湮灭。第三，宇宙必须由热平衡态演化成非平衡态，也就是说必须有一个确定的时间流使CP过程不守恒，而CPT保持守恒。

对宇宙中"时间之箭"的这种需要从物理上是容易理解的。如果辐射与物质在某种均匀的高温下处于平衡，那么所有把辐射变成粒子和把粒子变成辐射的过程，或者把粒子变成别的粒子的过程，也都处于平衡，在各个方向上都能同样顺畅地进行。要使今日宇宙中有正物质留下来，最终以能使正物质有剩余的那种方式来衰变的粒子就必须在宇宙的这种高温状态中产生出来。但只要温度仍然极高，则生成正物质的反应就总是会被变回到原初粒子的逆反应所平衡。只有宇宙温度降低，反应的平衡才会朝有利于低能量状态的方向倾斜，也就是朝有利于形成剩余正物质的衰变方向倾斜，而宇宙由高温态到较低温态的演化也就给出了时间的方向。所以，要得到宇宙中的物质，就需要一个高能态作为开始，再加上向低能态的移动。

萨哈罗夫是只以基本物理原理为依据来陈述这些条件的，他并不知道物质的创造过程涉及什么力和粒子，也不知道究竟在什么温度下反应之平衡才会倾向于对正物质有利。他的思想远远超越了时代，文章又是用俄文发表的，因而在20世纪60年代后期没有产生重大影响。这些思想在被静置10年之后，于1978年由日本东北大学的物理学家吉村太彦重新提出。吉村太彦一直在研究大统一理论(简称GUT)。该理论试图用一套数学框架来说明所有的自然力，它作出的唯一最确实的预言是应该有一种称为X玻色子的不稳定粒子，其质量约为10^{15}吉电子伏，即质子质量的10^{15}倍。由于X玻色子是不稳定的，故实际上不会存在于地球上，但理论上，可以在任何温度足够高的地方由纯能量产生出来，例如在大爆炸里。确切地说，这样的温度出现于宇宙诞生后的10^{-35}

秒之内，称为GUT时代。由于无望在地球上的加速器里得到这样大质量的粒子，吉村提出X玻色子的存在能通过其在GUT时代（即10^{-35}秒之前）对宇宙的影响来揭示，那时X玻色子是物质的主宰成分。按照吉村的指引，而且后来又知道了萨哈罗夫的开创性工作并给了他应有的荣誉，理论家们很快发现，X玻色子在GUT时代结束时能造成重子相对于反重子的剩余，正如K介子衰变能造成今日正电子相对于电子的剩余一样。这种剩余很小，但已足够。

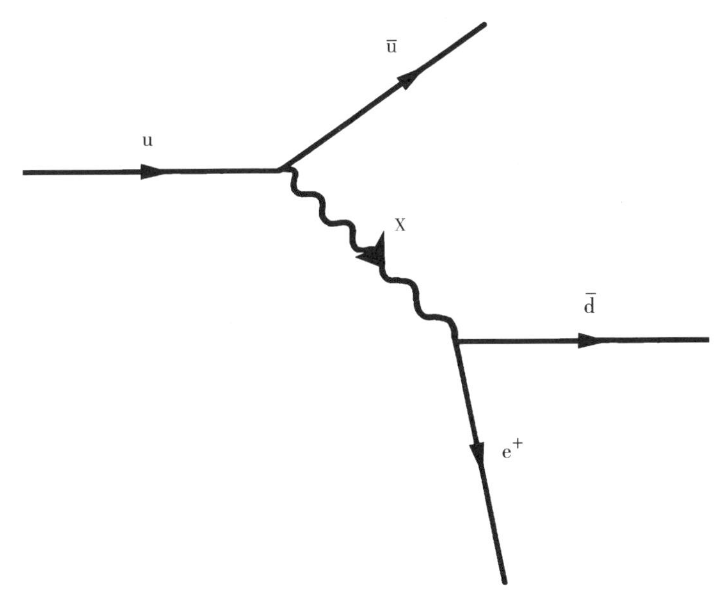

图10.4 包含了X玻色子的反应能由非重子生成重子，也能反过来。在可以得到足以使X玻色子存在的能量时，夸克与轻子能够相互转化。

当然，所有这些反应实际上涉及的是**夸克**和轻子，并非质子本身，但原理是一样的。一个上夸克可以通过发射一个X玻色子而变成一个反上夸克，X玻色子又衰变为一个反下夸克和一个正电子。GUT给定了把夸克变成轻子以及由X玻色子生成夸克和轻子的处方，萨哈罗夫三个要求的第一个满足了。

在GUT时代，X玻色子本身也与充满宇宙的辐射（光子）处于热平衡。X和反X粒子对被不断地造出来，又不断地相遇而湮灭。但到了$t=0$之后的10^{-36}秒或最晚是10^{-35}秒时，被产生出来的新粒子对数量就不再能够与已有的X和反X粒子的消耗速率相匹配，因为宇宙已冷却到10^{15}吉电子伏以下。假如消耗过程只是粒子对湮灭，那么故事也就完结了，宇宙也就会只是一个除了冷却着的电磁辐射外一无所有的膨胀时空。但是按照GUT，X粒子也能衰变成夸克和轻子，而且它们中有许多在湮灭之前就这样做了。

X玻色子衰变成其他粒子有两种主要方式。一种是生成两个夸克，另一种是生成一个反夸克和一个轻子（当然，实际上由于其巨大的质量能量，一个X玻色子也能衰变成一大批夸克对和夸克-轻子对，但这里还是一次只讲一步）。反X的衰变相应地生成反夸克对或由夸克和反轻子组成的粒子对。但由于衰变过程不遵守C和CP对称性，反X和X的衰变速率是不一样的，于是萨哈罗夫的第二个要求又满足了。很粗略地讲，每当反X衰变生成10亿个反夸克时，相应的X衰变会产生10亿加1个夸克。这就是今日宇宙中所有物质的由来。随着宇宙的膨胀和冷却（符合萨哈罗夫的第三个要求），每10亿个夸克中就有1个在GUT时代后找不到反夸克伙伴，因此就不再湮灭，而是留下来形成作为今日宇宙物质主体的质子和中子。[7]我们大家能够存在，是多亏了物理定律里极其微小的不对称性，多亏了X玻色子衰变时物质相对于反物质的优势，这种优势至多只是对每10亿个反夸克多出了1个夸克，也就是在GUT时代以X和反X对的形式存在的所有物质中的十亿分之一的不平衡。

10亿这个数字不是信手拈来的。它是由物质密度和宇宙背景辐射强度计算出来的今日宇宙中光子数与重子数之比。还没有一个大统一理论好到能够精确预言在GUT时代末尾物质与反物质之间的不平衡“应该”是多大，对光子数与重子数比率的估计只能给出一个相当大的范围,即可能是10^4到10^{13}之间的任何值。至少所“要求”的值是在这个范围的中央。最重要的是,GUT原则上给出了造就宇宙中物质的机制。这正是宇宙学家在20世纪70年代末和80年代初对新高能物理学表现出巨大热情的原因之一。他们想,也许高能物理学还能解开有关标准宇宙学模型的其他一些深刻奥秘,诸如视界和平坦性问题。如已讲过的,他们被证明是对的,但代价是必须在宇宙中找到比所能见到的恒星和星系形式的物质至少多10倍的物质,比有可能以重子形式存在的物质多10倍!

使宇宙平坦(被看好的宇宙模型)或甚至是维持住大星系团(基于动力学证据)所需要的暗物质的主体并不是重子物质。那么又是什么呢?

冷暗物质

宇宙学和氦丰度对中微子味数的限定实际上比前面已讲过的甚至更为严格。宇宙中氦丰度大约为25%的事实(指“原生丰度”,即已扣除自大爆炸以来的恒星内部生成的氦),与总共只有5种相对论性粒子在宇宙火球的核合成时期膨胀中起重要作用是一致的。这5种粒子是光子、电子/正电子和3种中微子。粒子物理学家认为,可能还有其他类型的粒子参与今日的高能粒子反应。尽管那些粒子尚未被直接探测到,看来却需要其中一些来完成最成功的粒子物理理论中的对称性,理论家也乐于给那些假设的粒子取名,诸如光微子和引力微子。宇宙学家则或许略带嘲讽地把它们统称为“微子”。

那些预言(或允许)微子存在的理论虽然被认为是已有最好的粒子物理理论,却还不能精确地给出所有“额外”粒子应该具有多大的质量。例如,某些对光微子质量的估计低至250至500电子伏。这个质量低到足以使光微子能够成为相对论性的,并且能够以与各种中微子相同的方式参与氦产生过程。如果这种粒子确实存在,那么它们必定已经参加了火球中进行的反应。但是,宇宙学和观测到的氦丰度所揭示的是,与中微子的数量相比,在核合成时期只有有限数量的这种粒子(不是指有限的种数,而是指仅有少量粒子);不然的话,它们就会影响宇宙膨胀的速率,并导致生成比今日实际所见更多的氦。其他种类的相对论性(轻)粒子也被允许存在,但它们在核合成时期的丰度与中微子相比必定非常之低,或者如一些宇宙学家所言,是被"抑制"的。这就意味着,这些粒子即使仍然在今日宇宙中存在,也不能贡献足够的质量将Ω值提升到1,从而使宇宙闭合。

一种可以碰巧地"抑制"这些粒子数量的途径是让它们在大爆炸早期衰变成别的什么物质。决定这些粒子衰变速率的因素之一是其质量,要使光微子(或其他微子)衰变得足够快,它们就必须被赋予几千兆电子伏(或者说几个吉电子伏)的质量,也就是质子质量的数倍。于是它们当然就不再会那么影响宇宙的膨胀。粒子物理学家乐意赋予光微子以几个吉电子伏的质量。除了这个宇宙学的需要外,一些粒子理论家之所以喜爱接近于质子那样的质量,是因为要在自己的方程式里得到最大的对称性;而宇宙学可能在很好地告诉他们(和我们),粒子理论所允许的选择中哪一个是正确的。但我们不必在这里为粒子物理担忧太多。重要之点是,被允许充满宇宙的相对论性轻粒子只有3种中微子。光微子或其他微子,必定是要么在数量上比中微子少得多,要么质量大得多,要么二者兼具。

但是,粒子物理学家仍会变出一些戏法来。同样的理论还预言更重粒子的存在,即质量从几个吉电子伏到几千倍于质子的微子。如质子那样,这些重粒子并不影响关于宇宙膨胀速率和氦生成的论证,因为它们是冷的,不以相对论性速度运动。有一种古怪粒子,叫做轴子,是由粒子理论家于20世纪70年代中期引进来解释所观测到的反应的一些特征，有点像中微子开始时被作为一种假想粒子引进来解释中子衰变现象那样。轴子确实可以非常轻，质量也许只有十万分之一电子伏。但它们产生的方式却使自己保持在相对论性意义上是“冷”的，因而不具有对早期宇宙中的电子和轻微子（也许包括光微子）而言很典型的相对论性高速度，也就不影响膨胀速率。

现在已知应是宇宙主宰的暗物质，倒是不乏候选者。但在地球上的实验确实探测到这些候选者中的一个之前，不必太顾虑究竟是哪个或哪些。重要的是，候选者归为两大类。第一类是热暗物质粒子。由氦丰度给出的限制是，能在今日的宇宙学尺度上起重要作用的相对论性粒子**只有**已知的3种中微子，尽管其他轻微子也可能在较小尺度上是重要的（也许在星系或小星系群内）。电子早就在恒星和气体云、尘埃云内安定下来，其质量已被包括到那个不太严格的“重子物质”项里；而光子虽是相对论性的，却没有质量来作出贡献。如果一种或更多种中微子有着哪怕是很小的质量，将肯定足以使宇宙闭合，因为宇宙中每一种中微子都可能像光子一样多。

第二类是冷暗物质粒子，包括稀有的冷、轻粒子、轴子和种种质量更大的粒子。宇宙学家高兴的是，即使并不知道究竟是何种粒子，他们仍能通过研究星系和星系团的动力学，来区别宇宙中热暗物质和冷暗物质在大尺度上的效应。如同对可能的中微子味数的限制那样，宇宙学和天体物理学能够再一次告诉粒子物理学家，他们在地球上的实验大概会发现什么。于是，对短缺质量的寻找现在把我们带回到“传统”天文学的领域。

晕的同谋作用

暗物质主宰着宇宙。至少90%、也许是99%的物质从来没有被看见过。明亮的恒星和星系甚至都不是物质宇宙的冰山一角,因为至少整个冰山都由冰组成,而且与那一角相连。我们不知道暗物质是什么,在哪里;只知道它不可能像恒星那样是重子,还知道它足以把宇宙置于很接近开放与闭合分界线的位置。寻找短缺质量的工作正在加强,观测家和理论家都加入了探索讨论。不过,已有可能缩小搜寻范围、排除一些候选者并得到一个关于何种粒子在真正主宰宇宙的好的大略想法。星系的研究,就像今日看到的那样,提供了重要的线索。

首先,暗物质在**哪里**?最简单的猜测是,全都在星系里。也许除了可见的明亮恒星之外,还有大量物质是以尘埃、行星、黑洞或者某种更奇特的形式存在。事实上,为使宇宙接近于临界点,最必需的就是某种奇特物质,因为所有其他的可能性都已归于重子。观测家在近年已经找到了旋涡星系里**存在**大量暗物质的证据,在一些星系里至少有4倍于明亮恒星的暗物质。但这仍远不足以使Ω接近于1;的确,你可以在计及重子的范围内来大约估算所有这种星系暗物质的含量。

在过去20年里,通过测量旋涡星系旋转的速度,人们作出了新的发现。当然,天文学家不可能看到恒星图像随着星系围绕其核心缓慢转动的变化,因为星系转完一圈需要几亿年。但当太空中的旋涡星系正巧是其边缘朝着地球时,它们看上去就像薄盘,天文学家就能用多普勒频移技术来测出盘的转动,即其一端的恒星以多快速度朝向我们运动,另一端的恒星又以多快速度背离我们运动。现代光谱技术是如此灵敏,能够测出从大望远镜捕捉到的星系微小图像的中心向外不同距离处的多普勒频移,从而确定盘中各处的速度。近年由于射电天文技

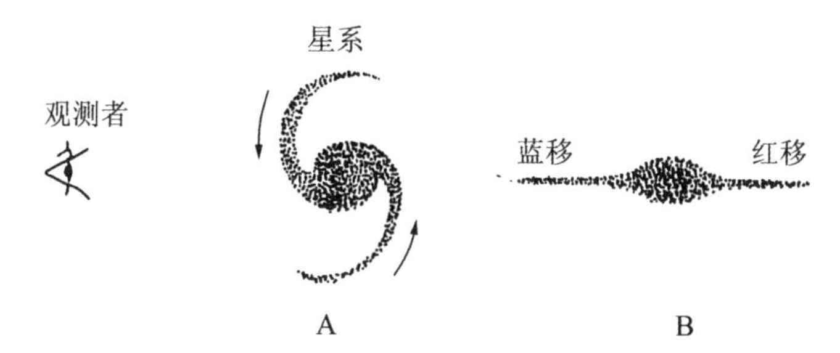

图10.5　如果一个旋转的旋涡星系正好以其边缘对着我们，就能通过测量与其中心核球不同距离处的红移和蓝移来计算出其旋转速度。

术的应用，这种测量已经进一步向外扩展，超越明亮恒星区域，得出了仍然是星系盘组成部分的氢气体云的速度。观测结果于20世纪80年代初开始得到，令人大吃一惊。

天文学家通过标记出遥远星系的盘里与核心不同距离处恒星和云的转动速度，就得到他们所称的自转曲线。这些曲线通常都很对称。遥远星系一端的恒星朝向我们运动的速度，与另一端处于与星系核心相同距离上的恒星背离我们运动的速度是精确相等的。这并不意外。意外的是，在测量所及的范围内，星系核心最内区以外的星系盘中各个距离上恒星的运动速度是一样的。自转曲线很平坦，或如某些天文学家的妙语，自转曲线的最突出特征是没有突出特征。

之所以意外，是因为天文学家曾经认为，旋涡星系的大部分物质是集中在其最明亮的地方，即有着许多恒星的核心区。果若如此，距离核心越远的恒星就应该转动得越慢，正如太阳系的外行星（木星、土星、天王星、海王星和冥王星）绕太阳的运动比内行星（水星、金星、地球和火星）慢一样。这是牛顿所发现的引力定律的直接结果。对旋涡星系自转曲线的平坦性只能有两种解释。要么牛顿定律错了（这种可能性已被一些研究者积极地考虑过，但看来是一个有点过激的假设），要么必定有大量的暗物质散布在每个旋涡星系周围的巨大的、大致球形的晕里，那些暗物质拖着恒星一起转动。这就是说，星系质量的大部分不可能是来自其核心区域的明亮恒星。

这是在由大爆炸宇宙学和氦丰度提供的重子允许的范围内所恰能给予说明的暗物质。像银河系这样的星系(包括银河系在内)都沉浸在巨大的物质晕里,其中可能有大行星(类木行星)、暗弱恒星(棕矮星)或黑洞(或者更奇特的天体)。由于尚不为人所知的原因,晕中物质的数量精确地弥补了预期的由星系中心向外的旋转速度下降,从而形成无特征的自转曲线;天文学家相信这个"同谋"必定不只是巧合,但仍茫然不知如何去解释。

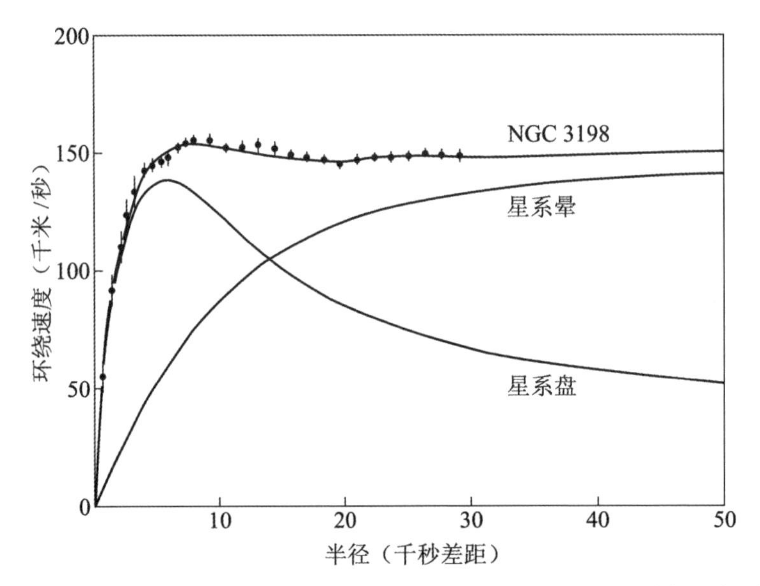

图10.6 以NGC 3198为例,星系的实际自转曲线很平坦。这只能被解释为,在中心核球以外,恒星物质的含量减少,而星系晕里暗物质的含量如所需要的增多。两者"同谋"而形成了观测到的自转曲线。[此图由范阿尔巴达(Tjeerd van Albada)提供]

暗物质主宰着星系,正如它主宰着宇宙一样,解开星系中暗物质与恒星相互作用之谜将使许多天文学家奋斗许多年。但这只是对使宇宙闭合所需质量寻找的一个并非主要的方面,因为即使包含自转曲线所需求的所有暗物质,星系仍只能提供使宇宙接近于临界所需质量的一小部分。这些研究有助于表明,无论暗物质的主体是在哪里,都不会是与单个的星系紧密相连。它是在星系之间黑暗空间的什么地方,掌握其位置和本质的唯一希望并不在于研究单个星系的绕轴旋转方式,而在于研究整个星系群的分布方式,以及星系群在主宰宇宙的暗物质的引力影响下在太空中如何运动。

星系泡沫

即使在20世纪80年代的天文新发现浪潮击中要害之前,星系存在这一事实本身应该就已经向天文学家表明,有过大量的暗物质。在一个由均匀分布的物质(如微波背景辐射的均匀性所要求的)开始的膨胀宇宙里,如果整体密度是如重子限制所要求的那样低,就很难形成星系这么大的团块。膨胀宇宙里的物质是被拉开和扩散得更稀薄,而不是聚集起来。那么,大如星系的团块又如何长成呢?从很早时起就必定有对完美均匀性的偏离,有些区域碰巧额外多出一点物质,另一些区域碰巧会少一点。一个高密度区域一旦达到一定的尺度,就会继续增长,因为其引力会反抗整体膨胀而从外部拉进更多的物质。但如果宇宙仅有由重子限制所规定的密度,那么在原初热气体冷却到引力开始能够抓住气体云的时候,物质已经稀薄到任何实际可能的密度涨落都不足以造出星系。

在20世纪70年代,有过两种对星系形成问题的探索。一种是美国的皮布尔斯倡导的自下而上增长。虽然不知道第一批“种子”是如何形成和增长,他认为是星系先形成,然后才是星系聚合成星系团。这个想法显然有道理,因为星系的确很古老,根据我们最好的模型,银河系里最古老的恒星几乎与宇宙自身一样古老。但它预言星系和星系团应该在宇宙中随机地分布,这却与现代的观测不符。

与皮布尔斯的“自下而上”的模型不同,苏联的泽尔多维奇主张“自上而下”。他认为,在早期宇宙的高温下,任何小尺度的涨落都会被抹平,只有很大尺度的不均匀性才能随着宇宙在大爆炸之后的开始冷却而留存。在他的图像里,今日所见结构的原初“种子”不是星系尺度的,而是已经相当于超星系团,其质量是皮布尔斯方案里星系尺度种子的上千倍。他认为这些大种子坍缩成扁平薄饼的形状,星系在薄饼边缘和两个薄饼交叉的超高密度处形成。他预言,在宇宙中应该看到由很多星系组成的链条,星系就像串在线上的珠子,沿着这些称为纤维的链条分布,而纤维之间则是巨大的真空。这比皮布尔斯的预言要更大大接近于今日看到的星系分布情况,从而使薄饼理论得到了支持。但由于在这个图像里星系是后来形成的,就很难回答,怎么能有时间让那些如宇宙一样古老的恒星形成。

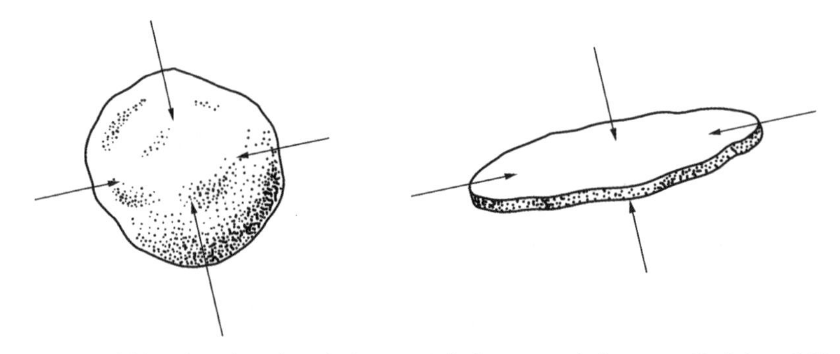

图10.7　薄饼理论。该理论认为的星系形成过程是,巨大物质云坍缩成扁平薄饼,薄饼再碎裂成许多星系,并组成星系团或超星系团。

这两个相竞争的理论其实**都不**成功,但却提供了一个起点,使观测家开始试图检验这些理论,然后使理论家开始试图用超越了20世纪70年代模型的新思想来解释观测家的发现。

对宇宙的新巡天观测,也就是基于红移数据的星系分布三维图形,其最显著的特征是图形中布满空洞。红移增大到相当于10亿光年以上的距离,相应的详尽的星系分布图形显示,几乎所有星系都集结在一些大泡的边缘上,泡的直径是1.5亿光年,其中几乎或完全没有发光物质。观测家在他们选择进行巡天观测的任何空间区域都看到同样的图像,但不幸的是必需的详尽巡天观测只可能是对天空的一个很小部分来做的。这就为推测这些巨洞与星系之间的确切关系留下了很大的余地,这个难题乍看起来似乎琐细无益,其实是关乎大爆炸本质和短缺质量下落的基本问题。

关键问题是明亮物质区域即星系的链条和壳层围绕着巨洞,还是巨洞围绕着明亮物质?用更为熟悉一些的语言,且把夜空中星系的分布图形想象为衣料上的圆点花纹,但究竟是白点(星系团)散布在黑色背景上,还是黑点(巨洞)散布在白色背景上呢?20世纪80年代中期有一个美国研究小组着手处理这个问题,他们用计算机来研究宇宙的明、

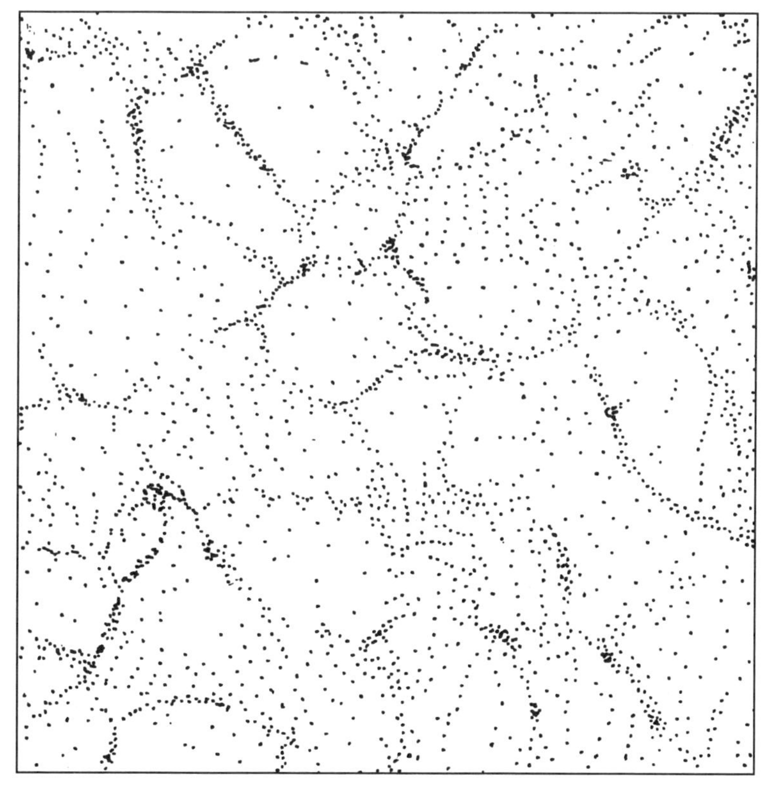

图10.8　薄饼过程的计算机模拟。显示出从碎裂薄饼侧面看去天空中“星系”的线和链条的样子。

暗区域是如何相互围绕的,也就是它们的拓扑学。戈特(Richard Gott)、梅洛特(Adrian Melott)和迪金森(Mark Dickinson)发现,那些简单的猜测**都**不对。既不是白背景上的黑点,也不是黑背景上的白点,而是两种结构完全地相互结合,就像海绵那样。严格说来,可能只有一个"巨洞"和一条星系纤维,以复杂的方式相互缠绕。

这种拓扑解释了观察到的天空星系分布图形的许多疑难特征,那幅图像是复杂三维图像的二维投影,显示了星系团与巨洞相互混合的凌乱情景。这个发现对理论家是很大鼓舞,因为它暗示,密度高于平均值的星系形成区域与密度低于平均值的巨洞区域其实并无区别。如果宇宙的今日结构只是原初火球里随机涨落的结果,那正是最简单的理论所预期的:无论是产生高密度小区域的涨落或是产生低密度小区域的涨落都没有优先权,两种涨落都是随机发生。宇宙**看上去**是泡沫式的,但其实又不是蜂巢那样的规则单元结构。

梅洛特进一步发展了这个思想,他研究的不只是今日星系分布的

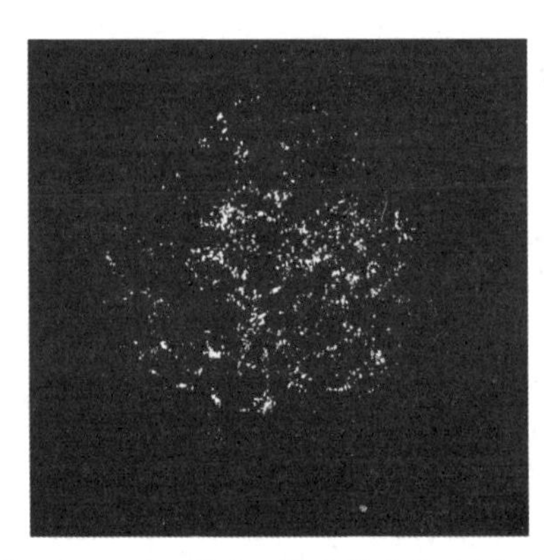
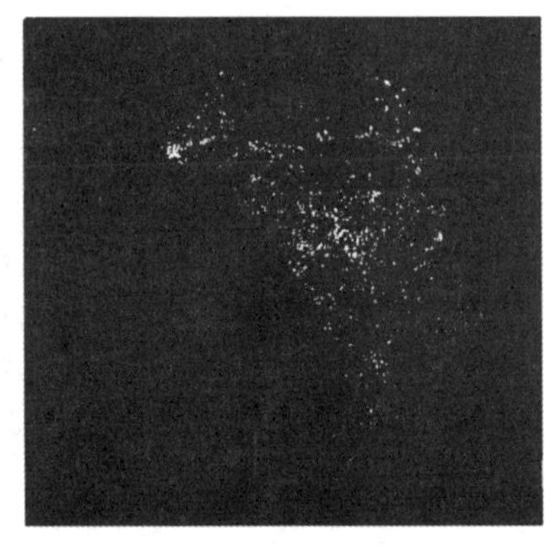

图10.9　百万星系。天文学家综合了一千多张照片的信息而得出的图像,其中有覆盖整个北半球天空的一百万个以上星系(左图)和覆盖很大部分南半球天空的另外一百万个以上星系(右图)。给人的强烈视觉印象是一张星系的链条和纤维结合成的网。这些纤维的真实性如何,能给我们关于宇宙中物质分布的什么知识?(引自 M. Seldner, B. R. Siebers, E. J. Groth and P. J. E. Peebles, *Astronomical Journal*, Vol. 82, p249。)

"快照"图像,而且还有星系的三维运动方式。天文学家只能探测星系沿视线方向的运动,即红移效应;梅洛特则用计算机模型来制造"星系"在其邻居的引力影响下的三维运动图像,然后再变换成假想骑在其中一个星系上的观测者将会看到的视向速度图像。他发现,只有在他的模拟宇宙含有足够多的物质使Ω接近于1时,才能得到与对宇宙中真实星系的观测相符的图像,而从任何一个模拟星系所作的一维观察,总是给出模拟宇宙只含有较少物质的虚假印象。这种宇宙尺度的光学假象使标准的红移检测给出虚假的Ω值,至少一部分短缺质量有可能由这种假象来解释。

宇宙的泡沫式表现,如其他许多事实一样,指示着接近于临界的密度,也非常好地符合星系是宇宙诞生时微小不均匀性造成的结果的思想。寻找短缺质量的下一个步骤是试图查明,这些质量是全都与围绕黑暗巨洞的星系链条和纤维相关联,还是与明亮物质相分离而潜藏在巨洞中。

摇摆不定

当天文学家开始相信需要找到暗物质来说明星系和宇宙的动力学时,最佳候选者似乎是已知的充满空间的中微子海。天文学家至少确凿地知道中微子是存在的,它们现在已完全是理论家和使用大型加速器的实验家所研究的粒子反应的常规成员。大爆炸模型表明,宇宙中必定有数量巨大的中微子,由于不怎么与其他物质相互作用而像幽灵一样游荡。只要每个中微子有着微小的质量,即质子质量的十亿分之一,就可达到足以使宇宙闭合所需的物质总量。

在20世纪80年代开始时,学术界曾有过短暂的兴奋高潮,那时有两个地面实验室的实验结果得到了中微子的确可能具有这种微小质量的线索。但从那以后的潮流却转为反对中微子充当所需的暗物质。那些关于中微子可能有质量的线索来自困难和易出差错的测量,并没有得到进一步的验证,中微子质量仍作为悬而未决的问题折磨着全世界的实验家。更糟糕的是,中微子的性质看来根本就不适于说明宇宙中星系的分布图形。

这是因为,中微子是被宇宙学家标记为“热”暗物质的一种原型。中微子和其他热粒子都以接近于光速(相对论性速度)的极高速度从大爆炸中产生,然后在所有方向上自由地流过宇宙。高速自由流动的粒子趋向于使其他种类物质密度的涨落随着宇宙的冷却而平滑,如新墨西哥大学的伯恩斯(Jack Burns)所生动描述的,这“很像一颗高速飞行的炮弹撞垮一道松散地堆起来的石墙,而炮弹不会因碰撞而明显减慢。”不管质量是多小,热中微子因其相对论性速度,而具有足够的能量和动量来打破早期宇宙的小尺度结构。这一作用会延续到中微子冷却为其平均速度约是1/10光速时为止。从那时起,密度涨落可以随着宇宙的继续冷却而增长,产生出有点像泽尔多维奇早期主张的“自上而下”薄饼宇宙。

除了其他问题之外,这种热暗物质模型还意味着,在超星系团之间的巨洞里几乎或完全没有重子物质,重子物质全被扫进了泡沫的纤维和壳层里。一些天文学家正在用最灵敏的望远镜和探测器来看邻近的巨洞里能否找到星系,从而探索这些巨洞的黑暗程度。已有线索显示,虽然巨洞里的星系要比泡沫中稀少得多,却的确包含着一些称为矮星系的暗弱星系。这对所有热暗物质模型来说是坏消息,包括中微子主宰宇宙的模型在内。还有看来难以解决的银河系恒星年龄问题,即大爆炸之后没有足够时间让所有自由粒子流和薄饼的坍缩能在恒星形成之前发生。大约而言,星系必定在大爆炸之后的10亿或20亿年就已形成,而计算机模拟却显示薄饼过程需要40亿年才能完成。不幸的是,虽然热暗物质看来是一条用以说明宇宙中明亮物质大尺度分布的直接而自然的途径，天文学家却被迫接受这样的认识，即热暗物质至少不是事情的全部，甚至可能全不相干。

自然的替代方案是，设想宇宙是由在太空中的运动慢得多的粒子主宰，因而就不会把小尺度密度涨落在粒子有机会长大成星系之前就消灭掉。这种模型称为“冷暗物质”模型（简称CDM）。这类模型最明显的问题是，还没有探测到任何可以作为冷暗物质候选者的粒子。但是，天文学家已经确定了这种假想粒子所必须具有的性质。除了引力作用外，它们与重子物质的相互作用甚至必须比中微子都更微弱。它们必须是稳定的，自大爆炸以来一直充斥着宇宙。它们当然还须有一定的质量，以产生引力作用。所以它们常被称为“弱相互作用大质量粒子”，简称WIMP，并被看作是短缺质量的真正候选者，即使这种粒子从来还没有被探测到过。在这个意义上，WIMP和CDM这两个词是同义的、可以互换的。

尽管WIMP尚未被探测到，寻找短缺质量的宇宙学家在假定宇宙可能是由冷暗物质而非中微子主宰时，并不完全觉得毫无根据。粒子物理学家已经发展出一种关于自然界的力和粒子相互作用的很成功的统一理论。这种被称为超对称（SUSY）的理论能说明我们对粒子世界所知道的一切，但代价是，对每一种已知的粒子都要求必须有其超对称伙伴。例如，与电子（假想）配对的称为标量电子，光子的伙伴称为光微子，如此等等。这些粒子中的大多数都与寻找暗物质无关，因为它们是不稳定的，会很快衰变成其他粒子（假定它们真的存在！）。但理论还要求，必须有一种SUSY粒子（该家族中的最轻成员）是稳定的，能永久存在，很可能已经存在了很久。这种粒子具有很小的质量，但基础理论清楚地要求宇宙中存在暗物质，而且这些暗物质对宇宙密度的整体贡献不可忽略。如前面已讲到的，还可能有一种稍稍不同的粒子，即轴子，其存在将帮助粒子物理学家解释所观测的反应的一些微妙特征，但它也像SUSY粒子一样从未被直接探测到。凭借这些信息，许多宇宙学家愉快地认为，存在足够数量的WIMP来闭合宇宙，即使还没有一个SUSY粒子被探测到。

假定WIMP确实存在，那么一个CDM主宰的宇宙看起来应该是什么样子呢？这些模型解释如星系和星系团存在之类的特征并无困难。缓慢运动的WIMP聚合成膨胀宇宙中的团块，团块以很强的引力来吸引附近的重子物质，重子就像落入了深洞。最初的团块比热暗物质模型中的小，所以星系比星系团古老，而星系团又比超星系团古老。但这里是模型遇到困难的地方。在热模型里，似乎没有时间让星系形成，但宇宙中明亮物质的大尺度分布图形却能还算好地由方程得出。在简单的冷模型里，容易形成星系，但却没有时间让星系团在长链和纤维中组合在一起成为超团。真实情况也许位于二者之间，但即使是粒子物理学家的想象，也还没有找到一条途径来从大爆炸中生成"温"暗物质，或者是两种或更多种不同暗物质的结合。再或者，这一难题还有不同的解答，在基本CDM主旋律中还需要变奏。

当宇宙学家在计算机模型里描绘"宇宙"的高、低密度图形时，他们实际上是在追踪占引力物质99%的暗物质的分布。也许暗物质的分布比明亮物质的成团分布来得更平缓，许多不可见的物质存在于泡沫的链条和纤维之间的巨洞里。可能只有那些落入最深的引力空洞(即暗物质最集中区域)的重子才会被点燃而形成星系；而在宇宙的大部分区域有着巨大的氢气体云处于WIMP的引力包围之中，但还不足以引发造出星系的过程。[8] 如果我们确切知道星系形成的过程，将会很有助益；但我们并不知道。但即使没有那些信息，至少值得去考虑的是，通过专注于研究明亮星系，仍可能得到太空中物质整体分布的有明确倾向性的图景。

这些问题中的许多将保持未决,直到WIMP在地球上被探测到,或者被证明并不存在(更难得多),或者全新的观测证据到来。但在我看来,这种或那种形式的冷暗物质模型,在已有模型中是迄今为止最好的。冷暗物质模型肯定不完善,将在今后一些年里得到重要的修正。也有可能它被证明是完全错误的,但现在看来这种可能性很小。由于篇幅所限,我无法详细介绍理论家们正在讨论的所有暗物质宇宙模型,所以看来最好还是将笔墨集中于领跑者;但要注意的是,比赛尚未结束,领跑者也可能掉队,而且虽然我个人目前倾向于WIMP模型,但我过去也曾支持过天文学中的失败者!

对冷暗物质的偏爱

天文学家是用计算机模拟来检验由不同种类暗物质主宰的宇宙模型中关于星系形成的思想。我们能看到天空中星系分布的图形,以及这些图形产生的那种链条和纤维。在计算机模型里,用方程式来描述代表星系的点,那些点被放在均匀的三维立方网格里。计算机数值程序所做的是让"星系"从其起始位置稍稍移动,并按照引力定律相互作用,同时网格也逐渐放大以模拟宇宙的膨胀。除"星系"之间的引力作用外,还要加入由热、冷、温暗物质所产生的影响;经过适当长的计算机时间,以代表宇宙直至今日的演化;已经远离均匀分布的星系新位置可以在屏幕上看到或打印出来,从而显示出模型宇宙中天空的模样。表面上,能看到很像真实天空的计算机图像;而更精细的检验,也就是将计算机模拟生成的链条和纤维的性质与真实天空中的链条和纤维进行精确统计学比较,才能最后验证各个模型是对真实宇宙的好或差的近似。

这一切要耗费大量的计算机时间。有几个研究小组做过了此类工作;我与弗伦克(Carlos Frenck)讨论过相关的基本技巧,他是一位在英国杜伦大学工作的墨西哥天文学家,与埃夫斯塔西奥(George Efstathiou)、马克·戴维斯(Marc Davis)、西蒙·怀特(Simon White)合作进行此项研究。他们的一个计算网格包含32 768个"星系",以恰当的相互作用去扰动。这看来只是对真实宇宙的一个适度模拟,因为仅把北半球天空的不同区域照片组合起来,就很容易描绘出上百万个星系(见图10.9)。但这种研究确能给出对宇宙如何运作的有力洞察。

这类"N体"模拟(在上述例子里N是32 768)与理论家关于由WIMP主宰的宇宙中物质应有行为的计算结果比较相符。质量在太阳的一亿(10^8)倍至一万亿(10^{12})倍范围内的天体能在CDM宇宙里很快地形成,这正是已知星系的质量范围,而星系也的确大约与宇宙本身一样古老。

星系被认为是由WIMP海洋中的局部密度涨落形成,涨落产生引力空洞来捕获重子物质。大多数星系像银河系一样是旋涡型的,可能对应着适当的但相对普遍的扰动。巨大的椭圆星系比较少见,肯定不超过星系总数的15%,是由原初密度的更大但更少的随机涨落而形成。这不是一个粗略的估测,有着描述这种随机涨落性质的精确数学

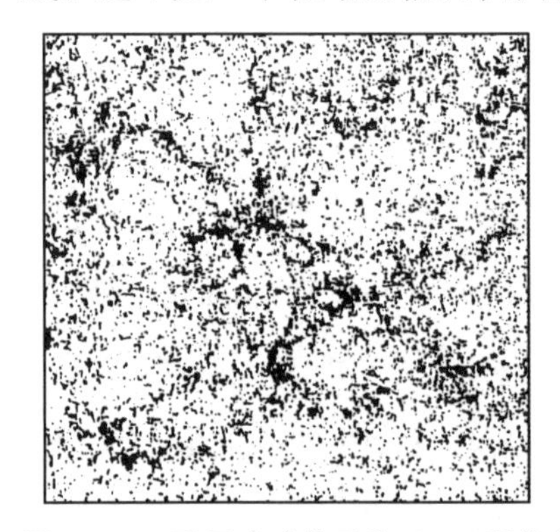
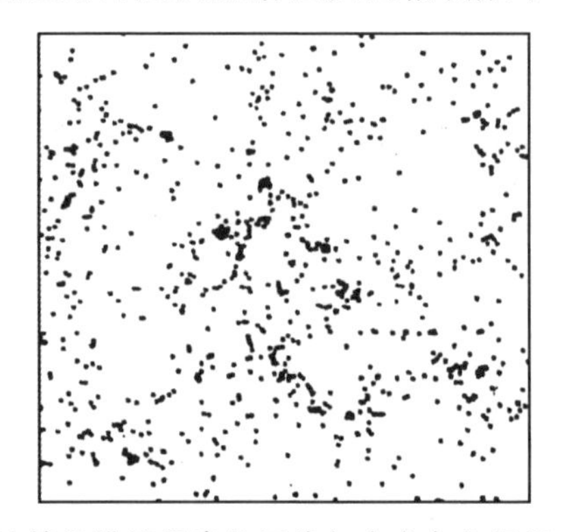

图10.10　采用冷暗物质和$\Omega=1$所作的计算机模拟得出的图像与真实宇宙很相似。包含CDM的宇宙物质整体分布示于左图,由整体密度达到峰值的区域代表的"星系"分布示于右图。(这就是正文中讲述的"N体"模拟,图由弗伦克提供。)

方程，得出的大、小星系数量的精确比例的确与这些统计结果符合得很好。

理论甚至预言，随着重子物质落入空洞并开始形成恒星，重子物质与已成为星系晕的暗物质之间的引力作用将决定新生星系里的轨道速度，这一速度对整个星系盘是一样的，确与观测相符。

现在观测家登场了。宇宙背景辐射非常一致和均匀，精度在1/25 000之内。它与物质的相互作用延续到大爆炸之后的500 000年，所以那时物质也同样是均匀分布。那么巨洞就**不可能**是空无一物的了，因为即使是100亿或200亿年的时间也不足以把物质如此彻底地扫出巨洞，以造成今日据明亮星系分布看来是如此不均匀的宇宙。并不是有光的地方才有质量，星系必定只在密度涨落为最大处以某种方式形成，而留下许多未能形成星系的物质散布在巨洞里。大部分物质是分布在巨大的、不可见的宇宙海洋里，比可见星系均匀得多；即使是巨大的超星系团也只相当于暗物质大海里的一片浪花。

计算机模拟能够极好地重现明亮星系分布的所有观测特征，但只限于两种可能方案之一，每种都包含冷暗物质，而不是热暗物质。在第一种方案里，模型宇宙是开放的，$\Omega=0.2$，并假定星系能很好地显示质量的踪迹。第二种方案的$\Omega=1$，哈勃参数值为50千米/(秒·兆秒差距)，星系必须比暗物质更强地成团。除了本书前文所述的证据对$\Omega=1$的偏爱，微波背景辐射证据看来也强烈地倾向于支持第二种方案。如同锦上添花，当弗伦克及其同事观察那些星系时，他们得到了更多的证据表明自己已步入正轨。一旦模型的细节通过与观测到的宇宙相对应而敲定，这些细节就能作为该模型中限制星系行为的参数，用在一套新的计算机模拟里。倾向取$\Omega=1$的模拟自动地生成了仅仅几年前还使天文学家惊讶的大质量晕和平坦自转曲线，无须模型制造者的任何进一步努力。弗伦克强调，这“相当惊人”，因为“模型的自由参数事先已经由观测确定了”。看来唯一余下需要解释的是,为什么星系偏爱以这种方式形成,而不是在巨洞里形成。

天文学家只是在最近才意识到需要有这种偏爱,所以对可能涉及的过程的研究还相对甚少。但只要理论家开始对问题稍稍想一想,就会再次意识到,是观测一直在把应该是很明显的东西放在他们眼前。当第一批星系在最大的引力陷阱里形成时,它们可能已随着恒星的一个接一个地点燃而进入自己的生命历程。这种原初恒星形成过程会在每个年轻星系里造成一股向外的能量流,能量是以电磁辐射(热、光、紫外辐射、X射线等)和穿过星系际空间物质的冲击波这两种方式进行传递。从形成中的星系发出的紫外辐射和高能粒子“风”会相当有效地压制20兆秒差距或更大范围内其他星系的形成。原因是星系际介质中的重子会获得能量,即升高温度,所以就不那么容易被束缚在引力陷阱里。所需要的只是,全部重子质量的不到10%转变成一些最深引力陷阱中的早期的星系,而所产生能量的不到1%被撒到星系际空间的重子上。

剑桥大学的里斯强调指出,这些要求容易满足,而且所提出的机制也并非理论家为支撑自己尚不坚实的理论而狂想的古怪发明。他说,

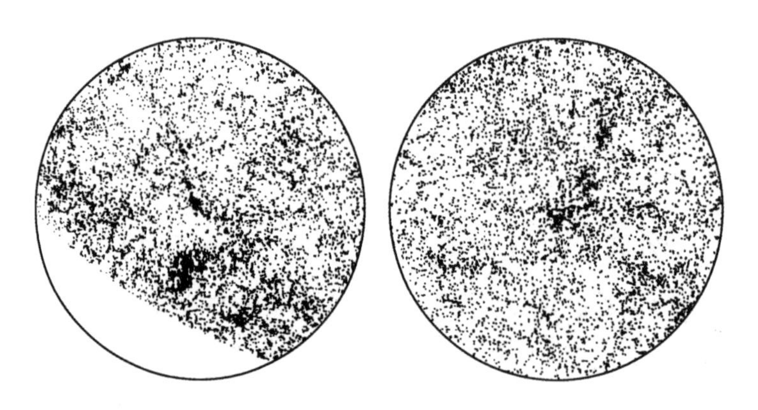

图10.11 天空中星系的真实分布情况(左图)与$\Omega=1$的冷暗物质宇宙计算机模拟结果的直接比较。(由弗伦克提供)

很难设想正在研究的这些过程会都不重要,也就是竟会没有大尺度环境效应来影响星系形成。他还认为,尽管现在还有诸多不确定性,但$\Omega=1$的支持者肯定无须对宇宙中明亮星系的泡沫式分布感到为难。

但我还必须讲讲其他一些比WIMP更奇怪得多的思想,它们正在后台等待,如果WIMP被证明不能胜任,它们就会出场提供短缺质量,或者也可能是通过与冷暗物质结合起来详细解释星系分布,而帮助WIMP模型克服困难。也许这些思想中的一个,或不止一个,会对说明真实宇宙起到作用。

弦与物

这些畅想中最值得重视的是可能存在宇宙弦。但不幸的是,这一术语已被用在三种不同而又可能相关的意义上,所以最好还是在进入宇宙学实质问题之前先澄清一下这三种用途。

许多理论家喜欢从最小尺度开始向上的工作,因而现在对一种关于粒子世界的相对较新的理论颇感兴奋。我们大多数人脑中都把夸克和轻子之类的粒子想象为小圆球。物理学家多年来就一直告诉我们,这是不对的,应该把这些基本实体理解为数学点,它们在任何方向上都不占有空间,而是在与自己相关联的力场范围内显示影响。[9]然而现在,试图把所有自然力统一到一个数学表述里的理论家发现,他们的许多困难能用一种十维时空来克服,这种时空中的基本实体不是由数学点,而是由微小物体来体现,那是具有一维长度的小圈,尺度大约10^{-35}(小数点后34个零和一个1)厘米。超出我们熟悉的三维空间和一维时间的“额外”维度都卷缩进这些细小管子里。以这种被科学家认为是最小尺度建立起来的理论被颇为夸张地称为“超弦”。

超弦理论本身还包括存在于宇宙学尺度的另一种弦的可能性。但这种对有关暗物质的争论而言特别有趣的宇宙弦，并不是超弦理论的专有产物。许多围绕宇宙诞生后暴胀时代物质与能量行为理论主题的其他方案也给出同样的预言，即应该有几乎是无限细小的质-能弦线遍布宇宙，每根弦的尺度约是 10^{-30} 厘米，但却有着每厘米大约 10^{20} 千克的巨大质量。这些弦处于同样巨大的张力下，如果它们被拉伸了，那么用于拉伸的能量会转变成质量，于是它们的质量就变得更大。

这种奇特东西的产生，是由于宇宙的原初统一性在最早时期的破缺。按照物理学的大统一理论（GUT），在极高能条件下基本自然力没有区分。电磁力与支配着原子核内部的强力、弱力，在今天彼此大为不同，而这三种力又都不同于引力。但理论家主张，在创世时刻这四种力是同样强，由一套数学规则支配。随着宇宙的冷却，不同的力分离开来，显示出四种不同面目，但这四种力应该仍能用一个统一的数学框架来描述。理论家对尚未找到这样一个数学框架的事实认为只是一点小麻烦，他们有着包括超弦理论在内的几条很好的进军路线，并且确信有一天会成功。在我们现在关心的范围内，重要的是，在许多大统一方案里，四种力随着宇宙冷却的分离必定涉及宇宙从一种状态到另一种的改变，这种宇宙基本物理性质的改变称为相变。我在“最后的免费午餐”一节里曾讲到，这种相变被物理学家用水结成冰时发生的相变来比拟。现在是稍加细述的时候了。

液体结晶成为固体，但常常并不完美。固态晶体并不是整体均匀的，晶体里会有相分离的区域，每个区域里是完美均匀的，但其中原子和分子的排列与相邻区域里有所不同。于是区域之间就有边界，晶体里就有缺陷，有时称为不连续性。宇宙弦就是时空结构中的缺陷，是由使宇宙从大统一态冷却出来的相变的不完美性造成的。在一定意义上，在这些狭窄而特别长的管子所包含的时空区域里，大统一规则仍然成立，所有自然力仍合而为一。按照大统一理论，这些弦是产生在创世时刻后仅10^{-35}秒之后。

类似于WIMP,宇宙弦在大爆炸中必须以巨大数量生成。又与WIMP不同,它们像高度拉伸的橡皮筋那样,以接近光速的速度在宇宙中颤动,不过其中的绝大多数不能存活到现在。这种弦没有末端,而是自己闭合成圈而与宇宙的其余部分相隔离,这些圈能够延伸到整个可见的宇宙。但当两段宇宙弦相交时(独立的两段弦,或者一段长弦上的一个缠结的圈),能形成新的结合并产生出较小的圈。振动着的小圈还通过引力辐射来释放能量,同时自身收缩。小圈从大圈分割出来,大圈又是从更大的圈分割出来的,如此等等,这就是基本图像。如果宇宙弦存在,宇宙就应包含有不同质量的物质圈,正好作为种子,通过对周围WIMP海和重子的引力影响来让星系生长。第三种弦就是我迄今一直小心地称为星系纤维的星系长链,天文学家正在寻求解释这类宇宙弦的存在,这并不足为奇。会是超弦生出宇宙弦,而宇宙弦又生出星系弦吗?即使在论证思路上有许多不确定性,这种可能性仍足以引起追究下去的兴趣。

宇宙弦的性质似乎肯定正是天文学家所要的。它是种相当奇怪的东西,因为尽管有着巨大的质量,这种细长线对其今日的周围环境其实

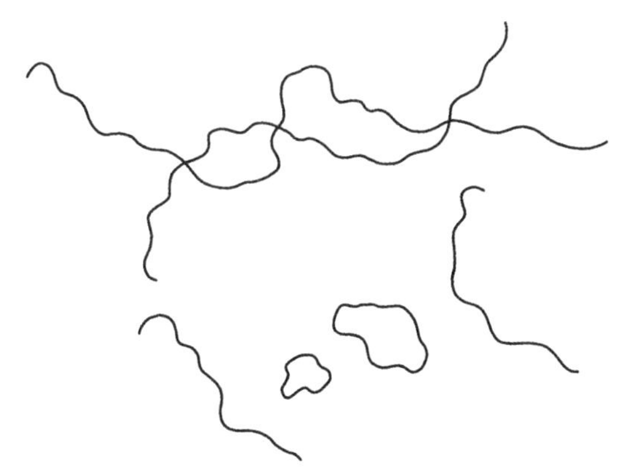

图10.12 宇宙弦。两根宇宙弦相交时会断裂并重联而形成圈。这会是星系的种子吗?

却只有很小的引力影响。当然这种影响还是有的,宇宙弦穿过时空会切出一片薄片,改变局部几何形状,对碰巧遇上的任何物体产生一些古怪的作用。假设一根弦在腰部的高度水平地穿过你的身体,你开始时不会有什么感觉,但是弦所经过的时空变形了,你从头到脚会以大约每秒4千米的速度运动,那可就不大舒服了。或者想象一根弦穿过你的房间而不是你的身体,你也根本不会感觉到任何引力作用,而且如果你闭着眼睛就不会知道有任何事发生,直到房间的墙以每秒几千米的速度撞到你脸上!穿过空间的弦会在其后面留下显著的尾迹,这很能吸引学者们用这种尾迹来说明宇宙的纤维和薄层里星系的增长。在1984年于芝加哥费米实验室举行的关于粒子物理与宇宙学之间关系的研讨会上,塔夫茨大学的亚历山大·维连金(Alexander Vilenkin)这样说道:"弦方案的一个特色是相对论性运动的弦后面平面尾迹的形成。这种尾迹有助于解释由相互作用很弱的冷粒子(如轴子)支配的宇宙的大尺度结构的形成。"

但是,对今日能存在多少宇宙弦有着一个限度。任何使时空变形的物体都会使光线绕自己弯曲,并且影响周边经过的其他形式的电磁波,例如宇宙背景辐射。有些天文学家希望这样来证认遥远的宇宙弦,就是从诸如类星体这样更为遥远天体的图像中找出这些弦的影响,即一种细长变形的透镜效应。他们尚未成功,也许简单地就没有足够长的宇宙弦片断留存下来使这种效应可以被观测到。我们由微波背景辐射的证据知道宇宙是非常均匀的。这就给出了宇宙弦数量的限度,因为它太多了就会使天空中此处到彼处的背景辐射表现出比我们实际看到的更大的变动。现有的背景辐射观测表明,宇宙弦的贡献不可能多于使宇宙闭合所需总密度的十万分之一。但即使是再小10倍,也就是说弦提供闭合密度的百万分之一,它们仍足以通过在冷暗物质主宰的宇宙中产生出星系来留下自己的印记。

细节仍在探讨之中，几乎每个月都有新思想涌现。但看来弦圈的确可以帮助星系增长。今日最小的圈应该有大约10亿倍于太阳的质量、大约1万光年的直径；这种小圈对时空的影响与长而直的弦颇为不同，它们的确会拉进WIMP和重子两类物质，就像水流进湖里一样。更有甚者，按照伦敦帝国学院图罗克(Neil Turok)的计算，这种大圈分裂成小圈，然后小圈聚合成团的方式，与以其发现者命名的典型星系团“阿贝尔星系团”的形状符合得非常好，这一星系团在直径仅约1.5兆秒差距(略小于500万光年*)的空间体积里聚集有50个或更多的星系。即使还没有人作出必要的计算来确证，但仍能自然地推测，明亮星系可能仅在充满冷暗物质的宇宙中的泡沫薄层和纤维里形成，起因是宇宙弦正好经过了那些泡沫薄层和纤维所在的地方，而弦圈今日仍留存在星系和星系团的中心。

宇宙弦甚至能使热暗物质(HDM)模型复活。即使在有宇宙弦的宇宙里，重子密度的小尺度变动也会被自由流动的中微子(或其他HDM粒子)抹平，但一旦中微子冷却到不再能维持宇宙的均匀性，重子和中微子就都会开始堆积在弦圈周围，从而比在没有弦的HDM模型里更早得多地形成星系。弦圈的分裂也许能解释，为什么有些星系看似是分开的一对，就像变形虫那样；虽然也还没有进行必要的计算，仍有人猜测在经过的弦的尾迹里产生的扰动可以说明星系的大尺度“流”速度，就如近期在我们周边发现的那样；而现在的联系着许多星系的链条和纤维(也就是第三种弦)，也可以解释为一根由原初长弦自我缠结并分裂成圈的“种子”线形成的。把弦效应包括进了计算机程序的N体模拟的结果将会特别有趣；目前天文学家们为宇宙弦而兴奋也并不令人意外，那肯定是这10年中的流行趋势。弦与WIMP(或者甚至是有质量的

---

* 原文为“略小于5光年”有误。——译者

中微子)的结合再现了观测宇宙如此之多特征,以至于引导理论家们相信自己终于步入正轨,而且他们手中仍有其他牌可打。

黑洞、夸克块和影子物质

除非改变游戏规则,说我们其实并不了解引力或是援引一些我们完全不知道的东西(这两者都令人绝望),理论家手上还有三张牌,如果需要可以打出来。其中一张听起来熟悉,但却以一种不熟悉的外观出现,那就是黑洞的概念。

黑洞肯定是暗物质的好候选者,并且确实如所需要的通过引力来影响其环境。但是“普通”的黑洞,也就是恒星死亡并自身坍缩时形成或是物质汇集于星系或类星体的超大质量核心时形成的黑洞,却不能被借助来提供短缺质量,因为恒星和星系本身就由重子组成。即使那些重子物质被塞进黑洞内消失了,重子却仍是在大爆炸中产生的,并且仍然服从由氦丰度给定的限制。在不违反重子数限定的前提下,黑洞可能提供使宇宙闭合所需暗物质的唯一途径是,它们形成于大爆炸中重子被烹制**之前**,甚至更早。这种原初黑洞的尺度要比原子小得多,并且每个都有大致相当于一颗行星的质量。它们**可能**形成于极早期宇宙的密度涨落,即在重子时代之前,而借助它们存在的唯一理由是提供短缺质量。没有观测证据显示它们存在,它们也不能自然地造成所需要的真实宇宙中星系的泡沫状分布。这一关于主宰宇宙的暗物质的建议,并不比祈求魔法或神秘的未知现象更好。

然而,如果你喜欢有些魔法意味的科学思想,理论家能给出一种比黑洞有趣得多的可能物质。将引力和其他力包括进一套数学框架的超弦理论有这样一个版本,就是在使原初大统一力分成四个成分所需的对称性破缺之上,还有一种额外的分裂。按照这一方程式版本,在大爆炸中的更早期有过另一次分裂，产生出相互分离的两组粒子和力，并且占据着同一个宇宙。一组是我们熟悉的恒星、星系和行星等的世界，由熟悉的四种力维持。另一组则是别的东西，它们不可见，或许不可探测，在宇宙中与我们共存，但有着其自己的粒子和力，那些粒子和力相互作用，却不与我们的世界作用。

这个影子世界会是什么样子呢？有可能但可能性不大的是，那是我们宇宙的一种复制品，有着相同或相似的四种力、对应于夸克和轻子的粒子，还有影子恒星和行星，甚至有人在忙他们的事，（或许）还在推测**我们**世界存在的可能性。然而，可能性大得多的是，**如果**影子世界存在，那里的物理定律会稍有不同或大不相同，那里可能有着服从不同定律的不同粒子。但不管怎样，只有一条途径能让两个世界相互干扰，那就是通过引力。这种短缺质量的形式完全是一个另外的世界，与我们占据着同一个空间？星系盘暗物质中的一些会是影子恒星和行星形式？或者我们整个宇宙都充满着外来的影子粒子，它们对宇宙的整体密度作出贡献，但却不参与涉及我们世界里中微子、WIMP、宇宙弦等粒子的相互作用？

这远不是理论家想象的终点，但影子物质却在许多意义上代表了迄今所能幻想出来的最极端的可能性。对这个概念必须很慎重，不借助影子物质或别的古怪可能性而能对观测到的星系分布作出的解释越是好，这种奇异幻想显示出具有现实意义的可能性就越是小。尽管如此，值得提醒的是，如果其他那些现在看来强势的思想被证明有缺陷，仍然会有想象力足够丰富的理论家虚构出新的可能性。

在可能性范围内狂野幻想的影子物质与相对慎重的WIMP之间，还有另一种理论猜测，那就是奇异物质的概念。在一定意义上，这是一种比较保守的思想，因为它要求的并不是任何全新粒子的存在，而只是已知物质的更致密的一种新形式。这个已有一些理论家在探究的思想是，由大致相等数量的上、下和奇夸克组成的物质团块可能是稳定的。要记得，熟知的重子物质只包含上、下夸克，这种假设的包含奇夸克的物质形式就被很合乎逻辑地起名为“奇异物质”。假设的奇异物质团块有时被称为夸克块，并不能肯定它是稳定的，那取决于很难精确计算的强作用和夸克的其他性质的细节。但若确实存在，夸克块就会包含或多或少的从未被加工成重子的常规物质，因而就不受氦限制支配。对奇异物质可能性的猜测有多种，早至从大爆炸遗留下来的团块，其质量小于质子质量的两倍，提供着短缺质量；晚至今日存在着的整个奇异物质星，它是由古老恒星死亡后坍缩、经过中子星状态、再进入奇异物质状态而形成。但是，即使奇异物质存在，却没有一种自然的方式使它能提供使宇宙闭合所需要的全部暗物质。

短缺质量的最佳候选者并不是那些理论家幻想的东西，而是那些观测和实验迫使我们接受的东西。例如，在多体模拟中**需要**有WIMP以与真实世界相符；冷暗物质也是解释其他天文观测疑难的最佳选择。其余种种，也许对科幻迷来说很有趣，却主要是猜测。所以，在偏离正道漫游一番之后，或许我应该概括一下当今宇宙学的“最佳选择”，再最后地看看广阔的图像，并评估宇宙的终极结局。

最佳选择

当今宇宙学的最佳选择是旧的大爆炸标准模型、较新的暴胀思想和足以使宇宙平滑的冷暗物质存在这三者的结合。那些早夭的讣告就不必再管了，这三者中有着最坚实基础的仍是标准大爆炸模型；如本书前文所述，20世纪90年代关于大爆炸主题特定版本中一些细节可能性的争论，无损于具有压倒性分量的证据，即我们是生活在一个由高温高密状态膨胀而来的宇宙中。

得出这一结论的通常方式是强调理论与观测之间的成功相符，即宇宙背景辐射谱、氦和氘之类轻元素的丰度，等等。但是里斯指出，还有一个同样有力地支持热大爆炸理论的证据，就是尚没有一个发现表明它站不住脚。原则上，证明大爆炸理论错了是容易的。倘若天文学家发现了任何氦丰度为零的恒星，或者任何天体比宇宙的推测年龄老得多，或者中微子有着大约1千电子伏的质量（那会使大爆炸模型在我们出现之前就发生坍缩），那么标准模型就会被完全地排除。里斯曾在1991年说："一切都产生于一个高温高密态，我们能追溯到它的年龄大约为1秒的时刻，对此必须像对如关于地球早期历史的思想一样认真看待。"

但是，这并不意味着我们已经知道一切，尤其是，尽管有CDM模拟的成功，我们仍然不能确切地知道星系如何形成。里斯继续延展他的地球物理比拟说道，虽然我们确定地知道地球是圆的，但我们并不同样确定地知道具体的地面特征，如陆地、山脉、丘陵、山谷等是如何形成的。有些特征似乎已被好的理论明白地解释了；但有些地貌细节除了被看作自然界的偶发事件外，不会有更好的认识。但是，我们不能认识某一座山如何形成，并不意味着必须放弃地球是圆形的思想。同样地，我们不能确切地认识银河系如何形成，并不意味着必须放弃大爆炸理论。即使整个CDM框架都被某些新观测排除了，那当然会因为失去一个对星系形成的特别简洁的解释而使人扫兴，但并不是对标准大爆炸模型本身的打击。

但是，CDM理论真如一些评论家在20世纪90年代初所说的那样处于困难之中吗？再来看看这幅图像。我们的宇宙包含物质，其中一些我们能看到的是以由恒星组成的明亮星系形式存在的，但其中大部分是暗的，不能被直接探测到。星系集合成星系团，比天文学家近期所猜想的还要大得多。单个超星系团的直径可达5亿光年；有些星系链是如此之长，以至于有的天文学家相信那只是横贯整个宇宙的星系弦的可见部分。出乎所有人意料的是，超星系团里星系的运动比它们相互之间的运动快得多，大量的星系一起以每秒数百千米的速度相对于宇宙背景辐射运动，这种运动独立于由于宇宙膨胀而产生的运动之外。

宇宙的“最佳”模型能够解释这一切。我们还不能确定地知道宇宙质量的99%是由什么组成，很可能那不会全都是同一种材料。例如，“通常”的重子暗物质足以解释恒星集中于银河系平面的方式，那是由于棕矮星和类木行星的引力作用使恒星保持在这一平面上。但随着由现有最大计算机的N体计算描绘的宇宙结构不断增长，证明虽然中微子可能刚刚符合要求(或许需要借助宇宙弦)，星系分布的大部分观测特征却自然地与宇宙恰好闭合($\Omega=1$)相符，而隐质量是以弱相互作用冷暗物质的形式存在。星系形成过程必须“偏向”于能解释观测到的泡沫状，确有几种很可能的机制来产生这种偏向，即使不借助于宇宙弦。

有一个事例同时显示了对这些宇宙学新发现的共同兴趣和试图对每一个证据解读太多而带来的危险。1990年末，弗伦克和他的同事在《自然》(*Nature*)(第349卷第32页)上发表的一篇论文里指出，他们的最新模拟得到的精确星系图像与IRAS巡天观测得出的星系图像并不怎么相符。这篇论文是在圣诞节这个新闻寂静期发表的，却伴随有一篇《自然》新闻稿，谈到CDM理论的主要教士们正在抛弃他们的婴儿。对CDM理论死亡的宣传所造成的浪潮竟然达到这种程度，以至于弗伦克和凯泽(Nick Kaiser)不得不在《自然》(第351卷第22页)上再发表一篇快报，声明实际上那不是他们之前论文的本意。

他们在那篇快报中概括，标准CDM模型包含四个组成部分：

第一：由弱相互作用冷粒子组成的暗物质；

第二：宇宙有着临界密度；

第三：诸如星系和星系团的结构是由暴胀理论所预期的

种子涨落增长而来；

第四："星系分布与质量分布的联系是通过一个简单的统计学描述建立起来的，即'线性偏离模型'"。

注意那最后一条，它初看起来挺复杂，所有的忙乱都是因为它。第一到第三条是CDM理论的核心，并没有被新研究所质疑。那么，这一线性偏离是什么，它看来又错在哪里？

被称为"偏离因子"的关键参数是这样定义的，如果明亮星系的分布与暗物质的分布一样，它就是1；如果（如CDM模型要求的）星系比暗物质更为成团分布，它就大于1。你可以猜到，在热暗物质模型里偏离是不同的，偏离因子必定远小于1；事实上，对宇宙微波背景辐射的研究表明，偏离因子肯定大于0.86，这一结果有效地排除了HDM模型，而且趋近于CDM模型的预期值，尽管背景测量还不能给出偏离因子的精确值。现在的争论是偏离因子究竟比1大多少，必须怎么调整CDM模型来与观测相符。按照IRAS的数据，Ω的确是1，偏离因子的值是1.3。这就要求比CDM模型的最简单版本里稍大的偏离，但这一额外需求的偏离却正是如果宇宙弦在星系和星系团形成中起作用所预期的。

稍高的偏离因子值当然还可以有其他缘由。但是当问题能够简单地借助于已有的看来最可信的新思想来解决时，理论就不会是面临不可克服的困难。宇宙弦适合融进CDM方案，CDM理论家里还没有丧失信心。

但是所有这些争论在一定程度上都是对本书主题的偏离。对宇宙的最终结局而言，暗物质是什么或者在宇宙中怎样分布，其实并不重要。重要的是，宇宙是在开放与闭合分界线的哪一侧。对此即使是暴胀理论都不能真正告诉我们答案。宇宙可能恰好开放，也可能恰好闭合。我们仍能考虑选择理论上的不同未来。但是关于宇宙起源和最终结局的最新思想认为，我们也许能够有自己的理论蛋糕吃，而在一个永恒的时空泡里，有着许多像我们自己这样正在形成的暂时性特征的有限的泡沫宇宙正在形成暂时形貌。

附言

归功于最新的计算机模拟，1997年底时现行的“最佳选择”确实又有所变动。宇宙弦的可能性似乎减小了，能给出正确的天空中星系分布图形的模型是，Ω接近于1，大约70%的物质是CDM，30%是HDM，还有百分之几是重子物质。看看这个太空吧！

第十一章

宇宙的生与死

宇宙的最终结局已经封存在它诞生时的初始条件里。永久的膨胀或是重归于坍缩，取决于宇宙位于$\Omega=1$分界线的哪一侧，也就是自时间起始以来已经处于的那一侧。但无论怎样，我们知道宇宙所处的位置非常接近于这个临界值，因而它未来存在的时间要比已经过去的大约150亿年的历史长得多。在某些意义上，宇宙的未来如何并不重要。例如，在从现在起的大约50亿年里，太阳将膨胀成一颗红巨星，把地球烧成灰烬，这大概是任何只关心人类未来的人需要去烦恼的最遥远的事情。[1]但即使这件事在宇宙尺度上也不过是一段小插曲。无论宇宙状态是开是闭，只要时间足够长，物质本身将开始死亡。

恒星的终结

暂且不谈那揭示宇宙的90%并不是由恒星和行星形式的、我们熟知的重子物质组成的新发现。我们所知晓和喜爱的物质种类随着宇宙的老化将会怎样呢？恒星本身，虽能通过核燃烧而抗衡引力来维持数十亿年之久，却不能永远存在。一旦核燃料耗尽，引力必定赢得这场漫长的搏斗，使恒星残余部分坍缩。死亡恒星的坍缩只有三种可能的结局。

恒星由太空中的气体和尘埃云形成，其过程尚未完全被物理学家所认识。但很清楚的是，它们怎样能一旦形成就具有高温，并保持高温。引力收缩释放出热量使年轻的恒星发光，而随着星体坍缩得更加致密，其核心区域的温度会升高到足以点燃核反应，也就是今日维持着太阳高温的反应。恒星的质量越大，它为抗衡引力来维持自己而在每秒钟里必须耗费的燃料就越多。有些恒星只能在这个稳定的主序星状态停留几百万年；太阳已经处在这个状态45亿年，还有大约这么长的时间来耗尽它的氢燃料；还有一些恒星的寿命甚至可以更长。当然，当恒星核心区所有的氢都变成了氦时，事情就会发生变化。

如果没有氢来燃烧，恒星就不再能抵抗引力，其核心区就开始再次坍缩。而这又会释放更多的引力能转变成热，结果是新的核反应开始，把氦变成碳。核反应产生的能量使恒星的外层膨胀，这就是为什么地球会在从现在起的大约50亿年里被太阳烧成灰烬的缘故。所有的氦终于都被变成了碳，这一过程又如以前那样重复，随着碳聚变成为氧，恒星核心区变得更加致密和高温。这样的过程能重复数次，直到核心区的大部分物质都变成铁-56。到此必须终止，因为往铁-56核里再增加质子和中子不会释放能量。反之，要造出更重的元素，必须从某处输入能量。

在一些大恒星里，这正是下一步发生的事。由于热源的最终丧失，恒星与其外层（也就是膨胀后的大气）一起坍缩，在引力作用下向内陷，从而又由于引力能的释放而变得非常高温。在这样的条件下，只要质量足够，就会有突然的聚变活动爆发，因为有来自恒星大气的氢和氦被挤压进了核心区。爆发是发生在一个围绕核心的壳层，就像橘子的皮，产生的冲击波朝两个方向行进，向外的冲击波使恒星大气的剩余物质喷射而形成发光的、膨胀的星云；向内的冲击波则把核心区挤压得更紧密，并且制造出少量比铁更重的元素，其中一些可以被向外抛射到新的星云里。这时的恒星就成了一颗超新星。死亡剧痛中的恒星往星系际介质里撒下了重元素种子,那些元素将进入下一代恒星和行星之中。正是由于前代恒星经历了这样的循环,太阳才能有行星家族,我们才能在这里,我们的身体是以碳化合物为基础,我们呼吸着空气中的氧,并且在为太空中像著名的蟹状星云那样的云团的起源而苦苦思索。

但是,并非所有恒星都以这样壮观的方式来结束自己的生命。质量较小的恒星如太阳,会更安静地消失;它们向太空中吹出少量气体,在核聚变过程停息后就平静下来,成为依然发光的残骸。它们最终变成什么取决于其质量。

在这幅图像里,一颗死亡中的恒星是一个致密的物质球,其中主要是以沉浸在自由电子海洋里的铁原子核形式存在。当然,仍有氢和氦组成的稀薄大气,很可能还有富含诸如碳原子核的壳层,但这些都可以忽略。对恒星死亡的第一种情形而言,最重要的粒子是电子。

电子有一个非常重要的性质,与质子和中子等我们习惯于视为粒子的其他实体共有。这个粒子家族被称为费米子,得名于意大利物理学家费米(Enrico Fermi),没有两个费米子能够处于完全相同的量子“态”。这就是比如说原子中的电子在核外分隔开来的缘故。当物理学家起初发现原子里的电子形成一团围绕核的电子云时,他们非常困惑,因为电子带负电而核带正电,相反的电荷当然应该相互吸引。为什么电子没有掉进核里呢?实质上,答案是,如果它们掉进去,那它们就全都处于同样的状态、同样的能级。每个与原子核相关联的电子都必须在核附近找到自己的位置,以保持自身的唯一性,并与同属于该原子的其他电子挤在一团围绕核的电子云里。

有的“粒子”不是费米子,被称为玻色子,得名于另一位物理学先驱即印度的玻色(Satyendra Bose)。这些是我们常常视为波或者辐射的粒子。例如,光子是玻色子,它们很容易地聚合在同一个态里。这正是激光的基本原理,激光发射的强大光束由无数的光子组成,那些光子全都处于完全同样的态,全都同步前进。但这都与支撑死亡恒星抗衡引力的力量无关。

随着一颗死亡恒星的冷却和收缩,会有这样一个时刻来临,所有的电子都如此靠近,以至于占据了在恒星内对它们来说所有可能存在的态。它们不可能被进一步挤压,因为那就会迫使几个电子进入同一个态,于是它们就以一种被称为电子简并压的向外压力来反抗向内的引力。只要恒星残骸的质量小于大约1.4倍太阳质量,这就是故事的终结。当像太阳这样的恒星收缩到大约如同地球大小时,引力与电子简并压力相平衡,这就形成了白矮星。天文学家知道许多白矮星,它们被发现其实是在我这里概述的理论说明其由来之前。白矮星冷却时几乎保持着同样的大小,但会变得越来越暗,经过棕矮星阶段,最后变成黑矮星而消失,那是一颗铁球,被一层碳壳包围着,或许甚至还有古老大气中残余的微量的冰态氧和氢。我们太阳的结局就是这样一个有冰条纹的乌黑铁球。

如果一颗恒星即使在最后的闪耀中已经脱掉了外层,而剩余的质量仍大于太阳的1.4倍,那又会怎样呢?在如此强大的引力之下,虽然电子仍然不能占有相同的态,却会找到另一条逃避途径,那就是被挤进质子里形成中子,并释放出中微子。似乎它们倾向于这样做,因为正、负电荷是相互吸引的。但事实上在原子核里(或在类似条件下)还有别的力在起作用来使质子和电子保持分离,除非挤压占有压倒性优势。这里且略去细节,重要的是,如果一颗死亡恒星的质量超过太阳的1.4倍,引力挤压就会使其中的所有电子和质子都转变成中子,星体进一步坍缩而成为一个半径约为10千米的中子球,其实就是一个"原子核"。这就是中子星。使它维持稳定的是中子的简并压力,与维持白矮星抗衡引力的电子简并压力相似。但是,中子简并压所能抗衡的引力,仅限于恒星残余的质量小于大约3倍太阳质量的情形。

有些物理学家提出，可能还有一种超越中子星的情形，那就是中子被分解成其最终成分即夸克，星体由夸克“汤”组成。但这对计算几乎不会带来什么实际影响，因为夸克汤的密度与中子物质的大致相同。任何耗尽了核燃料的死亡恒星，只要质量大于太阳的3倍，就根本不可能抗衡住引力，而是必定坍缩进最后的深渊，那就是黑洞，而恒星曾有的物质都确确实实地归于消失。中子星和黑洞都很可能在造就超新星的爆发中形成，包括那些质量小于1.4倍太阳质量的中子星，途径是挤压爆发恒星的核心区物质。黑洞还可以由另一种方式形成，即一颗致密星，或许是中子星，从其周围吞进了足够多的物质，因而超过了3倍太阳质量的上限。无论是何种起源，这些致密天体确实大量存在。数百颗表现为脉冲星的中子星已经被探测到，也已经知道了几个很可能的黑洞。所有恒星都必定终结为白矮星，或中子星，或黑洞。但是之后又会怎样呢？

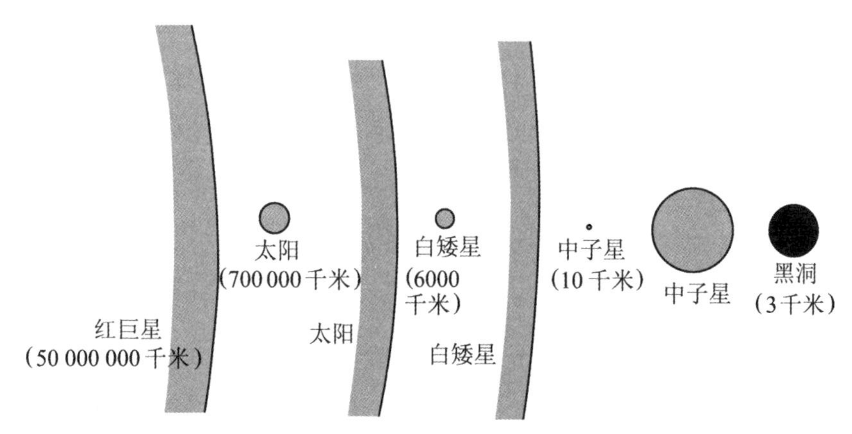

图11.1　恒星级天体的尺度。按比例显示的恒星级天体尺度范围。地球大致与白矮星同样大小，中子星的大小相当于一座山。

物质的终结

大约言之,今日宇宙的年龄(自大爆炸以来消逝的时间)是10^{10}年。宇宙学家能够计算出,在具有不同密度的模型宇宙里物质如何随时间而演化。如前文已讲述的,最可能的是,我们的宇宙非常接近于开放与闭合的分界线,Ω非常接近于1。在构建这样的宇宙学模型时,可以让Ω大于1而又任意地接近于1,但不允许精确等于1,于是就能使宇宙循环的时间要多长就有多长;当然也可以把Ω设为刚刚小于(或远远小于)1,从而使模型宇宙的寿命是无限长。物质的命运取决于,宇宙在大挤压之前能存在多长时间来让各种不同的过程起作用。

值得考虑的是最小的时间尺度,它对应于一个在大爆炸之后大约10^{11}年就开始收缩的闭合宇宙。这个时间是10倍于我们宇宙现在的年龄。没有人认真地提出,我们是生活在一个这么小的宇宙里,但是差不多可以做到使对真实宇宙的观测结果与这样一个模型的要求相符。在这样一个小宇宙里,在类似我们银河系的星系里仍将进行着恒星形成、行星形成、大概还有生命出现的同样过程,即使是在那个宇宙已转而开始收缩之后。转向后的第一个里程碑事件发生在那个宇宙收缩到我们宇宙今日尺度百分之一的时候,那时星系开始相互并合。我们所知的生命即使在那样的条件下可能仍能存活,并将测量到背景辐射的温度仅为约100开。但是,在今日宇宙尺度的千分之一时,由于蓝移效应而积聚了早期辐射的天空会变得如太阳表面那样明亮,“背景”辐射有着1000开的温度,不可能再有我们所知的生命。

在当今宇宙尺度的百万分之一时,恒星爆炸,因为背景温度达到几百万开,与今日太阳内部的温度相当;当继续收缩到十亿分之一时,温度为十亿开,原子核碎裂为质子和中子;到万亿分之一时,质子和中子碎裂为夸克汤，温度大约是一万亿(10^{12})开。

这肯定是对大挤压的一种戏剧性想象[2]，但还须谨慎地对待。首先，我们的宇宙含有10倍(或更多)于重子的暗物质，我们不能确知在收缩过程中这些粒子将如何影响重子。其次，没有证据表明我们的宇宙，即使是封闭的，会小到足以使这场戏演完。其实，所有证据支持的是，我们的宇宙要么恰好开放，要么(我认为是最有说服力的)恰好闭合。无论哪种情况，都会有足够的时间来使长期的量子效应起作用。而这会让我们所知的物质有一个大不相同的结局。

如果宇宙膨胀持续得足够长久，恒星形成将会停止，因为所有的但确实微量的可用氢和氦已经耗尽。按照对银河系里古老和年轻恒星分布的研究，以及对制造恒星的原料消耗速率的计算，天体物理学家估计出，恒星形成将在从现在起的大约一万亿(10^{12})年内停止。星系将随着其中恒星的老化和冷却而变得更红，然后会由于所有恒星变成白(最终是黑)矮星、中子星或黑洞而逐渐地消失。在很长的时间尺度上，星系将收缩。这有两个方面的原因，一是星系通过引力辐射而损失能量；二是恒星之间不可避免的相遇，其中一颗星获得能量而从星系中射出，另一颗则损失能量而朝星系中心下落。星系团也会以类似的方式自行收缩，最终那单个的星系和星系团都将落入自己造就的巨大黑洞里。

很难确定“最终”是什么含义。宇宙学家手中的数字看来很简单，10^{15}年、10^{20}年，等等。但要记住，在“10的幂”上每增加1都是指乘以10。宇宙的年龄大约是10^{10}年，10^{11}年就是自大爆炸以来所经历的全部时间的10倍。类似地，一万亿年(10^{12})似乎长得不可理喻，而10^{15}年还要长1000倍；10^{20}年可不是宇宙年龄的两倍，而是100亿倍！但与物质终极湮灭所需的时间尺度相比，这也只不过是一眨眼的工夫。

按照一些当今最受欢迎的粒子物理学理论(受欢迎是因为已经多次被证明为正确)，质子本身应该是不稳定的，必定衰变，一个质子变为一个正电子以及一束中微子和伽玛射线(白矮星或中子星内的中子也会衰变,但却是生成一个电子和一个正电子,以保持电荷守恒)。允许重子在大爆炸中产生的同样规则也指出,由于对C、P和T定则完美性的微小偏离,重子最终必将离开宇宙舞台。但这一过程所需要的时间尺度却是非常之长。在一团物质(任何重子团)里,半数质子将在稍长于10^{31}年的时间内衰变。对日常现实而言,质子是非常稳定的;必须如此,否则就不会有我们了。但对于缓慢冷却的白矮星,质子衰变就变得重要。如果没有质子衰变,白矮星就会在大约10^{20}年里辐射掉全部热量,变成与背景辐射有着同样温度的黑矮星。但是,星体内的质子衰变能提供足够的能量,使温度保持为温暖的5开(只有-268摄氏度)直至10^{31}年。这听起来似乎不是太热,但那时宇宙微波背景的温度将只有10^{-13}开,这可就是一个给人更深印象的观点。中子星更致密,因而能保持更高温,也许在那时能高到100开。那时一半的重子已经消耗掉。[3]但到了10^{32}年时,实际上**所有**重子都已消失,当然因为10^{32}是10^{31}的10倍。

到那个时候,所有由重子组成的物体已经失去了几乎全部的质量。黑矮星已经缩小到如同地球的质量,而像地球这样的行星则已经缩小到如同一颗小行星。到10^{33}年之后,宇宙中所有的重子基本上已不复存在,转变成了能量、中微子、电子和正电子。今日宇宙中的每一个质子都有一个电子相平衡,因而总体上没有电荷。在这么长的时间过去之后,重子已经衰变,剩余物质的形式将是相同数量的电子和正电子,它们在宇宙中散射。当恒星这样的物质团块以这种方式衰变时,电子和正电子会快速地相遇并湮灭,以伽玛射线的形式释放出更多的能量。但在不再形成恒星之后,宇宙中原初的重子大概还有1%仍以氢的形式存在;那些孤立氢原子核衰变生成的正电子能够与原初原子里的电子配对,在一个安全的距离上相互围绕转动,类似原子,被称为电子偶素。

10^{34}年后,宇宙中将只有辐射、黑洞和电子偶素,再无他物。但即使黑洞也不能永久存在。霍金已经证明,量子效应会使黑洞"蒸发"而缓慢地转变成粒子和辐射。一个质量与星系相当的黑洞将在10^{99}年里蒸发掉,而一个含有如超星系团(可能形成的最大物质团)那样大质量的黑洞将在10^{117}年里消失。蒸发的最终产物将是更多的电子和正电子、更多的中微子,还有更多的伽玛射线光子。所以,10^{118}年后(如果宇宙能延续那么久),物质的最终结局到来了,那就是变成电子偶素、中微子和光子。如果GUT是错的,质子并不如所预期的那样衰变,那也只是把时间尺度再稍稍移动10的4次幂,因为即使质子也将在10^{122}年后通过霍金过程而蒸发掉!

在一个闭合而又长寿的宇宙里,再次坍缩终将到来,朝向奥米伽点的骤然跌落仍会发生,但这个过程中已没有恒星和星系被瓦解,只有电子、正电子、中微子和光子的清汤被挤压进最后的奇点。在这两个极端之间,中等尺度的闭合宇宙再坍缩时将仍含有分处于三种结局之一的死亡恒星,以及一些没有被用于形成恒星的气体和尘埃。

对暗物质将如何影响这些计算就纯粹是猜想了,因为我们不知道暗物质是什么。尽管如此,看来那些喜欢思索这些事的人可以从多个未来中选择一个,也就是他们觉得最舒服的那一个来"相信"。但这仍然还不是故事的终结,因为在另一个意义上,看来我们还有可供选择的宇宙;如同闭合宇宙那样,宇宙学阐释也带给我们一个完整循环而回到更为哲学性的考虑,而本书正是从那里开始的。

创世时刻

随着返回创世时刻的探索,老思想不断以新装束出现,这倒是颇为使人惊奇的。最简单的现代形式的稳恒态模型是在1948年提出的,已经早就被抛弃了,因为我们能看到宇宙随着从超密态膨胀开来的演化和改变。但在20世纪60年代,作为与进展中的大爆炸宇宙学的殊死一战,霍伊尔和他的印度同行纳里卡(Jayant Narlikar)提出了一个新版本。这回是一个高温度高密度的永久的稳恒态宇宙,其中有时出现一些在胀大的泡,就成为像我们宇宙这样的膨胀着、演化着的时空区域;这倒像是现在这么时兴的暴胀模型的一次预演。

为了提供暴胀的驱动力,霍伊尔和纳里卡不得不发明出一种新的场,并取名为C场,因为他们预定要把它用于物质的创生。于是他们在二十多年前就有了这样一个宇宙模型,即一种很致密的状态在一种场的能量驱动下爆发式地迅速增长,那种场还生成粒子。从概念上讲,这与现在时兴的宇宙暴胀理论没有什么差别,后者说的也是一种或多种场的作用使宇宙从高密态暴胀出来,也是场以粒子的形式释放能量。1984年,霍伊尔和纳里卡各自发表文章,强调他们过去的C场模型与暴胀之间的相似。他们希望(却迄今徒劳)其他宇宙学家注意的要点是,像C场这样的暴胀过程能在稳恒态背景上相当容易地启动。坦率地讲,物理学家们并不乐意C场思想复兴,任何稳恒态理论的变种都被认为不合潮流。但是,该肯定的就得肯定,C场的机制确实使人联想起暴胀(霍伊尔和纳里卡会说是暴胀使人联想起C场),而重要的是记住这样一种可能性,在我们所称的创世时刻并不真有什么奇点,并不真有什么无限高密度和温度的状态,有的只是一个我们称为宇宙的局部时空区域从一种状态到另一种状态的转变。下文即将对此详述。

但1985年形式的暴胀理论作出的最惊人的推广之一是,整个宇宙可能确实是从虚无中来的,是作为一种量子涨落而创生的,正如量子不确定性允许虚粒子对出现并短时间存在然后湮灭一样。

这个思想首先于1973年12月出现在《自然》上的一篇论文里,作者是纽约城市大学亨特学院的特赖恩(Edward Tryon)。特赖恩提出了他称为所能想象得到的"最简单最有吸引力"的大爆炸模型,即"我们的宇宙是一次真空涨落”。[4]他以这样一个模型来参与宇宙学争论的出发点是，计算表明任何闭合宇宙的净能量必定为零。

粗略地讲，如我已经提示过的，这可以由宇宙所具有的负引力能来理解，这个引力能很大(负值)，能够抵消宇宙中所有物质的质量能量 mc^2。这是引力的一种很奇怪的特征带来的结果，以至于物理学家几乎没有公开承认过。如果用引力方程来描述一个物质集合的引力能，就会发现唯一对应于零能量因而可以由此来作测量的有意义的状态是，所有物质都散开到无穷远处。无论是拿原子，还是拿行星或恒星或星系作为基本物质单元来考虑都是这样。当物质单元分离得尽可能想象的那么远时能量为零。现在怪事来了。物质在引力作用下落到一起时会释放出能量，于是引力势能减小；由于它是从零开始的，因而就会变成负值。所以真实宇宙中的任何物体，比如一颗行星，既然没有被散开到无穷远处，就必须从负能量开始；而且如果它收缩，它就释放能量，它自己的引力势能就变得更负。这可不只是一无所获，而是比一无所获还要差。按照牛顿引力理论，行星的势能可以有多负是没有限度的。每次它一收缩，能量就释放，引力能就变得更负。

用数学术语讲，在牛顿物理学里能量状态没有“下限”，这是把分散物质的能量定为零的一条理由。广义相对论则对质量为 m 的物体所具有的负引力能量给定了一个限度。如果质量 m 能够全部集中在空间一个点上，即成为一个奇点，那么相应的负引力势能是 $-mc^2$，与爱因斯坦质能数值相等、符号相反。但这只是对一个更精细更严密的数学论证的粗略表述，对那个数学论证这里不能讲述，但它的确证明，一个闭合宇宙的总体能量为零。[5]这是把古思的“免费午餐”推到了合理的极端。如果宇宙包含的能量本来是零，免费也就不足为怪。不是什么一无所获，而是本来就没有付出。特赖恩指出，不确定性关系 $\Delta E\Delta t=\hbar$ 允许任何能量为零的东西存在任意长的时间，因为如果能量为零，则能量的不确定值ΔE也为零。从真空中“借取”能量来创造宇宙不会有问题，因为在开始时并不需要有任何整体能量，也不必忙着把借的能量归还，反正算起账来不会有任何损失！

对不确定法则的这种朴素的过于简化的解释在20世纪70年代没有引起多大反响，它只是那种物理学家们在喝咖啡时随便谈谈就过去了的话题，它显然也没能对我们的宇宙作出精确的描述。例如，如果严格地由虚粒子对的产生来类推，就要求我们的宇宙包含精确等量的物质和反物质，而实际情况看来并非如此。而且整个论证的前提是宇宙闭合，但在20世纪70年代中期宇宙学家的广泛共识却是宇宙开放。最后，如果包含了我们宇宙全部质量的量子涨落是产生出一个超密态，为什么它不在自身引力作用下立即收缩成为一个奇点呢？

这些困难看来是无法克服的，但是暴胀的出现改变了一切。暴胀要求必须有足够的暗物质来使宇宙非常接近于平坦，接近到我们根本分辨不出其曲率，而暴胀并不“在意”宇宙究竟是坐落在平坦分界线的闭合一侧还是开放一侧。按照X玻色子衰变的GUT描述，含有等量X和反X粒子的高能原初宇宙会在适当时候（“适当时候”是大约10^{-35}秒时）演化成正物质稍有剩余的宇宙。于是特赖恩在20世纪80年代借助于暴胀来重提自己的思想就不足为怪了，塔夫茨大学的维连金在1982年也是这样做的。[6]但维连金比起1973年的特赖恩来前进了一步。特赖恩讲的“真空涨落”的意思是在宇宙出现之前就有某种形式的时空度规存在；而维连金却试图建立一个模型，其中空间、时间和物质全都是作为虚无中的一次量子涨落而从确实的虚无中创生出来的。他在自己的一篇论文[《物理学快报》(*Physics Letters*)，1982年11月4日第117B卷第26页]中写道：“宇宙从虚无中创生的概念是一种狂想”，但他接着论证，这个概念如何在数学上是等同于正负电子对的产生和随后的湮灭，而这个过程又如何等同于一个电子从虚无中产生，顺着时间前进一会儿,然后转过来逆着时间退回,直到遇上它自己的产生。在这篇和其他一些论文里,维连金对特赖恩在20世纪70年代初的猜测性想法作了许多如此这般的高雅数学加工。

对特赖恩来说,他的思想复活自然事关重大,这尤其是因为他在宇宙学研究中是一位孤独者。他于1940年出生在印第安纳州的特雷霍特,1962年在康奈尔大学得到物理学学士学位,然后到了加利福尼亚大学伯克利分校,在那里为温伯格的量子场论和广义相对论课程所吸引,并很有运气(当然也很有才能),成了温伯格的博士生之一。完成博士论文后他到了哥伦比亚大学,做π介子对之间碰撞散射幅度的计算,得了一个"π介子特赖恩"的绰号。他从来不跟任何人合作,所有论文都是以自己为单一作者发表,这恐怕在他那一代粒子理论家里是独一无二的。从儿时就有的对宇宙学的爱好使他开始推测净能量为零的闭合宇宙的可能性,但他曾很有兴味地回忆过20世纪60年代末使他窘迫的一件小事。

宇宙学家席阿玛(Dennis Sciama)从英国来访问哥伦比亚大学,作了一个关于宇宙理论最新进展的报告。就在席阿玛稍作停顿的时候,特赖恩脱口而出:"也许宇宙是一次真空涨落!"这使他自己和所有其他人一样都吃了一惊。随之而来的笑声过后,这位以粒子物理而非宇宙学为专业的年轻研究者自己也把这事给忘了。直到他在《自然》上的文章发表之后才由一位同事对他提起,他才明白自己原来是被潜意识推动去完成这项工作,而自己的记忆已在脑子里埋藏了三年。

特赖恩于1971年来到亨特学院,1972年中期那个宇宙是量子涨落的念头在他脑中又突然闪现,这回他就完整地写下来了。潜意识一直在推动他阅读宇宙学的文献,并寻求对那次使他发窘的大笑的回答,直到回答得到了才显现在他脑子里。他的文章在《自然》上发表后很快就有约150位同行要求得到复印件,但这个思想随之又被冷落,直到暴胀概念使它被重新记起。一个曾被嘲笑的老思想又变得时兴并被看作概念上的重大进展,对此该作何感想呢? 在我这样问时特赖恩说:"所有优秀的科学家都是幻想家,他们幻想着发现有重大意义的未知现象……很难用言辞来形容他们从中得到的满足。"

这个思想当然仍是高度推测性的,但现在的吸引力要强得多。它的最大优点是,不再需要在创世时刻就产生出今日宇宙中的全部物质。现在所需要的只是产生出一个闭合的时空区域和能量,一个比质子还小得多的自含的微宇宙,它的温度并不高,也只是稍有膨胀的倾向。如果没有暴胀,这样一个微宇宙会很快坍缩。但是特赖恩说,有了暴胀(或者如他所称的"冷大猛胀"),就能把一个时空小点胀到巨大的尺度,暴胀结束时量子场能量转变成X粒子对和其他粒子,从而出现一次创造高潮,并在$t = 10^{-35}$秒时造成热大爆炸本身。引力一直在使膨胀减慢,宇宙最终会停止膨胀并转过头来,在遥远的将来又坍缩回一个奇点。时空本身以及其中包含的一切都将消失在那个奇点里。再也没有任何迹象显示我们的宇宙曾经存在过。这个方案虽仍是推测性的,但至少已能比较简洁地符合暴胀宇宙学的整体框架。如果真有一个创世时刻,那么作为量子物理学最奇特最基本特征之一的量子不确定性概念,看来最有希望对宇宙是怎么来的作出解释。倘若果真如此,就可能确有一个标志着宇宙的时间起始边界的创世时刻。但还有另一种观点,它甚至更深地植根于量子物理学的基础。剑桥大学的霍金定义了一个描述宇宙整体的量子力学波函数,并像对量子物理学的任何其他波函数能做的那样用路径积分来处理。他认为,宇宙即使在创生时刻可能也没有边界。

奇点探索者

霍金现在以他写的一本销售最好的关于宇宙的书而广为人知。他是那种罕见的学者之一,他们的工作能牢牢吸引公众的想象力,并且常是报纸和杂志报道的题材。这部分地是由于他研究的课题扣动了我们所有人的心弦——黑洞、时空奇点,还有宇宙起源的奥秘。但还由于他得了一种使人严重残疾的病,叫做运动神经元病。演员尼文(David Niven)就死于这种病,它损害人体的神经和肌肉功能,严重时使患者不能行走,讲话也极为困难,霍金现在就是这样。一位残疾天才与不可抗拒的命运搏斗,得到远高于我们大多数人的对宇宙的认识,还得克服障碍把这些认识传递给他的同行,这显然是报纸报道的好材料。但有时对霍金生活的这一面宣传得太多了。他的身体肯定是有了残疾,但他的大脑和智力完全没有受残疾影响,他的科学成就是第一流的。值得惊讶的不是一位残疾人能在对宇宙的认识上取得如此进展,而是竟能有人取得如此进展。霍金自己曾说他很幸运,能有一个只靠大脑来思考就行的职业,而身体障碍虽然严重,在他看来却只是一个次要的痛苦。身体问题对他工作以外的生活当然会有很大影响,但这与他的科学发现的关系,大约同爱因斯坦拉小提琴与探索大爆炸的故事的关系差不多。

霍金生于1942年1月8日,他喜欢对人说,那一天正好是伽利略去世整整300年。他父亲在国立医学研究所研究热带病,鼓励他也走学术道路,第一个目标是上牛津大学。但在霍金决定要学数学时,他父亲可就不鼓励了,而是劝他改变主意,理由是数学家找不到工作。但霍金还是在1959年进了牛津大学学数学和物理。他的同学和老师们都记得他是个优秀的学生,脑子与别人都不同。他轻而易举地通过了所有考试,以最优成绩得到了学士学位,接着到剑桥开始研究宇宙学。

那是在20世纪60年代初,霍金开始同奇点打交道,他的所有重大科学贡献都围绕着这个问题,这个问题也是认识创世时刻的关键。他过去和现在都迷恋于数学奇点的概念,不仅物质而且时间和空间都要么被挤压进这个点而不再存在,要么像在大爆炸的情况那样从这个点里产生出来。标准的相对论方程预言了奇点的存在,但在20世纪60年代初几乎没有谁认真看待这个预言。奇点被认为只是一种暗示,即以物质在时空中均匀分布为前提的最简单形式的爱因斯坦理论不适于描述混乱的超密状态,而对方程式的更好认识可能会是,当坍缩物体向奇点趋近到某种程度时会出现"反弹"而重新膨胀,或者有什么别的效应使坍缩停止而不致形成无限大密度的点。要么这种想法是对的,要么就是爱因斯坦理论本身不完备,在极高密度也就是极强引力场的情况会失效。霍金决定搞清楚这个问题。但还要过好几年这个决定才会产生结果,因为就在他当研究生的第一年即1962年,他的病首次出现了症状并被确诊。他被告知只能再活几年了,于是他变得沮丧、酗酒,研究也停止了。

但几个月后霍金的病情停止发展并稳定下来。他的身体已轻度残疾,但没有变得更糟。同时他首次认识到自己的智力完全没有受疾病影响,而且不管身体怎样都不会受影响,自己的工作又完全是脑力的,不管身体状况怎么恶化都能进行。据像我这样熟不拘礼的朋友所知,从此以后霍金无论在个人生活上还是在工作上都再也没有停止不前。他于1967年结婚,有两个儿子和一个女儿,尽其所能地过正常生活。也是在20世纪60年代后期他的研究工作开始得到了重视。[7]

这个时期霍金的主要成果之一是与当时在伦敦大学工作的数学家彭罗斯(Roger Penrose)合作取得的。他们证明,经典形式(即不考虑量子效应)的广义相对论方程绝对要求在宇宙诞生时有一个奇点,即时间开始的点。在经典广义相对论的框架里无法绕开奇点问题。要在真实宇宙中避免奇点,唯一的希望是改进相对论,即引入量子效应并建立量子引力理论。20世纪70年代,霍金在对黑洞的研究中引入量子效应,得出了惊人的结论,即黑洞能够“蒸发”并且最后还会爆炸。这项工作使他为公众所注目,至少是在科学杂志上。1974年他还只有32岁,就已被选为皇家学会会员。

那时他已经由于病情进一步恶化而被限制在轮椅上了。他对自己身上的肌肉只有非常有限的控制,是倒在而不是坐在轮椅里,通过安在轮椅上的电脑和声音合成系统与别人交流。他所得到的荣誉包括1978年的爱因斯坦奖[8],1980年他成为剑桥大学的卢卡斯数学教授,以前享有这个职位的人中有狄拉克和牛顿。这些荣誉,还有世界各国的大学授给他的一大堆名誉学位,通常都属于这样一些学者,他们已经完成了自己最重要的研究工作,现在坐在舒适的显赫的位置上,充当行政官员和导师。尤其是数学家,很少能在30岁后在新的研究领域取得大成果;我们常听说,新思想是来自不受常规限制的年轻人的头脑。但是霍金的头脑总是那么锐利,他现在提出了一个宇宙模型,试图把广义相对论和量子物理结合在一起,不仅将去掉使人不舒服的创世时刻的奇点,而且原则上能一股脑儿解释一切。也许对他的工作来说残疾真有好处,因为他不能去当什么委员会成员或什么挂名首脑,而只能继续他唯一能做也已经做了20年的工作,就是在脑子里构造对世界的新数学描述。霍金的这个很可能成为他最杰出作品的最新模型,其值得惊讶之处倒不在于是出自一位残疾人,而在于是出自一位已经40岁出头的人,这对一个要取得新突破的数学家来说已是很晚的年龄。即使爱因斯坦在完成广义相对论时也只有30多岁,而此后就再也没有取得什么有重大意义的科学成果。

霍金所提出的模型仍在发展之中,还没有得到像他较早的工作那样的承认。但它击中了存在已久的关于时间、空间和物质起源问题的核心,它也很显然是现有的对创世时刻最完整最有条理的描述。

量子现实

按照广义相对论,在时间的起始即创世时刻必定有一个奇点。但像已有的所有物理理论一样,广义相对论对于比普朗克时间即10^{-43}秒更早的时间是不适用的。虽然稳恒态思想的某个变种,即一个均匀的超宇宙或是某种整体混沌再加上暴胀,也有可能提供一种方式来产生像我们宇宙这样的膨胀着的局部时空区域,但是如果能建立一个数学模型即一组方程式,能对我们的宇宙作出自容的描述,尤其是能避免$t=0$奇点的窘迫,那当然会更令人满意得多。这就是霍金探索我们的起源问题的基本出发点,也是他试图在一个有效的宇宙模型里至少是部分地把广义相对论和量子理论结合起来的基本出发点。[9]

但是,什么形式的量子物理学适宜于描述宇宙整体呢? 要记住量子理论对一个粒子或一个系统如何从状态A到达状态B可是什么都不能告诉我们。对量子物理的正统解释是哥本哈根解释。一个简单的例子将有助于显示其古怪性。

电子有一种属性,被物理学家称作自旋。可以把这种属性想象为一支箭或一根矛,为电子所携带,只能指着两个方向之一,即“上”或者“下”。我们其实完全不必试图用日常词汇来描述这些量子性质,但这又是得到某种真实图像的唯一方式。但无论如何想象,重要的是,一个自旋向上的电子是处在与自旋向下的电子不同的状态。这就是比如说两个电子可以挤在氦原子的最低能级而又不在同一种态的缘故。一个电子自旋向上,另一个自旋向下,共享一个能级,也就是与原子核的距离相同。如果它们的自旋相同,就不能这样相处,因为它们是费米子。

在更复杂的原子里,第三个电子就必须进入较高的能级,也就是离核更远,因为无论那个电子有何种自旋,它都会被最低能级的自旋相同的电子所逐出。但是这个需求及其在化学中的所有应用都不是这里想要讲的故事。现在只设想单独一个电子,停在那里,或者在空中运动,它具有何种自旋?

可以做实验来测量那个电子的自旋,并会总是发现它要么自旋向上,要么自旋向下。但是,量子理论说的却是,当一个电子不受干扰时,它既不是自旋向上,也不是自旋向下,而是处于两种可能性的混合状态,称为态叠加。一个电子“退缩”到一种确定的自旋状态的“真实”情况只存在于它被测量的时候,或者它与另一个粒子相互作用的时候。一旦测量(或相互作用)结束,唯一的自旋态就再次化入态叠加。在这个意义上,事物只是在被观察,或者以某种方式被刺激时才具有唯一的“真实”存在。这种古怪的行为对所有量子性质都是如此,而不仅是自旋;这是量子物理的一个**基本**特征。没有这一点,就不能解释激光如何工作、为什么DNA形成稳定的双螺旋、计算机里半导体片的诀窍,如此等等。这种古怪的行为对真实性的本质意味着什么,物理学家和哲学家已经时断时续地争论了半个世纪。现在,宇宙学家该起作用了。

关于电子(或其他任何粒子)从态叠加退缩的真实意义,有着两种基本认识。传统的认识被称为哥本哈根解释,因为量子理论的大量先驱性工作是在由玻尔(Niels Bohr)创建于哥本哈根的研究所里完成的。事实上,这个解释中的一个关键内容是来自德国,来自玻恩(Max Born)的工作。这就是量子层次上事物的行为是由机会来支配的思想,不是在我们有时想象自己的生活是由机会支配的那种臆想的、侥幸的意义上,而是在电子等粒子的行为服从严格的概率统计规律的意义上,赌场庄家正是充分利用这种规律来保证自己占优。对一个孤立电子而言,这就意味着在测量其自旋态时,有精确的50%的机会发现它自旋向上,也有同样的机会发现它自旋向下。测量100万个电子,或者对同一个电子测量100万次,得到的"回答"将是半数自旋向上、半数自旋向下。但是绝不能事先预言任何一次单独测量的结果,而只能知道各种不同的可能结果的相对概率。当你掷一枚硬币时也是如此。硬币的每一面都有50%的机会朝上(假定硬币是完全均衡的),每次掷时都是这样,即使你只想其中一面朝上。对单独一个电子,即使这次测量其自旋得到答案为"上",下次测量仍只有50%的机会得到相同的答案。只是因为真实生活中的实验都涉及巨大数量的量子实体,它们全都服从概率规律,所以对它们的整体行为才能用统计学来按实用目的作出预言。半数电子自旋向上,半数自旋向下,而比如说一只电视机显像管并不在乎是哪一半向上或向下。量子概率规律起作用的道理与人寿保险公司赚钱颇为相似,那些公司不可能预先知道哪个委托人将以什么方式死去,但却能从保险统计表中知道**多少**人将死去,从而编制预算。

单个电子自旋态的选择只是一个非常简单的例子,而真实的量子系统则是复杂得多的态叠加,由更精巧的概率规律支配。概率本身可以被测量或相互作用改变。例如,量子物理的其他奇怪特征之一是,像电子这样的实体并不限制在一个确定的位置上。它有一定的、能被计算出来的概率在任何地方出现(这与电子二象性的类似波的一面相关)。电子有很大的概率出现在与它刚刚出现过的位置靠近的地方,但又确有尽管是很小的概率出现在完全不同的地方。当真实地测量电子的位置时,这些概率全都退缩成为它在被看到的那个地方的确定性。但一旦停止去看,它就再次有机会在别的什么地方出现。看一个电子就改变了它的概率,也改变了那个实体所在的态叠加。

这听起来很怪。但是哥本哈根解释最奇怪的却是,它能完美地描述我们对量子世界的干涉所将要发生的结果。它是在实用层次上工作的人们采用的工具,它的实用价值一再得到证明。这说明方程式有效,但是谁都一点也不懂这个解释究竟是什么意思,一点也不知道电子等实体当没有人看它们时在“做”什么。这就有了余地使另一个可供选择的解释得以出现,它在所有实际应用上都给出与哥本哈根解释完全一样的“答案”,但却有不同的哲学基础。它产生于美国人埃弗里特(Hugh Everett)在20世纪50年代的工作,并由于下文即将讲明的原因而被称为“多世界解释”。

量子宇宙论

量子理论的多世界版本说的是,当你测量一个电子的自旋时,它不是在你看它时退缩进一个自旋态(由概率定律选择)然后又回复到态叠加。按照这种解释,是世界分裂成两个相分离的现实,在其中一个世界中电子自旋向上,而在另一个中自旋向下。两个世界各行其道,永不再有相互作用。物理学家和数学家仍在争论这究竟是什么意思,尤其是在放大到具有比仅能在两种自旋中选择的电子更复杂的态叠加的系统时。然而,基本的事实是,每当应用于实际问题时,基于多世界解释所作的计算总是给出与哥本哈根解释完全一样的答案。所以对于设计计算机或激光或复杂分子化学的计算,它是一个同样好的工具。但是其中的含意就不仅是有趣了。

一个想法是,每当一个量子系统被迫在可能的状态中选择时,整个宇宙就分裂成两个或更多个自身的复制品。这可使哲学家们陷入了恐惧,他们不愿意接受这样的引申,说是我在地球上的实验室里测量一个电子的自旋,竟会由于整个宇宙一分为二而即刻影响到数百万光年外的星系和类星体。或者是,在一个遥远类星体里每完成一次量子“选择”,都会使你、我和地球上的所有人被复制成数不清的拷贝。(科幻作家当然会喜爱这个主意!)但是有一个办法来抚慰哲学家们。图莱恩大学的蒂普勒(Frank Tipler)等研究者愿意把"分裂"与相互作用中涉及的量子系统或是与作量子测量时使用的实验仪器相关联。蒂普勒说:"只有一个宇宙,但它的小部分(也就是测量仪器)分裂成了几个。"[10]

多世界理论应用于宇宙学的影响是如此惊人,以至于有可能取代哥本哈根解释,正如17世纪时主张地球围绕太阳旋转的对行星运动的哥白尼解释取代了托勒玫地心说一样。它还美妙地完成了本书的主题。基本思想是,将描述宇宙自大爆炸起增长的方程用多世界解释在量子意义上处理。按照这个图像,宇宙在开始时就由于量子过程而分裂成许多不同的分支,所谓"开始时"是指宇宙的"尺度"(早到这个词能有意义)是量子涨落尺度的创世时刻。这些分支有着各不相同的性质,但都是由同一套规则支配的同一个家族的成员。从本书的角度看,最重要的是有具备所有可允许的Ω值的分支。这似乎是这个解释的不利之处,因为它看来是在用未加证明的假定来辩论为什么我们宇宙的Ω如此接近于1的问题。但这个特别的Ω值原来却正是多世界宇宙学的要求。

霍金的宇宙

我们当然可以设想宇宙能由量子力学波函数描述,哪怕是永远也不能指望写下描述整个宇宙的"波函数"的方程式。但由于宇宙按其定义是包含我们所能认知的一切,也包含我们自己,那么就没有人在宇宙之"外"来观测它并导致它退缩到一种可能的量子态。霍金认为,对描述宇宙行为的概率的正确计算途径是采用多世界解释,其中该系统的所有可能波函数的效应原则上能被计算并相加起来,从而得出对该系统以及它如何从状态A到状态B的整体数学描述。

在大多数情况,由这两种途径得出的对量子物理问题的解答是相同的；几乎没有什么物理学家愿意再去为多世界解释烦神，因为他们在成长过程中受的是哥本哈根解释的教育，既已习惯了一种违反常识的思想，就很难再去适应第二种非常识思想。但如霍金曾在好几个场合指出的，多世界解释与所谓“历史求和”的结合是寻求对宇宙的量子描述的唯一途径。“历史求和”确实就是把宇宙所有可能的演化方式加在一起。我们当然连详细计算宇宙的一种“历史”都不可能做到。但我们能为宇宙选择一组起始条件，也就是边界条件，我们（或者说是霍金及其合作者）还能计算简单形式的宇宙的演化，其中只包含一对量子场（一个表示引力，一个表示物质）。希望是这个被霍金称为微超空间的简单模型能够与真实宇宙有足够的相似，从而使他能推导出宇宙演化的主要特征。这个希望看来是能实现的。

霍金选择的宇宙边界条件只有在量子物理与广义相对论结合时才可能出现。广义相对论说，$t=0$时必定有一个奇点。量子力学使从宇宙学中移去$t=0$的奇点有了指望。用物理学语言讲，可以把时间起源设想成是被量子不确定性抹开在10^{-43}秒的时间上，因而并没有一个单一的创世时刻。用一个由广义相对论和量子物理的适当结合来建立的物理模型，就有可能把四维时空作为一个像球面或者地球表面那样的闭合曲面来描述。

以前讲过由三维空间组成并随着时间流逝而膨胀的闭合曲面。但现在必须也这样来考虑时空，而不只是空间。将比拟再作延伸，空间就不是由一个面而是由一条线来代表，可以选取为在代表时空网的球面上的纬度线。于是时间就能由从极点开始沿一条经线的“距离”来代表，比如说如果从北极开始朝赤道移动，代表空间的圆圈（纬度线）就随着“时间”的流逝即向赤道趋近而变大。这样一个宇宙模型是完全自容的。时间或空间都没有边缘，也没有奇点。这是可能描述宇宙的最简单的几何，这也只是因为量子效应改变了相对论规则才能存在的几何，相对论规则本来是要求在时间的起始必定有奇点的。霍金强调，他所提议的这种宇宙状态只是一个提议。他给出的宇宙边界条件是“没有边界”，即没有边缘，没有奇点，时间和空间都无始无终。惊人的是，所有可能的边界条件中最简单的这一种却使他对宇宙作出了完全合理的描述，这个描述与我们在周围看到的别无二致。

霍金用量子物理的历史求和方法来检验这个模型。从原则上讲，就是把适合边界条件的所有可能历史的效应都加起来，也就是把大小有限、没有边界的所有可能宇宙的效应都加起来。但在实际上，他就不得不作许多简化假设，把他的模型宇宙压缩到只有前面提到的两种基本场。但当他这样做并进行路径积分时，他发现绝大多数历史都抵消掉了。只有很少几种可能的历史被增强，因而就有着很高的发生概率。它们组成一个高概率历史族，有几个重要的共性。其一是它们在所有三个空间方向上都一致地膨胀；其二是它们中的每一个都在膨胀到一定尺度后收缩回到极高密度状态，就像我们的宇宙在普朗克时间的状态那样，然后再次膨胀。每次膨胀和收缩的循环都与前一次完全一样。宇宙在这种连续的循环中不会膨胀得更大或更小，而总是膨胀到一样大。更好的是，霍金模型中两种场的相互作用能造成初始的极快膨胀状态，就是暴胀，然后才是物质开始主宰宇宙并使它转变到我们今天在自己宇宙里看到的这种平稳膨胀。

这些允许的宇宙历史中任何一个都可以是对我们宇宙的很好描述，也就是说我们宇宙是一个无边界无奇点的闭合系统，处于膨胀、收缩、再膨胀的永久循环之中。容易理解为什么霍金为他的模型所给出的可能性而兴奋。按照这幅图景，宇宙必定是闭合的，而暴胀又使它接近于平坦，从而解决了以前也由暴胀来解决的那些老问题。但模型还给出了一些奇特的美妙的新结果。在允许的历史族里必定还有其他宇宙，在一定意义上与我们并肩地(在超空间中的隔壁)经历着它们的膨胀和收缩循环。但是我们没有任何办法能知道它们,更不要说同它们联系了。由于量子物理的作用方式,一旦我们作测量或进行实验,我们将得到与一个量子态相一致的结果,这个量子态也就是一个描述“我们的”宇宙及其中包括我们自己在内的一切的波函数。如果别的智慧生物占有另一个量子态,对应着第二个高度可能的宇宙波函数,他们将做出自己的观测并总是得到适合于那个波函数的结果。除了抵消一些波函数和加强其他一些之外,量子态并不相互作用,也就是没有干涉,实验结果总是与方程式的一个或另一个“经典”解一致。

再来看霍金的四维平滑球面宇宙模型。从北极开始不断向外增大的纬度环代表宇宙空间的膨胀,而北极本身就代表大爆炸即创世时刻。但是在极点上没有奇点,我们只是从那里开始量度时间。同样道理,地球的北极是我们开始量度纬度的地方(虽然我们通常是把赤道定义为纬度0度,但同样可以从极点开始量度),这并不表示在极点有奇点。没有比北极更北的地方,但这并不表示在那里有一个空间边界。没有比$t=0$更早的时候,但这并不表示时间从那时开始。创世时刻$t=0$现在只是一个用于量度时间的合适标记。

霍金首次公布这些思想是在1981年梵蒂冈的一次宇宙学会议上。与会的物理学家和数学家受到了教皇的接见,教皇说他们研究宇宙在创生之后的演化是很恰当的,但是时间起始的难题属于宗教而不是科学的范畴,因为那是上帝的工作。[11] 也许教皇的劝告是太得体了,以至于不好向他指出,霍金的宇宙模型已经免去了时间起始的奇点,因而也免去了教皇归功于上帝的工作。或者就是霍金在会议上报告的含意太深刻了,以至于没有被充分领会。

霍金的模型去掉了宇宙“起始”时和“终结”时麻烦的奇点,而且还有重要的哲学意义。尽管细节有待补充,也还大有猜想的余地,他却告诉我们,原则上有可能建立一个单由已知的科学定律就能完整地描述宇宙的数学模型,即使在创世时刻都不需要任何特殊条件。量子物理学是解开宇宙的最后秘密、解释其起始和终结所需要的钥匙。

我们对大爆炸和大爆炸之前直至创始时刻的探索到此结束了。霍金模型展示了把广义相对论和宇宙学结合成为一个大创世理论的前景,并且指出我们已经知道了所有的基本物理定律,而不需要依赖奇迹或是新物理学,就能解释宇宙是从何而来。现在已经可以对"我们从何而来?"的问题作出很好的科学回答,而不必乞求上帝或是宇宙在创生时刻的任何特殊边界条件。

永恒的暴胀

但这仍然不是我的故事的终结。"宇宙"一词通常被认为是指我们能够认知的一切,而霍金的量子主题变奏曲看来是相当好地解释了这样一个宇宙的生与死。但是,理论家还能思索这样的可能性,即我们的时空泡是被包含在更大的"总宇宙"里,那是我们永远不能直接体验或研究的,但却可能存在,存在于时间和空间中的"远处"。

关于这个主题有几个版本。我在这里简单介绍的一个是由林德提出的,在他的书《暴胀与量子宇宙学》(*Inflation and Quantum Cosmology*)里有更详细的描述。他指出,宇宙膨胀,即"虚无空间"的拉伸带着星系相互远离,会有一个异常特征,就是在一定距离之外膨胀会进行得"比光更快"。这并不违反狭义相对论,因为这里的速度并不是任何信号的速度,而只是宇宙的总体膨胀使两个相距遥远的点分离的速率。当然没有任何信号能传播得比光更快。于是,在一个半径足够大的泡里进行的一切就不可能影响相邻的泡。每个泡都凭着自身而存在和膨胀,不是去侵占属于邻居的领地,而是单纯在自己可得的领地范围内增长。林德说:"任何暴胀的区域都能被看作一个分离的超小宇宙,自己膨胀,而与宇宙的其余部分中发生的一切都无关。”

但这仍不是故事的终结。按照量子场论,虚无空间并不是完全虚无,而是充满了各种类型物理场的量子涨落。在膨胀着的总宇宙里超小宇宙之间的空间,这些场的存在会创造出新的暴胀泡。所以,霍金的宇宙可能只是众中之一。用林德的话说:“宇宙……不停息地再造自己,从而永生。一个超小宇宙造出其他多个,这过程无止境地进行,即使有些超小宇宙最后会坍缩。”他的结论是(我更愿意把他的“宇宙”一词换成“总宇宙”):“它的某些部分在不同时间从奇点出现,也可能死于奇点状态。新的部分不断地从时空泡中产生……而(总)宇宙作为整体,演化是没有终结的,而且可能没有起始。”而这才非常确定地是我想要讲述的宇宙生与死故事的终结。

附录　探秘的终结

对我来说，大爆炸探秘最后结束的时刻是在1997年春天来临的，那时我所参与的一个小组在用一种极为简单的技术，并结合来自哈勃空间望远镜的最新数据，来测量宇宙的年龄。按我个人的标准，这项工作解答了从我作为萨塞克斯大学的天文学硕士研究生与之遭遇以来已困扰我30年的难题；而按更高的标准，与对最古老恒星年龄估计的改进相结合，以由伊巴谷(Hipparcos)卫星得到的数据为依据，我们估计出的宇宙年龄令人欣慰地大于最古老恒星的年龄，从而对大爆炸的故事给出了最终的具体描述。

自1967年以来困扰我的难题回溯到哈勃于20世纪20年代末对宇宙膨胀的发现，以及哈勃常数(或哈勃参数)与距离尺度、宇宙年龄之间的关系。哈勃和赫马森的早期工作给出，哈勃参数的值大约是每秒每兆秒差距500千米。所以一个红移为500千米/秒的星系是在1兆秒差距(325万光年)的距离处，如此等等。那么，如果知道(或者认为知道)一个星系有多远，并且能测量它在天空中的角大小，就很容易得出它的真实大小，即线度。一个星系的距离越远，它在天空中看上去就越小，正如你伸出手臂时拇指大得足以遮盖月亮，而月亮其实比拇指大得多，但却是在将近40万千米的距离处。月亮的直径是将近3500千米，却能在日食时完全遮住直径为140万千米的太阳，那是因为太阳与我们的距离要比月亮远1.5亿千米。

两个办法都有效。如果知道一个天体的真实大小，就能由它的视角大小得出它的距离(正如测量员用经纬仪测出标准长度标杆的角大小，就能得出标杆是在多远处一样）。或者，如果知道一个天体的真实距离，就能由它的视角大小得出它的真实线度。

疑难在于，按照高达500千米/(秒·兆秒差距)的哈勃参数值，哈勃及其同事所研究的星系就必须是相当靠近我们。与月亮在天空中看上去是与太阳同样大小，但其实比太阳小得多、离我们也近得多的道理一样，这就意味着其他星系要比我们生活于其中的银河系小得多。

必须说明，这在20世纪30年代初时并不是什么荒谬可笑的想法。在那时之前仅仅10年，许多“星云”才被确认为其实是银河系之外的星系。而且没有人能够除了含糊猜测外还知道，如果从银河系之外来看它会是个什么样子。在1930年时确实被认为有这样的可能性，即银河系是宇宙中仅有的真正巨大的恒星系统，而其他星系只是小得多的系统。只是随着天文学家能够逐渐描绘出银河系的结构（确定的结果是在20世纪50年代运用射电天文技术获得），发现它是一个旋涡星系，其整体图像与哈勃及其后继者所研究的许多旋涡星系明显地相似，我们碰巧是生活在最大星系里的想法才开始显得有点古怪。但是，至少有一个人在很早时候就清晰地看出了这个疑难，那就是伟大的天体物理学家爱丁顿，他在1933年作出的评论有着惊人的先见之明：

> “按照现有的测量，旋涡星云虽然在总体特征上与我们银河系相似，却明显地比较小。已经有这样的说法，即如果旋涡星云是岛屿，我们自己的星系就是大陆……坦率地说，我对此并不相信，那是太过分的巧合。我认为，银河系与其他星系的关系是今后的观测研究将给予更多关注的课题，而且我们终将发现有许多星系的大小等于或超过我们银河系。”[1]

爱丁顿所用的推理类似于现在所知的、由维连金于1995年起名的地球平庸原理。其意是，我们是生活在宇宙的一个普通部分的一个普通星系里、围绕着一颗普通恒星的一颗普通行星上。换句话说，假如你随机地落在宇宙中任何一个旋涡星系上，你看到的景象将与地球上看到的几乎完全一样。

1933年时的情况并不像爱丁顿的话听起来那样明确，因为如果银河系是宇宙中最大的星系，而你偶然地是在宇宙中某处的一颗恒星附近，你会更可能是在银河系里，而不是在任何别的星系里。由地球平庸原理引起的争论其实就是，银河系要么绝对主宰，要么绝对平常。

由哈勃自己得出的大哈勃参数值疑难的另一方面，当然是这个值意味着宇宙非常年轻。如果宇宙已经膨胀得非常快，它就不会用很长的时间来达到现在的尺度。但是500千米/(秒·兆秒差距)的哈勃参数所指示的宇宙年龄只有二三十亿年，比由地质学研究所推断的地球年龄还要小得多。正因为如此，巴德在20世纪50年代初对宇宙距离标尺的修正导致了大为减小的哈勃参数值和相应的较大宇宙年龄，才使天文学家深感欣慰。

然而，即使按照修正的距离标尺，宇宙学家仍很难设想远低于100千米/(秒·兆秒差距)的哈勃参数值。确定这个参数是极其困难的。测量红移很容易，而测量与其他星系的距离并从而校准红移-距离关系就难得多。唯一真正可靠的途径是研究遥远星系里造父变星的行为。不幸的是，地面望远镜不能胜任此项工作，从哈勃自己的年代直到20世纪90年代，其他星系的距离不得不基于对星系亮度和尺度的猜测，由种种次级技术来推断。到20世纪60年代中期，通常单位下80—100范围内的哈勃参数值被广泛接受。

当我在通往天文学职业的道路上出发时受到困扰的正是，银河系仍然被认为是一个大得异乎寻常的旋涡星系。的确，许多天文学家(和教科书)都乐意把银河系称为“巨旋涡”(或别的类似词语[2])，却不怎么考虑其含意。那时已经清楚银河系并不是大到可称为岛屿中的大陆，但为什么我们正巧生活在最大的旋涡星系里呢？如果真的猜想我们的星系确切地就是一个普通的旋涡星系，那就能完全改变整个论证并得出所需要的哈勃参数值，从而把所有其他星系都安置到正确的距离上，因为它们有着与银河系一样的平均尺度。记住，哈勃参数值越小，其他星系就必定越远，因而就必定实际上越大，才能有在天空中看上去那么大。由众所周知的简单计算，对应于银河系是普通旋涡星系的答案是大约50；而如果哈勃参数值是这么大，那么所有其他的旋涡星系的距离就是哈勃在1930年所认为的10倍，也是他所推测的10倍，于是它们的平均尺度就与银河系大致一样。

这个想法在1967年时即使对一个理科硕士生来说都显而易见，但那时却没有办法验证。在此后的20年里，发展出了有关宇宙距离尺度的两个学派。以沃库勒尔为首的一个研究组赞成80以上的哈勃参数值，以及相应的短宇宙距离尺度和相应的小星系（虽然未被强调）。而桑德奇在其中占有显著地位的另一个组则主张60或更小的值和长宇宙尺度，意味着较大的星系尺度。两个小组做了完全一样的观测，却得出不同的而且是不相容的结论，从这一事实也可在一定程度上看出这类工作是何等困难。

除了地球平庸原理外，较高的哈勃参数值的依据总是显得较不牢靠（在我看来），因为它与最古老恒星的年龄相抵触。记住，宇宙膨胀得越快（哈勃参数值越大），它从大爆炸起达到现在尺度所用的时间就越少。按照最简单的宇宙学模型，80千米/(秒·兆秒差距)的哈勃参数值会使宇宙年龄只有90亿或100亿年；而天体物理学家估计的银河系中最古老恒星的年龄是140亿或150亿年。这与哈勃在得出宇宙年龄比地球年龄还短时所面临的是同样的窘境。但是这还不是有利于长距离尺度的确定性论证，因为即使是小到60千米/(秒·兆秒差距)的哈勃参数值也只对应着大约120亿年的宇宙年龄，而这仍然与估计的最古老恒星年龄不符。

我总觉得,或许是由于已经从甚至更大的哈勃参数值出发并流传了数十年的惯性,大多数天文学家偏爱短距离尺度和大哈勃参数值,而不顾恒星年龄问题上的困难;每当我试图使人相信我们生活在一个代表性星系里的想法将导致长距离尺度和小哈勃参数值时,我的话都不被认真看待(桑德奇阵营的人除外,但那是由于唠叨的劝诫而转变)。当然,我不受重视的另一个原因是,我在1971年停止了天文学研究,变成了一个全职的科普作家。尽管在我的书《宇宙指南》(*Companion to the Cosmos*)(韦登费尔德和尼科尔森出版社1996年出版)里,我曾以一个作家的身份仔细地给出哈勃参数值为55千米/(秒·兆秒差距)的最好估算,主要的(未声明的)依据是我相信银河系是一个普通的旋涡星系。这可是有点肆无忌惮,因为就在我正写这本书的时候出现了有利于短距离尺度的明显倾向,那是由于哈勃空间望远镜(HST)的早期观测,该望远镜于1990年升空,但只是在1993年12月的修补之后才投入使用。然而情况很快就变化了。

称为哈勃重点项目的HST的主要目标之一,曾经是并且现在仍然是用造父变星方法来测量其他星系的距离,从而由它们的距离和红移来得出对哈勃参数值和宇宙年龄的直接量度。使那些像我一样有信心地预期长距离尺度将被证实的人惊愕的是,HST对室女座星系团里一个星系得出的最初结果却显示哈勃参数必定很大,在80以上。现在知道这个结果是错误的,因为那个选来研究的星系碰巧有着由该星系团里其他星系的引力而导致的很大无规则速度,以至于所测量的红移远非单纯宇宙学的。但是紧随着由HST早期结果的发布所激起的争论之后,我再一次试图说服人们相信当时正变得知名的地球平庸原理的重要性。而这次有人听了。

到了1996年,在我日常写作的同时,我还很幸运地被聘为萨塞克斯大学的天文学访问学者。我仍然享有的这个职位纯粹是名誉性的，没有工资也没有责任，但能让我得到一些计算机使用时间，并能接触全职的研究者。当我再次开始重谈银河系尺度关乎宇宙年龄的老调时，研究者中的两位，古德温(Simon Goodwin)和亨德里(Martin Hendry)，认真地对待了。他们指出，无须再去猜想银河系只是一个平常的旋涡星系，哈勃重点项目已经有(那是1996年夏天)足够的对近邻星系中造父变星的测量来检验地球平庸原理。

古德温只用了一个下午就从网络上获取了HST的数据，从而得出了17个旋涡星系的距离。这个数字使整个问题明朗了——在哈勃的先驱性工作60多年之后，即使有了HST，我们仍只由造父变星方法得出仅仅17个旋涡星系的距离，但这也够了。知道了这些星系的距离，仅用一会儿工夫就能算出它们的真实线直径，再取平均。这一结果会令爱丁顿欣喜。银河系的直径是27千秒差距(差不多是9万光年)，稍小于我们的旋涡星系样本的平均值28.3千秒差距。

下一步是看一个更大的旋涡星系样本，即那些远得连HST也不能观测其中的单颗造父变星，但仍近得能在望远镜中给出足够大的像来测量其角直径的星系。我们这个阶段的研究被推迟了，因为我们团组中的统计专家亨德里去了格拉斯哥大学，但是等待是值得的。我们高兴地发现，在一个于1991年编制并像HST数据一样可以在网上得到的星系表里，有3000个以上的旋涡星系有着已知的红移和角直径。这些星系的角尺度(因而其真实线尺度)的分布服从经典的高斯分布(即著名的“钟形曲线”)，这表明它们的直径是围绕着平均值随机分布的。一组精细的统计检验显示，近邻星系样本和遥远星系样本都有着同样的高斯行为，因而这两者的相互比较是有意义的。

知道了天空中星系的红移和角直径，要使遥远样本的钟形曲线的平均值与已很好地确定造父变星距离的近邻星系样本的平均值相一致,必须做的就只是选择一个哈勃参数值。恰当的值是52千米/(秒·兆秒差距),统计学的误差范围是±6千米/(秒·兆秒差距),也就是说哈勃参数值是在46到58之间。

这个明确结果的特别可喜之处是,它是来自一个概念上如此简单的方法,正是巡天观测中的标准方法,但数据是来自迄今已有的最精巧的天文设备之一,即哈勃空间望远镜。爱丁顿在1933年看到了这场争论的巨大影响,而我是在1967年看到。但在HST已运行足够长久因而能提供近邻旋涡星系的造父变星距离之前,没有人能够真正付诸检验。我们只需要17个这样的距离,但没有HST却无法得到。

采用最简单的爱因斯坦-德西特宇宙模型以及使时空平坦($\Omega = 1$)所需的临界物质密度,这个哈勃参数值对应着宇宙自大爆炸以来120亿—130亿年的年龄。这与暴胀理论的最简单版本所要求的类似,那些版本曾由于认为哈勃参数可能大于70的其他意见而显得遇到了困难。而我们的结果与简单的暴胀模型完全一致。

尽管如此,我们这样得出的宇宙年龄仍然与估计的最老恒星年龄相抵触。但就在我们进行这项工作的时候,另一架太空轨道望远镜"伊巴谷"有了新的观测结果。伊巴谷用三角方法测量恒星的距离,与地面观测相比的优势是其照片不会被地球大气的遮掩弄得模糊。这对于把恒星的准确位置定位到前所未有的精度有着关键性作用。伊巴谷发现(1997年发布的结果),那些关键的年龄估计所依据的恒星比以前所认为的更远一点。

天文学家计算恒星年龄的方法是,将现在看到的恒星外观与由恒星活动的计算机模型得出的同样尺度恒星的外观相比较。计算的关键成分之一是恒星的亮度,越是大的恒星燃烧得越明亮,燃料消耗得也越快。天空中恒星的亮度取决于它真实的、固有的亮度和距离;距离越远,就必须要越明亮,才能在地球上被看到。由于这些恒星比原来所认为的更远，它们就必定比原来所认为的更明亮、更大。而更大、更亮的恒星走过其生命循环会更快。所以，与以前的计算结果相比，它们达到生命循环中现在所处状态所需的时间就会较短。伊巴谷研究的结论是，银河系中最古老恒星的年龄应该只有120亿年。

两方面工作美妙地相吻合。如果所有近邻旋涡星系（不只是银河系）的平均尺度与所有能看到的旋涡星系的平均尺度是一样的，那么宇宙的年龄至少是130亿年（最简单的爱因斯坦-德西特模型以外的任何更精细的宇宙模型都会使所估计的年龄增大）。而最古老恒星的年龄是120亿年，所以第一代恒星可以在大爆炸之后的大约10亿年中形成。这表明大爆炸确实发生过。

注释

第一章

1. 还有一条热力学“第零”定律,那是后代学者的马后炮,是关于温度的定义;但对本书而言,可以轻松地按日常理解,把温度作为冷热的量度。热力学第三定律说的是物质不可能冷却到终极低温即绝对零度(稍低于-273℃)。总之,这些细节在此并不重要。热力学的4条定律中,只有第二条对于理解宇宙演化是重要的。

2. 对数理物理学家来说,信息或者秩序是用负的熵来描述的,称为“负熵”。

3. 有这样一个惯例,首字母大写的Universe是指能看到的恒星和星系的真实世界,而首字母小写的universe则是指理论家的某一个多少是纯思辨的理念。本书将遵守这个惯例。类似地,大写的Galaxy是指我们的银河系,而小写的galaxy则是指真实宇宙中某个地方的某个星系。

4. 和5. 两段引文都取自普利高津和斯腾格斯(Isabelle Stengers)的《出自混沌的秩序》(*Order out of Chaos*)之第254页。原文出自玻尔兹曼的《气体理论教程》(*Lectures on Gas Theory*),加利福尼亚大学出版社1964年重印。

6. 关于量子革命的完整故事,见我的书《薛定谔猫探秘》(*In Search of Schrödinger's Cat*)。

7. 即使是原子,按照量子物理的标准还是相对地大,因而在这个层次上量子不确定性的效应仍还很小。但是同样的论证也适用于电子和质子的更深层次,所以论证是完全正确的。而且,即使是对完美的最小偏离当然仍是不完美。

第二章

1.《星云世界》(*The Realm of the Nebulae*), pp. 23 & 24。文中提及的该书的细节在参考文献中给出。

第三章

1. 更准确的值是31角分。

2. 如果一个人看到月亮在头顶上,另一个人在同一时刻看到它在地平线上,这两人视线之间的视差移动就是57角分,差不多是月亮角直径的两倍,而相应的三角形的基线就等于地球的半径,于是就可以得出月亮的距离。

3. 按波长减小的次序排列的颜色是红、橙、黄、绿、蓝、靛、紫。

4. 这种星团里的恒星在望远镜里看去紧紧挤在一起,与星团以外的恒星相比它们也的确相互很靠近,但是它们之间仍有相当大的空间。在这种星团密集的核心区,恒星之间的平均距离大约是太阳附近恒星之间距离的1/10。

5. 并不出人意料的是,加利福尼亚州的这两个大天文台之间曾在许多年里有过激烈的、有时带点痛苦的竞争,利克天文台属于加州大学,而威尔逊山天文台属于卡内基研究院,后来属于加州理工学院。当然,现在双方早已和解。

6. 颇有点令人啼笑皆非的是,虽然柯蒂斯对仙女座星系距离的认识是对的,但他对银河系的观点却几乎全错了,他认为太阳是在银河系的中心,他也大大低估了银河系的尺度。1920年所能得到的关于宇宙的最好图像应该是把沙普利的一半和柯蒂斯的一半拼起来。

7. 这项工程的副产品也对美国乃至全世界的天文学起了重要作用:负责制作200英寸(5.08米)反射镜的纽约科宁玻璃公司,决定先做一系列较小的镜子来逐步提高技术,那些小镜子都没有浪费,两块61英寸(1.55米)的到了哈佛的沙普利那里,一块76英寸(1.93米)的到了多伦多,一块82英寸(2.08米)的到了得克萨斯州的麦克唐纳天文台,一块98英寸(2.45米)的到了密歇根大学天文台,还有一块120英寸(3.05米)的到了利克天文台。

8. 这个值是哈勃自己认为的,现在已被修正得大了许多,但你仍可从中品出他快马加鞭的滋味。

第四章

1. 这方面还有后续的故事,20世纪80年代的新突破使天文摄影家能得到天体最好的像和最好的光谱。马林(David Malin)和墨丁(Paul Murdin)在他们的书《恒星的颜色》(*Colours of the Stars*)中介绍了许多这方面的技术并展示了他们拍摄的大量照片,该书由剑桥大学出版社于1984年出版。

2. 曾被席阿玛(Dennis Sciama)引用,未说明出处,见*Modern Cosmology*, p. 43。

3. 当然这是有缘故的,我在这里的讽刺并不真的是对理论家作出的公平评判。他们正确地认为那些早期的、简单的宇宙模型只是尝试性的,因为那些模型显然没有精密到足以说明所观测到的宇宙的复杂性。经过了几十年时间才得以逐渐看出,为什么那些看似儿童玩具的模型能对宇宙的本质作出合理的揭示。相信这些简单模型的理由现在已变得高度复杂,但是一个重要的基本事实仍然是,宇宙所遵循的规则竟是如此简单,以至于理论家起初认为那些规则不可能是对真实情况的恰当描述。

4. 例如,见霍夫曼(Banesh Hoffman)著《爱因斯坦》(*Albert Einstein*)。

5. 见我的《薛定谔猫探秘》一书中关于量子物理学由来的故事;我还在《时间边界探秘》(*In Search of the Edge of Time*)一书中更详细地介绍了相对论的一些非宇宙学应用。

6. 仙女座星系光的蓝移表明该星系在以很大的速度朝向我们运动,但它的光相对于我们的速度仍然只是c。

7. 即使某一个河外星系里的一颗行星上有智慧生物，而该星系又在以1/3光速离开我们，那么不仅它们测量从自己星系发出的光的速度是c，我们测量那些光到达时的速度也是c，而不是$(2/3)c$。这一切对今天的科学研究仍然不无教益。如麦克雷在评论这一章时所指出的，牛顿的思想在那些从未接触过数理物理学的人看来也会是奇怪而违反“常识”的。牛顿发明了数理物理学，这在他那个时代是革命性的。爱因斯坦发挥了牛顿提出的基本思想，但所用的也是牛顿发明的技巧。所以牛顿或许是更伟大的创新者。那么教益是什么呢？不要把任何东西看成是“常识”或“显然的”，而是要用开放的头脑，不带任何先入之见地去探讨一切，这才是爱因斯坦所做的，这才是爱因斯坦的成就背后的天才。

8. 其实不一定要恒力，为简单起见暂且如此。

9. 这里区分速度的效应和加速度的效应是很重要的。如果想象中的空中实验室以一个恒定速度运动，任何从室内一端横贯到另一端的物体也就具有那个速度，实验室和该物体就会在该速度方向有同样的位移。正是加速度，即速度的改变，使实验室在光束穿越时有一个额外的位移。但在下落的电梯里，光束也受到引力作用因而也被加速，所以恰当的理想实验场所其实应该是被某种外力(比如说火箭)推动而不是在引力作用下下落的空中实验室。

10. 麦克雷说他怀疑爱因斯坦真的是从等效原理出发来导出他的理论体系。他猜想那只是爱因斯坦在得出他的体系后所采用的一种方便的阐述方式。但是，麦克雷又说他的大多数同事不会同意他的这种说法，所以我在这里还是采用故事的传统版本。

11. 当然又是刊登于《物理学年鉴》(*Annalen der Physik*，第49卷第769页)上，题为《广义相对论的基础》(*The Foundation of the General Theory of Relativity*)，被公认为是爱因斯坦一生中最重要的论文。

12. 这个故事有几种版本，侧重点稍有不同，但讲的是同样的一连串事件，我采用的是钱德拉塞卡(S. Chandrasekhar)《爱丁顿》(*Eddington*)一书中的叙述，该书也是本书对爱丁顿的直接和有关引文的出处。

13. 继1919年的两队观测之后，利克天文台的队伍到澳大利亚西部的沃勒尔观测了1922年的日食，作了对爱因斯坦的光线弯曲效应的第三次测量并给出了广义相对论所预言的结果。这个消息在1923年4月的皇家天文学会会议上宣布时，爱丁顿又先搬出卡罗尔，说了一番很显其个性的话：“我记得《狩猎蛇鲨》(The Hunting of the Snark)里的贝尔曼制定了一条规则：‘我说三次，就是对的’，现在那些恒星已经分别对三个观测队说了三次，所以我相信是对的。”

14. 麦克雷为我所编辑的《今日宇宙学》(*Cosmology Today*)一书提供的文章，对广义相对论作了很好而又易读的解说。若没有他评阅本章的话我是不敢冒险在这里讲述广义相对论的，他说我的讲述是“相当能自圆其说的”，我想这就是说还行，如果不全符合他自己来讲这个故事时所会采用的方式的话。

15. 引自麦克雷，在前引文中。

16. 米尔恩和麦克雷所提出的“牛顿宇宙论”不能妥善处理边界问题，因为它不允许时空弯曲,它也就不能真正对我们的宇宙或任何宇宙作出适当的描述。所以在任何实际意义上,都不能说它是相对论宇宙学的竞争对手,不过它还是有其用处。

第五章

1. 引自诺思书中第73页。他在死后才发表的作品《精确科学的常识》(*Common Sense of the Exact Sciences*)中更进了一步,猜想空间可以在所有方向上同等地弯曲,但"弯曲程度可以整体地随时间变化",这是相对论宇宙论的膨胀宇宙模型的非凡先声。见哈里森《宇宙学》(*Cosmology*)155页。

2. *The Measure of the Universe* (London: Oxford University Press, 1965).

3. 这两句话已被广泛引用并且一般都认为是爱丁顿说的。尽管也有可能这话是他从别人那里借用的,但颇像他的口气,也的确出现在他1932年的一篇文章里。此文刊于*Proceedings of the Physical Society* (Vol. 44, p. 6)。

4. *Eddington*, p. 38.

5. 两篇论文分别于1922和1924年发表在德国的《物理学期刊》(*Zeitschrift für Physik*)上。

6. 爱因斯坦-德西特模型是弗里德曼方程的一个特殊的、非常简单的解。

7. 见伽莫夫的自传《我的世界线》(*My World Line*, New York: Viking Press, 1970)。

8. 勒梅特的原始论文刊登于布鲁塞尔科学学会的《年鉴》第47A卷第49页。爱丁顿对其热情支持,自己先对该论文作了一个评介,写入一篇文章于1930年在《皇家天文学会月刊》第90卷第668页发表,然后又将其译成英文发表于1931年(第91卷第483页)。

9. P. J. E. Peebles, *Modern Cosmology* (Princeton, N. J.: Princeton University Press, 1971), p. 8。

10. 最好是从任何两个遥远星系的分离,而不是从星系"离开我们"的退行来考虑问题。我们的红移测量只能在地球上进行,而且确实显示出星系在离开我们退行,但这是一种误解。我们不是在什么特殊的位置上,不是在宇宙的什么推斥中心。只是由于整个时空网在膨胀,宇宙中的任何观测者都看到同样的情形。想想一个完全光滑并画有一些小点子的泡泡,当泡泡膨胀时,每一个点都离其他任何一个点越来越远,从任何一个点看去都显得是所有其他点子正在离开它。爱因斯坦在他1917年的宇宙学论文里提出了一个基本假定,就是宇宙没有一种平均性质来定义其中的一个特殊位置或是特殊方向。这被称为宇宙学原理,它实际上是说我们生活在宇宙的一个普通区域,我们所看到的与在宇宙中任何其他地方看到的,平均说来都完全一样。当然,爱因斯坦从这个基本假定出发,也许只是因为能得出他认为是最简单的模型,而他也想要自己的方程给出简单的模型,至少开始时是这样。随着逐渐地认识到宇宙确乎符合这种最简单的可能描述,宇宙学原理也被提到了今天这种高贵的地位。

时空的均匀膨胀(或均匀收缩,这在数学上是前者的镜像对称)是宇宙唯一的能符合宇宙学原理的动力学形变,这一点惊人地预示着爱因斯坦的假定(或猜想)是说中了宇宙的某种基本特征,特别要记住他提出这个原理时根本不知道什么宇宙膨胀。假如他的思路转到这个方向上,他仅凭宇宙学原理就能预言,如果天文学家有朝一日发现了宇宙中的大尺度运动,他们所发现的就要么是均匀膨胀,要么是均匀收缩,而没有其他可能性。他的方程式也的确作出了这种预言,但他却用宇宙学常数来阻止了。

宇宙学原理与马赫原理有密切的哲学关联。后来对宇宙中物质分布和大尺度运动的观测提供了支持这一点的有力而详细的证据,但这属于那种不可能被确切证明为正确的事情。然而,如果宇宙是构造得在不同观测者看来大不相同,那么宇宙学研究也就根本没有多大意义了,因为那就不可能从我们在自己这个小角落里做的观测推导出关于宇宙整体的任何东西。实实在在地说,没有宇宙学原理,就没有宇宙学。

11. 对时间尺度困难的最好的,也是哲学上和美学上最合意的解决方案,是20世纪40年代末由邦迪、戈尔德和霍伊尔三人提议的。他们想出了一个膨胀着的稳恒态宇宙,其中新物质被不断地创造出来,以填补随着时间流逝和宇宙增大而在原有星系之间留下的空隙。这个模型惊人的简单性对许多数学宇宙学家有吸引力,而许多观测天文学家则觉得至少是给他们提供了一个射击的靶子,无论他们是否喜欢模型背后的哲学,也无论他们是否在意它“对”或“错”。他们所能进行的唯一确定的宇宙学检验,是看看是否有任何观测会使该模型无效。(要使大爆炸的思想无效当然就难得多,因为几乎任何东西,包括那种长时间的静态行为,都能与某种大爆炸模型相容!)于是稳恒态模型激发了20年的研究,它给了观测家可检验的预言,也建议了可以在稳恒态和大爆炸二模型间作判决的观测。通过激发观测家加倍努力,稳恒态模型无疑加快了宇宙学研究的进度。对那些和我一样仍然觉得该模型背后的哲学有吸引力的人来说,不幸的是它被弃诸路旁,因为有不断增加的证据表明确实有过大爆炸。但是,尽管它可能是一个不正确的设想,它却肯定是一个好的设想,因为它能被检验并且促进了科学认识的发展。

12. 有点嘲讽意味的是,爱因斯坦放弃他的宇宙学常数主要是由于勒梅特工作的结果,而勒梅特却又保留宇宙学常数以得到他认为满意的模型!

13. 20世纪50年代以来,对宇宙的探测不仅是用光学望远镜,还有射电望远镜,以及较晚的送到地球大气以外的X射线探测器和其他装置。射电观测对确定宇宙是在演化起了重要作用,但是射电天文学的详细历史已超出本书的范围。

14. 这些关于球型和双曲型空间的讲述可能会使你想知道是否还有别的可能性,比如说椭球型。不能这样类推,现在最好还是集中于双曲型(开放)和球型(闭合)这两类模型的区分。但是宇宙学家的确有时也尝试一下拓扑结构稍有不同的空间,他们称为椭球型空间。这种空间有一些有趣的性质。它的体积只是有相同“半径”的球型空间的一半。这是因为,在球型空间里每一点都有对应的对跖点(就像地球上的南极和北极),而在椭球型空间里相对于一个选定点的最远“点”却可以是在空间某一区域的任何地方,这就像赤道上所有的点与北极都有相同距离一样。但即使我们生活于其中的时空是这种椭球型的(并没有这样的证据),也并不影响为什么它在膨胀和它怎样诞生于大爆炸这个难题。

15. 我们宇宙的结局取何种选择并有什么微调,这是一个重要的话题,但超出了本书范围。也许值得在这里提一下的是,由引力闭合的宇宙就等价于一个黑洞。实际上,它就是一个黑洞,或者换句话说,在20世纪70年代和80年代强烈地吸引着公众的想象力的黑洞,那些完全由爱因斯坦方程描述的被引力闭合的时空区域,的确就是袖珍宇宙。

16. 我的书《薛定谔猫探秘》对粒子物理所有这些先驱性工作作了完整叙述。这里讲的只是一个梗概,但我希望能说明物理学和宇宙学是怎样并肩发展的。

17. 关于原子层次化学的更完整叙述可以在我的书《双螺旋探秘》中找到。

18. 正如踢球时给球足够多的能量就能够使它滚到坡的高处一样,在聚变过程中加进能量也有可能造出很重的元素。同样,正如球在没人碰它时能停在半山坡上一样,许多原子核即使严格说来是处在比铁56更高的能量状态,也相当稳定。这一切对认识元素原先是怎样形成的很重要,那是下一章的主题。

19. 半衰期是一个样本中有半数粒子衰变掉的时间。如果开始时是100个中子,那么13分钟后就剩50个,26分钟后剩25个,39分钟后还有一打,依此类推。这是一种统计行为,其中单个粒子的命运是不可预测的,也就是无法预测原有中子中的哪一个将在头13分钟内或在任何一个这样的后继时段内衰变,但粒子数当然必定远多于100,而大群粒子的整体行为是完全可以预测的。这是量子物理学最引人注目的特征之一,它也适用于所有放射性衰变及其他过程,并不只是中子衰变。

20. 那么这浓汤又从何而来呢? 在20世纪40年代(甚至在50年代、60年代和70年代),这个问题是无法回答的。伽莫夫绕开了这个难题,办法是援引某一个弗里德曼模型,即宇宙从稀薄状态开始,收缩成稠厚的“汤”,然后再膨胀。但是现在有了走出困境的其他方案。

21. 那个把铁56放在谷底的光滑峡谷当然是过于简化了。要进一步比拟,氦4核就是在峡谷一侧的一个坑里,把它赶出来可不容易;而含8个粒子的核就可以想象成是在峡谷一侧一个很尖的小山包的顶上,稍受扰动就跌落下来。

22. *The Creation of the Universe*, p. 65.

23. 开氏温标中的零度,若取最接近的整数是-273摄氏度。所有粒子在绝对零度都处于最低能级,称作零点态,没有任何东西能有比这更低的温度。

24. Andre Deutsch edition, pp. 131-132.

第六章

1. 可以用弹簧作类比而使这一点更形象化。假如你想把太阳再分开成稀云,你就必须做功来克服引力而使每个粒子都离质量中心更远。稀疏状态的粒子就把你做的功以引力势能的形式储存起来,而这正是这块云收缩时以热的形式释放的能量。

2. 开尔文–亥姆霍兹时标的一个含义是,太阳对其内部产热过程的任何猛烈变化要用大约1000万年时间来作出调整。如果这种产热过程,且不管它具体是怎样产生的,突然停止了,地球上将要过好几百万年才能注意到这种变化,因为渐进的引力收缩会使太阳保持高温。这或许能使人对那些反常的时期感到一点安慰。

3. 在太阳这样的恒星内部,原材料全是氢核即质子。其半数会转变成中子,每个质子转变时都放出一个正电子以带走多余的电荷。正电子是电子的带正电荷的对应物,正电子与电子相遇时会湮灭,它们的全部质量都转变成能量。这就使得定量计算稍有不同也略微复杂一点,但结果仍是,每次制造一个氦核都有约0.7%的初始质量转变成能量。

4. 与他同时即1938年,另一位德国物理学家冯·魏茨泽克(Carl von Weizsäcker)也提出了同样的保持太阳高温的基本机制。像贝特一样,冯·魏茨泽克也在20世纪40年代研究了制造原子弹的问题,但他是在德国工作,这就可以解释为什么他没有在1967年与贝特分享诺贝尔奖,尽管据说他曾有意不让自己小组的工作为纳粹提供核武器。

5. 更准确地说,在1938—1939年提出的只是循环的CN部分;氧的作用较小,改名为CNO循环是后来的事。实际上这是两种循环,分别是CN和NO,一些有修辞癖的天文学家就将其另名为CNO"双循环"。

6. 第55卷第434页。

7. 重印于*Science*, Vol. 226, p. 922。

8. *Monthly Notices of the Royal Astronomical Society*, Vol. 106, p. 343。

9. 第29卷第547页。加拿大出生的美国天体物理学家卡梅伦(Alastair Cameron)独立地得出了类似的结果,并于1957年发表于*Publications of the Astronomical Society of the Pacific*, Vol. 69, p. 201。如果说这样在注释中提及对卡梅伦有失公正,要记住毕竟是霍伊尔给出了福勒在其诺贝尔奖演讲中所称的"恒星中元素合成的主要概念",而且是福勒小组做了反应速率的实验室研究。历史给予B^2FH以高位也许是对的,尽管有人会认为伯比奇夫妇很幸运,在正确的时候和正确的地方参加了福勒和霍伊尔的工作。

10. 福勒和霍伊尔在学术上几乎是不可分离的。福勒于1995年逝世,一生中发表了200—300篇论文,其中不少于25篇即约10%也有霍伊尔的名字。诺贝尔奖委员会所做的最糟糕错事之一,的确就是没有看到应该在1983年把这两个名字保持在一起才合适。而且,除了对福勒的所有正当尊重外,如果委员会能有所清醒而仅仅提及该小组的哪怕是一名成员,那也无疑应该是霍伊尔。

11. 两位非常杰出的大学者进入了这个故事,他们曾担任我博士学位答辩的考官,那就是福勒和麦克雷。剑桥的规则是,不允许口试考官告诉学生这个决定性的最后面试是否成功,结果必须等待校方的正式书面证实。但是考官通常都能有办法来使紧张的学生放心。那是个炎热的夏日,在我拼命回想能记得的那么一点点过去三年所做的工作之后,麦克雷、福勒和我走出了那间小小的、使我难受的房间,和一群人一起喝茶。福勒的领带歪着,衬衣最上的纽扣解开了,上衣搭在肩上。在他擦额头上汗水的时候,一位名叫科尔格特(Stirling Colegate)的同事乐呵呵地问他:"嘿,维尔,他赢了吗?"回答是:"不许我告诉你。"科尔格特又慢吞吞地说:"好啦,看来肯定是你输了!"

12. *Physics Bulletin*, Vol. 35, p. 17。麦克雷肯定知道他在说什么。他同霍伊尔一样也是稳恒态模型的创立者之一,而且作为一名深刻地思考科学研究本质的优秀学者,他仍在告诫大爆炸模型并没有被"证明"正确。简单的大爆炸模型和简单的稳恒态模型代表着一个巨大的可能范围的黑白两个极端,两者之间还有各种各样的灰颜色。他说,重要的是以开放的思想来讨论所有的可能性,即使一个模型看来是对今日世界的比其他模型更好的描述,任何一个科学家都仍然不大可能以绝对的信心说"这是对的"。但是热大爆炸模型现在已被绝大多数天文学家接受为最好的宇宙模型。霍伊尔是稳恒态模型的主要提出者,却又是那篇表明大爆炸模型正确性的里程碑式的论文的作者之一,这倒真是一个让人感到好笑的幽默。

13. G. Herzberg, *Spectra of Diatomic Molecules*, 2nd ed. (Princeton, N. J.: Van Nostrand, 1950)。

14. 后来重印于文集《观测宇宙》(*Observing the Universe*),亨贝斯特(Nigel Henbest)编(Blackwell, Oxford, 1984)。引文取自该书第9页。

15. 微波激射是"微波辐射的受激发射放大"这个词组的缩写;对本书来说重要的词是两个,一是微波,即波长为几个厘米,二是放大,即能使微弱的射电输入加强。激光也是同样一回事,只不过是可见光而不是微波。

16. 亦见伯恩斯坦的书。

17. 但仍然可能对背景辐射作出另一种解释。哈佛大学的莱泽(David Layzer)最近大事声张地争辩说,背景辐射可能是由在星系之前形成的一代大质量恒星产生的,而宇宙在开始时是冷的。这样的可能性肯定值得讨论,但是可能有这样的提醒作用,即公认为"最佳选择"的宇宙模型也不一定就代表最后结论。莱泽在《构造宇宙》(*Constructing the Universe*)一书里提出了他的宇宙学版本;遗憾的是(如果可以理解的话)他没有持公平态度,而是把自己的版本作为"最佳选择",过急地把标准模型扔在一边。

18. *The First Three Minutes*, Deutsch ed., p. 132。

第七章

1. 数学家会说,严格地讲不可能让钟从$t=0$开始,因为没有办法从奇点出来,也就没有什么$t=0$的"时刻",在奇点上时间概念是没有意义的。我对这些数学家的回答是,可以把$t=0$设为尽可能地靠近奇点。这样做所产生的差异对目前的叙述是无关紧要的,但在引进量子物理效应并试图认识创世瞬间本身时就很重要,有关的研究结果将在本书下文中介绍。

2. 诺维科夫写于1978年的书《宇宙的演化》(*Evolution of the Universe*)对那个最

初阶段作了略微详细和专门但仍然很有可读性的讲述。如果把这两本书拿来一起读，就能很清楚地了解宇宙学家在20世纪70年代末对宇宙的认识。

3. 所以只有能量高于1兆电子伏的光子才能生成一对正负电子。

4. 除了通过引力作用之外，中微子海所储藏的能量对整个宇宙的引力也是有贡献的。已有人猜测中微子并非完全没有质量，而是可能有着几个电子伏的质量。果若如此，那么由于它们的数量巨大，其总质量就会成为宇宙总质量的主要部分，于是就会对宇宙的终极命运有深远影响，或许就保证了宇宙是闭合的，而不必再管氘丰度所揭示的核子物质密度。

5. 重核在早期的高密度下确实可以形成，但很快又分裂，从来就不能从火球中“冻结”出来。只有氢、氦、少量的氘和更少量的锂，加上中微子和其他非核子粒子，才能从大爆炸中出现。

6. 红移z是由光谱移动的程度来定义的。如果一个与光源相对静止的人测得的光谱中某一特征波长是λ，那么另一个与光源有相对运动以致在他看来光源是在退行的人会发现那个特征波长变长了。两个波长之差记作$\Delta\lambda$，则$z=\Delta\lambda/\lambda$。例如，实验室里钠的黄色D线的波长是589纳米。如果从一颗恒星或别的天体的光谱中找出的钠D线是在比如说600纳米的波长上，那么该天体的红移就是11/589，即$z=0.018\ 68$。对这种小红移，相应的退行速度就是光速c乘以z，在现在这个例子里结果就是约5000千米/秒。对大于约0.4的红移，就必须考虑相对论效应而用稍复杂一点的计算公式，即对退行速度为v的天体应有$1+z=\sqrt{(c+v)/(c-v)}$。当红移为2时，这个公式给出退行速度为$0.8c$，即光速的80%。但不论红移多大，v总不会超过c。

第八章

1. 红巨星释放的能量比太阳多，因为虽然其表面温度比太阳低，其表面积却大得多。红巨星表面每单位面积释放的能量比太阳小，但有大得多的面积在作贡献。一颗红巨星发射的能量是现在太阳的100倍。

2. 值得一提的是，1991年7月，出于由COBE的发现激起的对宇宙背景辐射的兴趣，天文学家疏于注意到这一辐射的曲折历史中的又一个环节被披露在《自然》上(第352卷，第198页)。看来是早在1955年，一名法国的博士研究生勒·鲁(E. Le Roux)用战后淘汰的雷达设备测量出“天空的温度”是3±2开。他认为自己测量到的射电噪声可能是起源于银河系之外，但他没有联想到伽莫夫及其同事关于宇宙背景的预言，他的发现只是写在自己的学位论文里，放在巴黎大学图书馆的书架上。又是一次与诺贝尔奖擦肩而过！

第九章

1. 质子和中子由于组合成原子核而被统称为核子。它们也是一个称为重子的更大粒子家族的成员，原子核由重子组成。还有其他种类的重子，它们能在粒子加速器的粒子束对撞实验中被制造出来，但在今日宇宙中的数量并不多。对本书而言，“核子”和“重子”这两个词可以互换。

2. 这个数字来自芝加哥大学施拉姆(David Schramm)的工作，由他于1982年在伦敦的一次皇家学会会议上发布。

3. 创世时刻后10^{-35}秒这个时间的意义将在第十章中讲述。

4. 引自《极早期宇宙》(*The Very Early Universe*)一书第201页古思的文章，该书由G. W. Gibbons，S. W. Hawking和S. T. C. Siklos编。

5. *Physical Review*，D23卷，347页，1981年1月出版。

6. 正如10^2是100(10×10)，2^2是4(2×2)等那样，2^{100}是2与2相乘100次。另一种写法是两倍于$(2^3)^{33}$，2^3是8，8^{33}就是8与8相乘33次。如果稍稍忽略这些数字之间的明确区分以得到对指数暴胀含义的粗略了解，可以说8是足够接近于10，而2^{100}就足够接近于10^{33}。于是，暴胀10^{50}倍大致上就是加倍150次，也就是增长2^{150}倍；每10^{-34}秒加倍一次，只需1.5×10^{-32}秒(150×10^{-34}秒)的时间即可完成。

7. 1光年是9.5×10^{27}厘米，但是宇宙膨胀能使时空延伸得远“比光快”，因为并没有任何东西在穿越时空而运动。所以古思和其他宇宙学家提出的宇宙指数暴胀，确实能使一个远远小于质子的时空区域在远短于1秒钟的时间里胀大到1亿光年的尺度。

第十章

1. 这些粒子其实是在把质子和电子等日常粒子加速到很高能量并使之相互猛撞的机器里制造出来的。质量较大的粒子族自然地存在于高能世界中(或大爆炸早期)，但并不会自然地出现于今日宇宙中，一旦它们被人为地制造出来，就会很快衰变为更熟悉的日常世界中的粒子。

2. “奇”夸克存在的证据其实在20世纪60年代就已经有了。但直到20世纪70年代物理学家才明白还需要“粲”，并且意识到自然界在重复基本的夸克、轻子主题。

3. 也许我应该说是可能性“非常小”。有些物理学家猜测，一种含有等数量的上、下和奇夸克的物质形式可以是稳定的。如果是这样，如果这种物质是在大爆炸中重子形成时期之前产生，那么今天可能还有足量的这种“奇异物质”，或许是以“夸克块”的形式，对提供暗物质作贡献。但我不会为此打赌。

4. 如果它们的质量确实是零，那么就精确地是光速。

5. 为什么与李政道和杨振宁相比，他们的获奖有所拖延呢？因为到了20世纪60年代中期，发现某一守恒“规则”被违反，已不再像在1956年时那样是一种巨大的冲击了。

6. 萨哈罗夫的名字为西方公众熟知，在很大程度上是由于政治原因，是由于他在20世纪70年代作为突出的“持不同政见者”的地位。但他以核裁军和人权为目标的政治活动的名声，却在一定程度上遮掩了他作为同代人中最杰出的物理学家之一的事实。他1921年生于莫斯科，1942年毕业于莫斯科大学，1945年进入莫斯科的列别杰夫研究所,像他父亲一样成了一名物理学家。他对苏联热核武器的发展起了重要作用,1953年32岁时成为苏联科学院有史以来最年轻的院士。他还是社会主义劳动英雄,获得了列宁勋章和许多其他荣誉。但到了20世纪50年代后期他变得热心于社会活动了。

开始时他的公开评论是关于苏联教育体制的改革,虽然没有遵从党的路线,却发表在《真理报》(*Pravda*)上,其中一些在20世纪60年代初,还成了官方政策。60年代他的科学研究集中于宇宙学和大爆炸的初始阶段。1968年他发表了一篇呼吁裁减核武器的文章,1970年他成了人权委员会的创建者之一。他在20世纪70年代越来越多的政治活动使他获得了1975年的诺贝尔和平奖,又于1980年被放逐到高尔基市。当时看来他的科学事业似乎完结了。但在1984年,由于宇宙学的新进展回应了他在20世纪60年代的一些理论工作,他讨论与宇宙的创生和早期演化有关的基本概念的论文又出现在苏联的《实验与理论物理学杂志》(*Journal of Experimental and Theoretical Physics*)上。

7. 萨哈罗夫的见解,即给出使今日宇宙中能有物质存在所必须满足的要求,而且没有借助于20世纪70年代才出现的GUT,肯定值得获得诺贝尔奖,但很可惜,他于1989年去世了,而该奖从不授予已逝者。

8. 天文学家在研究来自很遥远类星体的光时发现,类星体的明亮光谱里还交杂有许多暗线,那些暗线对应于许多低温度氢光谱的"复制品",但有着不同的红移值。这些线被称为"莱曼丛",对其成因的解释是,类星体的光被位于类星体和我们之间不同距离(不同红移)上的许多不同的冷氢云所吸收。这些云可能是"不成功"的星系,其中的氢被囚禁在WIMP洞穴里,却不能形成明亮恒星。如果这个解释正确,明亮星系泡沫之间的巨洞里可能确实布满了冷暗物质。

9. 量子物理学其实还说,即使这种数学点的位置也不能被确切地知晓。

第十一章

1. 如果我们的后代能幸免于这场灾难,而永远离开地球和太阳,他们就肯定不再是以我们这种方式存在的"人类"了!

2. 部分地取材于约翰·巴若(John Barrow)和弗兰克·泰普勒(Frank Tipler)的极好(但很重)的书《人择宇宙学原理》(*The Anthropic Cosmological Principle*)。

3. 为论证方便而假定质子的"半衰期"确切地是10^{31}年。这小于最新的实验所给出的限度,但论证不受所采用的精确数字影响。

4. *Nature*, Vol. 246, p. 396;该文实际上是由我写的一篇文章引发的。苏联的福明(P. I. Fomin)大约同时也独立提出了一个类似的想法,并以"预印本"的形式散发,但直到1975年才发表。

5. 这个"一无所获"的基本思想至少可以推回到特赖恩的文章之前30年。伽莫夫在自传《我的世界线》里,讲了二战期间他在华盛顿的美国海军部军械局当顾问的情况。伽莫夫没被允许参与研制原子弹,因为他生于俄国,而且老喜欢对朋友们说自己20岁时在红军里当过上校。尽管知道他爱讲大话和开玩笑，曼哈顿计划的那些负责安全工作的人可不敢马虎，于是他战时就留在了华盛顿。

但伽莫夫有一项任务，每两周一次把一包文件送给在普林斯顿的爱因斯坦。这些文件虽然形式上是保密的，其实与核武器无关。其中所讲的是各种新武器设想，海军部希望爱因斯坦作出评论。据伽莫夫说，不管那些设想是多么稀奇古怪，爱因斯坦几乎总是予以好评。有一天他俩一起从爱因斯坦家步行到高等研究院，途中伽莫夫提起约尔旦(Pascual Jordan)有一个新想法。约尔旦是量子物理学的创立者之一，他同海森伯和玻恩(Marx Born)一起于1925年建立了第一种形式的量子力学，即所谓矩阵力学。但他的新想法在20世纪40年代时看来可不是属于这一类的，那只是物理学家们喜欢在喝咖啡时或是走在普林斯顿的路上时谈谈的古怪想法之一。伽莫夫边走边告诉爱因斯坦的是，约尔旦认为恒星可以从虚无中产生出来，因为在零点上它的负引力能与正的静止质能在数值上是相等的。

伽莫夫写道："爱因斯坦站住不走了，那时我们正在过马路，好几辆汽车不得不刹住，以免撞倒我们。"

正是那个使爱因斯坦停步的思想在20世纪80年代受到了像特赖恩这样的研究者的高度重视，并且被运用到了整个宇宙，而不只是单颗恒星。

6. 维连金不同寻常的经历值得作一简短介绍。他于1949年出生在苏联的哈尔科夫，1971年从国立哈尔科夫大学毕业。但他告诉我，因为他是犹太人，此后就得不到研究职位，只好先在军队服务，后来靠各种临时工作为生(他说自己最喜欢干的是在动物园值夜)。1976年他移民到美国，且在那5年里他一直用空余时间学物理，而且学得那么好，1977年即到美国后一年就从纽约州立大学布法罗分校获得了博士学位。

7. 不只是他关于相对论的工作。我第一次去剑桥是在1967年，是去听关于瓦戈纳、福勒和霍伊尔小组原初核合成研究成果的报告，这在当时是很新的思想。在一间挤满人的教室里有一些英国最好的物理学家和天文学家，在那里像我这样的研究生该做的就是保持沉默和记笔记，但是听众中最尖锐的问题是一个我以前从没见过的年轻人提的，他显得稍有点口吃，但显然对所讨论课题的了解已是一流水平。当然，他就是霍金。

8. 这个奖被物理学家公认是最高荣誉，高于诺贝尔奖。

9. 应该承认几乎没有什么物理学家对霍金的探索表示完全赞同。他不得不作许多简化假设，而别人并不总是赞成他处理方程式的方式。但是作为模型基础的物理原理是非常清楚和直截了当的，正是这使我相信霍金是在正确的道路上。方程式的细节可能会改变，但我不相信基础的物理原理会改变。

10. 引自蒂普勒在*Physics Reports*上的一篇文章；他在与巴若合著的书中第七章的一部分里也涉及了这个话题。

11. 保罗二世(John Paul Ⅱ)在1981年会议上的原话是："任何关于世界起源的科学假说，诸如整个物理世界都从一个原初原子派生出来这样的假说，都留下了有关宇宙起源的悬而未决的问题。科学自身不能解答这样的问题，这里需要的是高于物理学和天体物理学的被称为形而上学的知识，而首先需要的是来自上帝启示的知识。”他接着引用了前任教皇庇护十二世(Pius XII)在1951年讲的有关宇宙起源问题的话：“等待来自自然科学的答复是徒劳的，恰恰相反，科学会承认所面临的是一个不可解开之谜。”不到40年“徒劳等待”就结束了。许多宇宙学家不再认为谜是不可解开的，而是觉得科学能够解决关于宇宙起源的形而上学难题。有意思的是，霍金的宇宙正是在那个保罗二世强调上帝伟大作用的会议上亮相的，它清楚地指出了对这个最大的形而上学难题作出最终科学解答的途径。

附录

1. Arthur Eddington, *The Expanding Universe* (Cambridge: Cambridge University Press, 1933)。

2. 例如，见沙普利的书《星系》(*Galaxies*)(Oxford: Oxford University Press, 1973)。银河系是异常之大旋涡星系的这种概念延续到20世纪90年代，写在如1994年微软电子百科全书(*Encarta* 94)这样近期的参考书里。

图书在版编目(CIP)数据

再探大爆炸:宇宙的生与死/(英)约翰·格里宾著;卢炬甫译.—上海:上海科技教育出版社,2024.1
(哲人石丛书:珍藏版)

书名原文:In Search of the Big Bang: The Life and Death of the Universe

ISBN 978-7-5428-8101-4

Ⅰ.①再… Ⅱ.①约… ②卢… Ⅲ.①"大爆炸"宇宙学-普及读物 Ⅳ.①P159.3-49

中国国家版本馆CIP数据核字(2023)第250553号

责任编辑	卞毓麟 匡志强 殷晓岚 裴 剑	**出版发行**	上海科技教育出版社有限公司 (201101 上海市闵行区号景路159弄A座8楼)
封面设计	肖祥德	**网 址**	www.sste.com www.ewen.co
版式设计	李梦雪	**印 刷**	启东市人民印刷有限公司
		开 本	720×1000 1/16
再探大爆炸——宇宙的生与死		**印 张**	21.75
[英]约翰·格里宾 著		**版 次**	2024年1月第1版
卢炬甫 译		**印 次**	2024年1月第1次印刷
		书 号	ISBN 978-7-5428-8101-4/N·1208
		图 字	09-2023-0562号
		定 价	85.00元

In Search of the Big Bang:

The Life and Death of the Universe

by

John Gribbin

Copyright © 1986, 1998 by John and Mary Gribbin

Chinese (Simplified Character) Trade Paperback copyright © 2024 by

Shanghai Scientific & Technological Education Publishing House Co., Ltd.

Published by arrangement with David Higham Associates Ltd.

ALL RIGHTS RESERVED